PROFESSIONAL SOUND DATA BOOK

プロ音響
データブック
―五訂版―

日本音響家協会 編

Rittor Music

監修のことば

　音を伝達する、音を拡大する、音を記録する、音で伝える、音で訴える、音で癒す、音で演じる、音を奏でる。この仕事を確実に、そして適切に行なうのがプロの音響家です。そのために、いろいろな考え方とさまざまなテクニックがあります。

　音を創造する音響家は、放送、映画、録音制作、劇場、ホールなど、さまざまな分野で活躍しています。そこでは、プロデューサや演出家、作家、作曲家、美術家、照明家、映像技術者、大道具方、小道具方、そして俳優やミュージシャンなど、多くの人たちが協調して仕事をします。

　これらの仕事に携わるには、専門技術の習得だけでなく、他の分野の人たちと上手にコンタクトできる術を身につけることが不可欠です。相手のことを良く理解し、自分の考えを巧く伝えることが、とても重要なのです。

　本書は、能・歌舞伎・邦楽・沖縄芸能・クラシック音楽・オペラ・ジャズ・映画などで使用される慣用語から、デジタル、ITの用語にいたるまでを収録して、仕事場のコミュニケーションの一助となることを主眼において編集しました。新装した本書が、音響関係者のみならず、さまざまな分野で活用されるとともに、関係諸氏と読者諸氏のご支援を得て、さらに成長することを願っております。

一般社団法人日本音響家協会会長　**八板賢二郎**

Contents

第1部　音響家のための用語解説 007

Ⅰ 五十音順 009
Ⅱ アルファベット順 143

第2部　実用データ集 170

Ⅰ 電気・電気音響・建築音響 171

1 抵抗とコンデンサのカラーコード 171

2 音響に役立つ公式 171

3 建築音響の代表的な測定法 174

4 電気音響設備の代表的な測定法 176

5 ネットワークオーディオ 178

6 商用電源(AC電源)の基礎知識 180

7 デシベル換算表 182

Ⅱ 舞台・放送の運用 183

1 劇場の舞台機構図 183

2 音響仕込み図の略記号と仕込み図の書き方 185

3 フェーダテクニックの基本と演劇台本の記入方法 188

4 邦楽・洋楽の演奏形態と名称 189

5 ハンドサイン 191

6 カメラショットの種類 193

7 柝の用法 195

8 歌舞伎の下座音楽と演奏用語の解説 197

9 ワイヤレスマイク(特定ラジオマイク)の標準規格 200

10 ラウドネスメータ 201

11 劇場用語・音響用語(5ヵ国語) 203

12 音楽著作物の使用方法 206

III 音楽の基礎 ……209

1 音程 ……209

2 音域表 ……210

3 音部記号 ……210

4 大譜表と鍵盤 ……211

5 音名 ……211

6 変化記号 ……211

7 調号 ……212

8 音符・休符・連符 ……212

9 反復記号 ……214

10 拍子の種類 ……216

11 強弱記号・標語 ……217

12 速度記号 ……217

13 略語表 ……218

14 邦楽の分類 ……221

IV 楽器 ……222

1 洋楽器（西洋音楽のための楽器等） ……222

2 ラテンリズム楽器 ……233

3 民族楽器 ……235

4 日本の楽器と擬音道具 ……239

5 楽器の略記号表 ……250

V 一般 ……252

1 度量衡換算表 ……252

2 年代表 ……253

3 江戸時代の時刻と十二支と方位 ……254

4 月の異称 ……254

一般社団法人 **日本音響家協会** ＜Sound Engineers & Artists Society of Japan＞

　演劇・音楽・放送の音響を創造する芸術家と、劇場や文化ホールなどの演出空間を設計する技術者の非営利団体として1977年に設立。略称はSEASで、シーズと呼ぶ。
　音響家の交流、プロ音響に関する諸問題の協議、調査、研究をする組織で、プロの音響技術者の養成と技能認定、各種セミナーの開催、仕込図記号の考案、雑誌や教科書の出版などを行っている。https://www.seas-jp.org

凡 例

● 項目の配列は現代仮名遣い五十音順、およびアルファベット順によった。同順の場合は、清音→濁音→半濁音の順とし、電気関係用語のみ原則として、語尾の音引きはないものとした。

● 外国語はカタカナ書きとし、【　】内に綴りを示し、（　）内に語籍を示した。（英）は英語、（仏）はフランス語、（伊）はイタリア語、（羅）はラテン語、（独）はドイツ語、（西）はスペイン語、（葡）はポルトガル語、（土）はトルコ語、（尼）はインドネシア語、（洪）はハンガリー語をそれぞれ表す。

● つづりの終わりが-er、-or、-arなどの原語をカナ書きする場合、その言葉が2音節以下のみ語尾に長音符号を付している。（power＝パワー、monitor＝モニタ）また-gy、-pyなどで終わる場合は、長音符号を付している。（energy＝エネルギー）

● 日本語の項目についても、できるかぎり該当する外国語の綴りを示した。

● 外国語の表記は原則としてJISなどの標準表記に従った。しかし、実際に使われている発音と標準表記が異なる場合は、実際の発音を採用した。

● 外国語を発音する場合の区切り点（ナカグロ＝・）については、現場で慣用的に使われているものを重視し、日本音響家協会が定めるものに従った。

● ひとつの項目が2種類以上の意味に用いられている場合、説明文を①、②……のように分けた。

● その項目のより深い理解のために必要と思われる関連項目を説明文の最後に示した。【参照】【反対】【同意】などであるが、これらは関連の種類を表している。なお、"第2部"は第2部のデータ集に関連項目があることを示す。

音響家のための用語解説

第1部

ア

合掛け（あいがけ） 2枚以上の平台を使って台を作るとき、2枚を繋ぐ部分の足（箱足、開き足など）に半分ずつ載せて組み立てる方法。相掛けとも書く。【参照】足、開き足

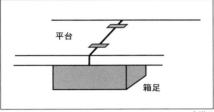

合掛け

合方（あいかた） ①邦楽で、主に三味線だけを聞かせる部分。「合の手」より長いものをいい、長唄に多い。唄のないのが特徴であるが、例外として、唄のある曲を三味線だけで演奏する場合も合方と呼ぶことがある。地唄や箏曲では手事（てごと）という。　②歌舞伎では、幕の開閉、場面の転換、人物の登場・退場、演技中、会話中に演奏される三味線の曲。特に歌舞伎のために作曲されたものもあるが、従来の長唄などの一部を用いたりして、情景に即する合方が各種、用意されている。この演奏音は、歌舞伎全体の音の高低を支配する基準になっていて、演技の隙間をぬって進行を滑らかにし、登場人物の声の高さや義太夫節などの舞台上の音程を均等に保つ役目をしている。【参照】合の手、長唄

相方（あいかた） 相手役のことで、漫才などにおけるコンビ役のこと。

アイコン【（英）icon】 コンピュータなどで、プログラムの内容を図や絵で表す記号のこと。キリスト教の礼拝を対象とした聖画像であるイコン（ギリシャ語）が由来。

アイダイアグラム【（英）eye diagram】 デジタルオーディオ信号の入力許容感度のこと。デジタルオーディオ信号を波形で見ると目の形をしているので、この名称がついた。アイパターンともいう。伝送路を通過する信号の波形は「X軸の振幅200mV：Y軸のパルス幅0.5U」よりも大きい目の形にならないと不適当となる。

アイドル【（英）idle】 ①機械に電源は入っているが稼働していない状態のこと。　②パワーアンプの消費電力を表示するとき、入力信号がない状態の消費電力の表記。

アイドル【（英）idol】 人気者。崇拝される人物。

合の手（あいのて） ①三味線音楽などで、唄と唄の間に演奏される短い間奏。琵琶楽に限って弾法（だんぽう）という。合の手の目的は、息継ぎのためのものもあるが、声の高さやリズム、テンポを指揮するためである。　②歌や踊りの調子に合わせて入れる掛け声や手拍子。「間の手」とも記す。【参照】合方

アインザッツ【（独）Einsatz】 休止後の歌い出し、演奏はじめ。

アウトプット【（英）output】 出力。機器や回路から送り出される信号のことで、アンプアウトとかミクシングアウトなどという。また、機器や回路の出口となる出力端子のこと。【反対】インプット

アウフタクト【（独）Auftakt】 楽曲は、第1拍から始まる場合（強起）と、それ以外の拍から始まる場合（弱起）とがある。弱起のことをアウフタクトという。

アウフタクト

煽り返し（あおりかえし） 簡単な舞台の転換法の一種で、数枚の背景を絵本のように作り、ページをめくるように左右に開いたり、上から下に倒したりして、次々に背景が変わるようにする手法。

煽る（あおる） 操作用語。勢いを強める、扇動するという意味があり、そのために音量を瞬間的に上げ、すぐにもとに戻す操作、または照明を明るくしたり暗くしたりを繰り返す操作。

アーカイブ【（英）archive】 ①大規模な記録や資料のコレクション、または公文書の保管施設。②デジタル化されたデータを圧縮する技術や方法のこと。

赤毛物（あかげもの） 外国の作品や脚本。あるいは舞台設定が外国の作品のこと。日本の時代物を「まげもの」と呼ぶのに対して使われる。

明転（あかてん） 舞台転換方法のひとつ。舞台も客席も明るいまま「回り舞台」や「迫り（せり）」などを使用して場面を転換すること。「めいてん」「あかりてん」ともいう。【反対】暗転　【参照】回り舞台、迫り

煽り返し

ア・カペラ【(伊) a cappella】 カペラは礼拝堂のこと。したがって「礼拝堂風に」または「聖堂風に」という意味から、無伴奏で歌唱することをいう。

明かり合わせ (あかりあわせ)【(英) lighting rehearsal】 舞台照明の作業。仕込み図に従って照明器具の仕込みをした後、各場面の舞台装置に合わせて照明を作り、変化の段取りなどを決めること。

上がる (あがる) ①仕事を止めて、または終えて帰ること。 ②「頭に血が上がる」ということから、他人の目を意識して、平静でいられなくなることをいう。

アカンパニメント【(英) accompaniment】 伴奏の意味。

あき 幕開きのこと。

アクションスター【(英) action star】 立廻りや格闘などの演技を得意とする人気俳優。

アクセス【(英) access】 接触・接続・面会・進入路・権利の意。 ①ある場所へ行く経路。目的地までの交通手段。 ②コンピュータで、記憶装置や周辺機器などに接続してデータを検索したり、書き込みまたは読み出したりすること。

アクセント【(英) accent】 ①言葉を発音するとき、一語の音節の間の習慣的な高低または強弱。 ②強調、重点。 ③音楽や効果音の意図する個所を強調すること。 ④ある音に、前後の他の音より強勢がおかれること。弱勢部の音を臨時に強く演奏する場合は楽譜上に＞、∧、∨で示す。

アクター【(英) actor】 男優。男性の俳優のこと。

アクティブイコライザ【(英) active equalizer】 アクティブは能動という意味で、トランジスタやICなどの増幅素子のこと。アクティブイコライザは、能動部品による電子回路を用いた音質補正装置のことをいう。【参照】パッシブイコライザ

アクティング【(英) acting】 演技、芝居、所作。

アクティングエリア【(英) acting area】 演技をする場所、区域。

アクトレス【(英) actress】 女優。

アクロバット【(英) acrobat】 曲芸、軽業。曲芸師。

揚幕 (あげまく) ①能舞台の橋掛りへの出入り口に掛かっている5色縦縞の幕。幕の両裾についている2本の棒で上げ下げして、登場人物を出入りさせる。「お幕」ともいう。 ②歌舞伎舞台の俳優の出入り口に掛けられる黒い幕で、劇場のシンボルが描かれている。鉄管に金輪で掛けてあり、開閉するとき「チャリン」と音を立てる。チョボ床の下にある上手の揚幕、花道の揚幕、仮花道の揚幕がある。【参照】花道、仮花道、チョボ床

国立劇場の花道の揚幕

あげる ①邦楽で、囃子 (はやし)、鳴り物 (なりもの) の演奏を終わらせること。「〇〇のキッカケであげてください」などという。 ②太鼓の締め緒 (しめお) をきつくしばり、調子を高くすること。 ③音量を大きくすること。

顎足 (あごあし) 「顎」は食事、「足」は旅費のこと。「顎足付き」とは、報酬とは別に食事と旅費が支給されること。

アゴーギク【(独) Agogik】 テンポに微妙な変化

をつけて、音楽に精彩を与えること。

アコースティック【(英) acoustic】 ①「耳の」「聴覚の」「音響上の」という意味。一般的には、電気信号に変換される前の音全般をいう。 ②電気楽器に対して、電気を使わずに生で音を出す楽器のこと。またはそれらの楽器が出す音のことをいう。アコースティックギター（生ギター）、アコースティックピアノ（生ピアノ）など。略して「アコギ」ともいう。

アコースティックサウンド【(英) acoustic sound】 電気楽器を用いない、生楽器による演奏の音楽。

アサイン【(英) assign】 割り当てる、または割り振ること。音響調整卓の入力信号を出力回路に送出することなどをいう。

浅葱幕（あさぎまく） 歌舞伎で使用する浅葱色の幕で、黒幕の夜に対して日中の屋外を表す。浅葱は野菜のネギの葉の色のことで、浅黄とも書く。幕があくと浅葱幕になっていて、しばらく演技や演奏があってから柝（き）の音を合図に、振り落として使うことが多い。引き幕や暗転などを用いず舞台転換をする場合に、舞台を隠すのにも用いる。【参照】振り落とし、振りかぶせ

足（あし） 床よりも高く舞台装置を組むとき、平台（ひらだい）の下に入れて支える台のこと。箱足（はこあし）は足の代表的なもので、箱の置き方で高さを変えることができる。「箱馬」「馬」ともいう。【参照】平台、開き足

アシスタントディレクタ【(英) assistant director】 テレビ番組の制作スタッフで、演出助手のこと。略してAD。フロアディレクタ（FD）またはステージディレクタ（SD）と区別することなく、両者の仕事を受け持ってプログラムディレクタ（PD）を補佐する。資料の収集、スケジュール作成、時間の調整、スタッフとの連絡打ち合わせなど、番組制作の円滑な運行をサポートする。

足拍子（あしびょうし） ①神楽、能楽、歌舞伎舞踊の、足の裏全体で床を踏む演技。 ②舞楽では、足を出して爪先を上げて、その爪先をおろす演技のこと。

あしらい 邦楽の即興的な演奏のことで、音程やリズムを適当に見計らって演奏すること。

アース【(英) earth/(米) ground】 地球、大地の意。電気関係では地球を基準電位0Vとみなし、電気回路の基準電位部を大地に接続して地球の電位と等しくすることを、アースをとるという。接地ともいい、groundを略してGNDまたはGと表示する。音響機器ではアンプのシャーシ（筐体）を基準電位とみなしている。アースが不完全だとノイズが発生することがあり、その

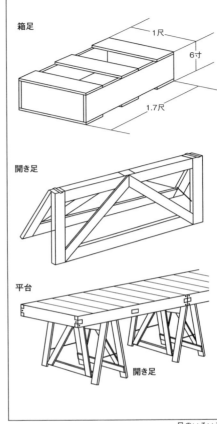

足のいろいろ

場合はアンプのシャーシを地面に接続するとよい。音響システムのノイズの大半は、アース処理の不適切が原因である。全機器はアースに対して同電位であることが望ましく、おおもとのアースポイントから各機器へ別個にアース線を配線することが望ましい。（たこ足配線の原則）　また、1つの系統の中で2個所以上にアースが接続されると、アースによって回路のループが形成され、アースポイントの相互に電位差が発生してシールドに電流が流れ、ノイズの原因になる。アースは1つの系統で1個所が原則。（1点アースの原則）

預かり（あずかり） ①勝敗が決まらない場合、勝ち負けを決めないでおくこと。 ②台本にある台詞などの一部分を削除すること、やめること。③流派などの後継者が存在しないとき、しばらく決めないでおくこと。④余分な技材。

11

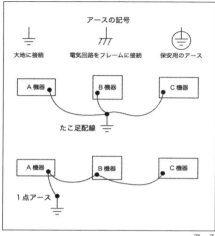

アース

遊び（あそび） ①本筋から外れて、楽しみを加味して演技すること。　②オペレータの感性に任せて自由に操作すること。③余分な機器。

アタックタイム【(英) attack time】 ①リミッタやコンプレッサ、ノイズゲートなどの機器や回路に、それらの機器を作動させるレベルの信号が入ってから、機器が作動し始めてその効果があらかじめ設定した値に達するまでの時間。②音楽では、音が聞こえ始めてから、最大の音量になるまでの時間。【反対】リリースタイム

アタッチメント【(英) attachment】「付属品」「取付け部品」のこと。楽器に取り付けて音色を変えるための器具の総称。電気楽器に付属するエフェクタ類のこともいう。

アダプタ【(英) adapter/adaptor】 規格の異なる器具や機器を接続するために挿入する仲介部品の総称。マイクのスタンド・アダプタ、ACアダプタなどがある。

マイクスタンド・アダプタ(左からBTS、SHURE、AKG)

アダプタブル・ステージ【(英) adaptable stage】 プロセニアムを持たず、使用目的に応じて、客席のスペースと舞台の形を自由に組み替えできる舞台。

頭出し（あたまだし） 録音されている最初の部分（音あたま）を再生機器にセットして再生の準備をすること。

頭分け（あたまわけ） コンサートなどのときマイクの出力をSR、放送、録音などに分配すること。マイク分岐ともいう。【参照】分岐ボックス

あたる ①音合わせやリハーサルなどを、大雑把に済ませること。舞台稽古などが始まる前に音を出してテストすること。　②日本では縁起をかついで「する」という言葉を嫌って「あたる」を用いる習慣がある。例えば、「墨をする」を「墨をあたる」、「摺り鉢」を「当たり鉢」、「スルメ」を「アタリメ」という。　③興行が好成績で成功した場合をいう。「大当たり」「大入り」は満員続きで成功したこと。「当たり祝い」「当たり振る舞い」は、好成績を祝って主催者が関係者に金品を贈ること、または祝いの宴会を開くこと。「当たり役」は、特に好評を得て良い演技をした役のこと。「当たり狂言」は成功した演目のこと。

アッテネータ【(英) attenuator】 減衰器。電気信号のレベルを低下させる部品のこと。音響機器に付いているボリュームコントロールのこともいう。連続的に減衰量を変化できるものをアッテネータ、減衰量が固定されているものをパッドと区別して呼んでいる。

アッパーホリゾントライト【(英) cyclorama lights】 ホリゾント（舞台後方の幕）を上部から均等に照らす照明器具で、和製英語。一列に40個〜80個ほどのライトを並べて使用する。【参照】ホリゾント、ロアーホリゾントライト

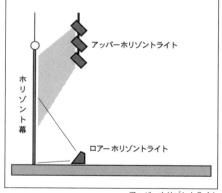

アッパーホリゾントライト

アップコンバート【(英) up convert】 SDテレビ信号（480i、480p）を高品位のHDテレビ信号（1080i、720p）に変換することなど、上位フォーマットに変換すること。【参照】HD、SD

アテレコ 吹き替え録音のこと。外国映画のセリフを、画面に合わせて日本語のセリフに録音し直すこと。【参照】アフレコ

ア・テンポ【(伊) a tempo】 音楽用語で、「元の速

さに戻せ」の意。

アートマネジメント【英】art management】 美術、音楽、舞台芸術、映画など芸術全般を対象とし、芸術を生み出す芸術家と社会の仲介をすること。そのために必要な資金やノウハウの確保、アーティストの発掘や教育、社会に対する芸術の啓蒙活動など、さまざまな業務を行う。

アドミニストレータ【英】administrator】 ①経営者、管理者。演劇等の財政について責任を持つスタッフ。 ②コンピュータネットワークの管理者。

アトラクション【英】attraction】 催し物における呼び物。

アドリブ【英】ad lib】 ①ラテン語で「好きなように、随意に」という意味から派生した言葉。速度や表現を演奏者が自由に演奏してよいこと。即興演奏のこと。②台本に書かれていない即興的な台詞、動作のこと。【参照】インプロビゼイション

アドレス【英】address】 宛名・住所のこと。①コンピュータでは、メモリー（記憶装置）中の位置を識別するための番号のこと。 ②電子メールの宛名のこと。

アナウンスブース【英】announce booth】 ①アナウンスやコメントなどを収録するための小型の部屋で、音声を明瞭に収録するために響きを少なくしてある。 ②劇場などの案内放送をするための部屋。

アナライザ【英】analyzer】 分析器。音響分野で多く用いられているスペクトラムアナライザは、周波数の分布を調査するための装置。周波数ごとのレベルをグラフ化し、視覚的に表示する。

アナログ【英】analog】 連続して変化する量のこと。メータの指針やオシロスコープの波形などで、量の変化を連続的に表示すること。【参照】デジタル

アフタービート【英】after beat】 リズムの拍子で、後の方を強調すること。偶数拍または弱拍にアクセントをつけること。

あぶらげ 三角形の平台のこと。三角形の油揚げに似ていることから、このように呼ぶ。3尺（約90cm）×6尺（約180cm）は「サブロクあげ」、3尺（約90cm）×3尺（約90cm）のものは「サンサンあげ」と呼ぶ。【参照】平台

アプリケーション・ソフトウエア【英】application software】 ワープロソフトや表計算ソフトなどのように、特定の仕事をするために作られたソフトウエア。単に、アプリケーションと呼んでいる。

アフレコ 和製英語「アフターレコーディング」の

あぶらげ

略で、前もって撮影し収録された画面に同期させて、後からセリフや効果音などを録音すること。英語では、ポストレコーディングという。【参照】アテレコ、ポストレコーディング

アミューズメント【英】amusement】 娯楽。

アメニティ【英】amenity】 環境の快適性。

アライメント【英】alignment】 一直線、一列という意。 ①機械のさまざまな部品の取り付けを調節すること。 ②音響では、スピーカの設置位置を調節して、聴取点までの距離を統一すること。距離を統一することで、到達時間の差を無くして位相干渉による周波数特性の変化を軽減する。時間を遅らせるディレイマシンを用いて見掛け上、スピーカの位置を合わせることができる。タイムアライメントまたはシグナルアライメントという。

荒事（あらごと） 歌舞伎の演出様式の一つ。演技と扮装が象徴的、誇張的で、荒々しく仰々しい演技のこと。隈取り（くまどり）など色彩も非現実的で、夢幻的な演出。江戸歌舞伎の特色で、市川團十郎家の芸。

アラベスク【仏】arabesque】 「アラビア風の」という意味。装飾的で幻想的な小品に用いられる標題。

粗編集（あらへんしゅう） ①録音した物の、不要部分を取り除くだけの編集作業。 ②VTRの本編集のために行われる事前作業で、オフライン編集、仮編集ともいう。

アリア【伊】Aria】 オペラ、オラトリオ、カンタータなどで、オーケストラの伴奏で歌う独唱曲。メロディーの起伏に富み、狂気の表出など、時には超人的な人格の表現のために、非常な高音域や超絶的な技巧を求められる。

アリーナ【英】arena】 古代ローマの円形劇場の中央に設けた円形の闘技場のこと。転じて体育館や競技場の、競技する床面のことをいう。

アーリー・ミュージック【英】early music】 古楽。中世・ルネサンス・バロック期の西洋音楽全般を示す。

ありもの すでにあるもので、新しく作らなくて済むもの。在庫している大道具や小道具、音楽や効果音、ビデオの素材などのことで、有り合

わせのものという意味。

アルコ【伊】arco 弓のこと。弦楽器を弓で弾く奏法。ジャズは、ベースを指先で弾くピチカート奏法が当たり前なので、弓で弾くときは特別にアピールがある。

アルゴリズム【英】algorithm ①計算や問題を解決するための手順、方式。②コンピュータの、ある目的(指示)を達成するための処理手順。

アルト【英・仏・伊】alto、【独】Alt ①女性の低い声部。特に低い声部をコントラルトという。②ヴァイオリン族や木管楽器など、同族でサイズ(音域)の違う楽器群をコンソート楽器というが、同族の楽器を区別するときに高い方から2番目の楽器をアルトと呼ぶ。ヴィオラもフランスやイタリアではアルトと呼ばれる。

アルペジオ【伊】arpeggio 分散和音の一種。ハープのように弾くという意味で、ひとつの和音を同時に弾かずに、低い音から高い音へと連続的に上がったり下がったりするように弾く演奏法。アルペッジョともいう。

アルペジオ(ピアノ演奏での一例)

アレイ【英】array 配列、整列の意。広い聴取エリアをカバーするため、複数のスピーカを組み合わせて配列したスピーカシステム。

アレンジ【英】arrange/arrangement ①音楽の場合は編曲すること。②脚色をすること。③マイクやスピーカの機種選定や配置のプランをすること。

アングラ演劇(あんぐらえんげき) アンダーグランド演劇の略。1960年代後半に日本に生まれた新しい傾向の演劇。新左翼運動の興隆期に、若いグループが、旧来の新劇とは異なる演劇をめざして活動を開始したもので、小劇場運動とも呼ばれる。舞台と観客席とが明確に二分されている近代演劇に反発し、劇場と観客の関係性を変えることを基本に、演劇の成立する基盤を再検討する動きにまで発展した。

アンコール【仏】encore 再びという意。音楽会で、全演目が終了した後、演奏者を拍手で呼び出し、再び演奏を望むこと。

アンサンブル【仏】Ensemble ①調和。「アンサンブルが良い」といえば、演奏バランスが良い

という意味。②指揮者を必要としない、二重奏(唱)から10名程度の小編成の合奏(唱)のこと。③ミュージカルなどの演目において、特定の役名を持たず、多くの場合、ダンスや歌唱とともに複数の役柄を演じる出演者たちの総称。

安全拡声利得(あんぜんかくせいりとく) 劇場の音響設備がハウリングを起こさないで、どれだけの音圧レベルを客席に出せるかを示す値。

暗騒音(あんそうおん)【英】background noise 劇場や録音スタジオの中に誰もいない状態で聞こえる騒音。外部から侵入する騒音や空調騒音などであって、低音ほど遮断することが難しいので、低音域が大きい周波数分布になっている。dB(A)で表示される。【参照】NC曲線

アンタイム【英】untime テレビ番組を自動放送しているとき、内容の変わりやCM入りなどの時間を決めていないこと。アンタイム運行、アンタイムテイクなどという。

アンテナブースタ【英】antenna booster アンテナで受信した信号を受信機まで伝送するときに挿入する増幅器。受信アンテナと受信機とを結線するケーブルが長すぎて、受信信号が衰えて受信状態が悪いときに挿入する。

暗転(あんてん)【英】theatrical blackout/dark change 舞台と客席の照明を消して、暗やみの中で場面転換をすること、またはその状態の照明にすること。【反対】明転 【参照】暗転幕

暗転緞帳(あんてんどんちょう) 舞台と客席の照明を消して、暗いままで緞帳を上げて開幕すること、または下げて終幕すること。

暗転幕(あんてんまく)【blackout drop/sound curtain】 暗転の際に下ろす黒い幕。舞台転換が複雑な場合に暗転幕を降ろして、舞台の中だけ作業灯をつけて転換作業をする。暗転幕の代わりに緞帳を用いることもある。

アンバランス型回路(アンバランスがたかいろ)【英】unbalanced circuit 不平衡型回路。信号回路のコールドとアース(シールド)を共通にして用いる回路方式。外部からのノイズが侵入しやすい。【参照】バランス型回路

アンビエンス【英】ambience 雰囲気、環境という意。音で取り囲まれているような臨場感または、その状態をいう。

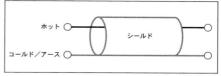

アンバランス回路

アンプ【(英) amplifier】　増幅器。アンプの条件は、相互に対応する入力と出力を持っていること、入出力が同種の電気信号であること、実際に入力と出力の間で増幅しなくとも内部回路に増幅できる素子が使われていること、入力信号の帯域や周波数特性を意図的に変えないものであること。目的によってヘッドアンプ（プリアンプ）、パワーアンプなどと呼ぶ。

アンマネージメント・スイッチングハブ　コンピュータネットワークの接続設定が可変できないスイッチングハブ。プラグ＆プレイとも呼ばれ、機器を接続すると自動で設定する。【参照】スイッチングハブ

アンプロンプチュ【(英、仏) impromptu】　即興曲。即興的に弾いた曲。形式にとらわれず、自由な気持ちで作った曲。

ア

カ

サ

タ

ナ

ハ

マ

ヤ

ラ

ワ

A

15

イ

生かす（いかす） ①カットした台詞（せりふ）または音を復活させること。②機器の電源を入れること、または作動させること。

息（いき） 組になって仕事をするとき、仕事をうまく運ぶための調子やリズムのこと。「息が合う」とは息が一致すること。「呼吸」ともいう。【参照】呼吸

活け殺し（いけごろし） ①演劇の進行に合わせて音を大きく（活か）したり、小さく（殺す）したりすること。②歌舞伎では、下座音楽を役者の演技の進行に合わせて抑揚をつけて演奏することをいう。

イコライザ【(英) equalizer】 equalizeは「同一にする」という意味。音響信号を回線や電波で伝送したときに変化した周波数特性を、元の特性に戻すための音質補正回路のこと。一般的に、音響信号を好みの音に変化させる音質調整器のことをいう。パラメトリックイコライザ、グラフィックイコライザなどがある。【参照】パラメトリックイコライザ、グラフィックイコライザ、RIAA

イーサコン【etherCON】 RJ45コネクタに外装を付け堅牢性を高めたコネクタで、XLRタイプコネクタと同様のラッチロック機構になっている。ノイトリック社の商品名。

イーサコン

イーサネット【(英) Ethernet】 Xerox社とDEC社、インテル社が考案したLAN規格で、IEEE802.3委員会によって標準化された。現在、特殊な用途を除いて、ほとんどのLANはイーサネットである。イーサネットの接続形態には、1本の回線を複数の機器で共有するバス型と、集線装置（ハブ）を介して各機器を接続するスター型の2種類がある。最大伝送距離や通信速度などによって、さまざまな種類がある。

衣裳合わせ（いしょうあわせ） 上演するための衣裳を俳優が着用して、具合を確かめること。演出家や美術家、照明家が立ち会うこともある。

イーストコースト・ジャズ【(英) east coast jazz】 アメリカ東海岸で活躍したジャズメンたちの音楽の総称であるが、ニューヨークで活躍する黒人のジャズを指すのが一般的である。対称に、ウエストコースト・ジャズがある。アメリカ西海岸のロサンゼルスを活躍の場とした白人のジャズ音楽で、アレンジを重視している。

位相（いそう）【(英) phase】 交流波形の位置を表す角度。一周期（1波長）を360度としたとき、基準点からの位置を位相角という。同一周波数の波を合成する場合は、位相関係により合成波形は変形する。位相が180度異なった（逆相）同一波形の信号を合成すると、打ち消しあって信号がなくなる。同じ位相または360度異なった（同相）同一波形の信号を合成すると、2倍の大きさになる。このことを位相干渉と呼び、2つの信号の周波数と時差によって位相角が異なるので、通常は複雑な位相干渉になる。

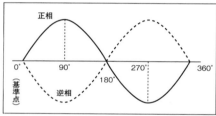

正弦波の位相角

板付き（いたつき） ①舞台で幕が開いたときに、出演者がすでに所定の位置に登場していること。板は舞台の床板。②映画やテレビの撮影のとき、出演者が既に画面の中に映っていること。【反対】フレームイン

一段（いちだん） 高さが7寸（約21cm）、奥行きが1尺（約30cm）の台で、白緑（びゃくろく）ともいう。【参照】白緑

一の柝（いちのき） 歌舞伎では舞台進行の合図として柝（拍子木）を用いる。舞台装置を転換する場合、「転換用意」の合図に「チョーン」と打ち、次に「転換スタート」の合図としてもう一度「チョーン」と打つことがある。このときの最初に打つ柝を「一の柝」、次の合図を「二の柝」という。【参照】柝、第2部・柝の用法

一ベル（いちベル） 通常、開演の5分前を知らせる合図で、客ベル、予鈴（よれい）ともいう。現在はベルを使用せず、ブザーやチャイムなどを用いている。

一文字幕（いちもんじまく）【(英) border】 舞台上部に、間口一杯に張られた細長い黒幕。略し

て「一文字」または「もんじ」ともいう。舞台の奥に向かって間隔をおいて数枚、設置される。高さを調節して、大道具(背景)の上部や、吊ってある照明器具などを観客席から見えなくするとともに、袖幕(そでまく)と共に枠を形成して舞台全体を引き締める役目をする。「かすみ幕」、「べか」とも呼ぶ。【参照】袖幕

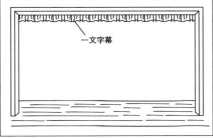

一文字幕

移調（いちょう）【英・仏）transposition】 楽曲全体を、調性を保ったまま上、または下の音域に移動すること。例えば、ハ長調が原調のテノールの楽曲を5度下げてバリトンが歌うなど、声楽家や楽器の音域に合わせて移調すること。

移調楽器（いちょうがっき）【英）transposing instrument】 管楽器などで、実際に発せられる音（実音）と楽譜に書かれている音（記譜音）とが異なるものをいう。

イチヨン 大道具の標準寸法のひとつで、高さが1尺4寸（約42cm）のこと。常足（つねあし）ともいう。仕込み図に＋1.4と表記されていれば1尺4寸高のこと。【参照】常足

一管（いっかん） 演奏形態で、能管（笛）を一人で吹奏すること。

一調（いっちょう） 小鼓、大鼓、太鼓のいずれか一つだけの演奏のこと。長唄のときは小鼓に限られている。一調に笛が加わる場合は「一調一管」と呼ぶ。【参照】一管

行って来い（いってこい） 歌舞伎の舞台で、舞台装置がある場面から別の場面に替わり、また元の場面に戻ることで、回り舞台を使用することが多い。【参照】回り舞台

1点吊り（いってんづり） ①舞台天井部から1本のワイヤを下ろして、舞台装置などを吊る装置。電動のウインチでワイヤを巻き上げる仕組みになっている。数台の装置を組み合わせて使用することもある。「点吊り」とも呼ぶ。　②舞台の天井や客席天井から、ワイヤ入りの1本のマイクコードを下ろして、マイクを吊る装置。2台の装置を使用して2点吊りに、または3台の装置を使用して3点吊りにすると、マイク位置を任意に移動できる。【参照】3点吊りマイク装置

一杯（いっぱい） ①邦楽のフレーズを数える単位で、一杯、二杯と数える。　②1つの場面の舞台装置。2場面の舞台装置は2杯という。

一杯飾り（いっぱいかざり） 舞台に1場面の舞台装置をセットすること。回り舞台を使用して、裏側に次の場面をセットしておくことを「二杯飾り」という。

一本引き（いっぽんびき） 歌舞伎の舞台装置で、数枚の襖や障子が一つにつながっていること。役者が出入りするたびに、これを大道具係が開閉させる。

糸（いと） 三味線や琴などの弦、または小唄の三味線のこと。

居処変わり（いどころかわり） 「回り舞台」「迫り」「あおり」「田楽」「振り落とし」などの手法を使って、舞台に役者がいるまま場面転換をすること。【参照】回り舞台、迫り、あおり、田楽、振り落とし

居直る（いなおる） ①役者が、演技として座り直して姿勢を正すこと。　②所定の席に着くこと。③花道の七三から本舞台の所定の位置に着くこと。【参照】七三

イニシャライズ【英）initialize】 データ記憶ディスクやメモリーの既存のデータを消去し、新たに書き込める状態にすること。初期化ともいう。

イベント【英）event】 催し物。

イマーシブオーディオ【英）immersive audio】 イマーシブは「没入」の意。5.1chサラウンドのように水平方向だけはなく、高さ方向を加えた三次元の立体音響のこと。【参照】3Dオーディオ

異名同音（いめいどうおん）【英）enharmonic】 音名が異なっても、平均律では実質演奏される音が同じ高さになる音。平均律調律法では1オクターブを比率的に12等分する。その比率は1：1.059463となる。これが1半音の間隔である。たとえば、ドとレの間の半音はd♯またはe♭で本来、別の音高を持つ別の音（異名異音）であるが、同じ音高の音（異名同音）として扱う平均律の採用で、鍵盤楽器は調律上、演奏上の自由を得たが、純正の協和を失うことになった。

イメージ音源（イメージおんげん）【英）image source】 スピーカや楽器などの音を、音が反射する平らな壁の近くに置くと、あたかもその壁を鏡にして音源が映ったところに、もう1つ同じ音源が存在するような効果が現れる。この新しく生じた音源をイメージ音源という。反射音は、イメージ音源から聞こえてくるような音になる。

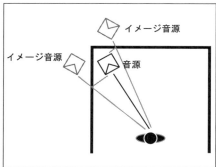

イメージ音源

イヤホンガイド 歌舞伎やオペラなどで、難解なセリフや外国語を翻訳したり解説したりして、イヤホン式受信機で聞かせるシステム。

入端（いりは） ①能楽で、1曲の終末部分をいう。また、舞いながら退場する部分のこと。②琉球舞踊で、踊りが終わり踊り手が舞台袖に退場すること。入羽とも書いて「いりふぁ」と読む。【反対】出端（では）

イルミネーション【（英）illumination】 電飾。たくさんの電灯をともした飾りのこと。

入れ込み（いれこみ） 観客を劇場内に入れることで、「客入れ」「開場」ともいう。

色の三要素（いろのさんようそ） 物の色を識別する3つの要素のことで、色相（しきそう=hue）、明度（めいど=brightness）、彩度（さいど=chroma）がある。色相は青・赤などと見分ける要素、明度は明るさ暗さの度合、色相は鮮やかさの度合。三属性ともいう。

色模様（いろもよう） 歌舞伎や文楽で、淡く単純な恋愛の場面や演技のこと。感情や欲望をあおり立てる濃厚な場面は、「濡れ場（ぬれば）」という。

インカム インターカムの略称。【参照】インターカム

インサート編集（インサートへんしゅう） ビデオの編集の手法の一つで、既に収録されている内容の途中に割り込んで、別の内容を挿入すること。

インストルメンタル【（英）instrumental】 歌の入らない、楽器の演奏だけの楽曲。

インストルメント【（英）instrument】 楽器（musical instrument）の通称。

インスペクタ【（英）inspector】 オーケストラなどの楽団（バンド等）を演奏以外のことで、楽団全体を取り仕切る人のこと。「インペク」または「インペグ」とも呼ばれる。あるいは「セッション・コーディネータ」「ミュージック・コーディネ

ータ」とも呼ばれる。

印税（いんぜい）【（英）royalty】 書籍やレコードなどの発行者が、その発行部数や実売部数に応じて、著者、作詞家、作曲家、歌手などに支払う金銭。

インターカム【（英）intercommunication system】各部署への指令、または相互連絡のための通信装置。「インカム」ともいう。

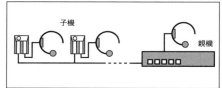

インターカム

インダクションノイズ【（英）induction noise】電源やSCR調光器などからの磁気誘導によって生ずる雑音。

インターネット【（英）internet】 コンピュータネットワークを相互に接続した、ネットワークのこと。世界中のネットワークを相互に連結するグローバルネットワーク。

インターバル【（英）interval】 ①間隔、合間、距離。②演劇やコンサートの休憩時間。幕間（まくあい）ともいう。③音程のこと。

インターフェイス【（英）interface】 信号のレベルやタイミング、形式、フォーマットなどが異なる回路や装置をつなぎ合わせるとき、その中間に介在させて、通訳のような役目をする回路のこと。

インターホン【（英）interphone】 同一施設内で用いられる有線通話装置。

インターミッション【（英）intermission】 演劇やコンサートなどの休憩時間。

インタラクティブ【（英）interactive】 「対話」または「双方向」といった意味。コンピュータによる情報処理の形式で、情報の送り手と受け手が相互に情報をやりとりできる状態。対話のような形式でコンピュータを操作する形態。

インデックス【（英）index】 索引、見出し。

インテリジェンス【（英）intelligence】 情報。

インテルメッツォ【（伊）intermezzo】 間奏曲。劇やオペラなどで幕間に奏される音楽。

イン・テンポ【（英）in tempo】 正しい拍子で、という意味。実際にはテンポ（演奏速度）を変化させないで、一定のテンポを持続することをいう。

イントネーション【（英）intonation】 言葉の抑揚、発声法。

イントラネット【（英）intranet】 インターネットの技術を用いた、組織内の情報通信網。電子メ

ールやブラウザなどで情報交換を行って情報の一元化や共有化を図る。

イントレ 照明器具やスピーカシステム、テレビカメラなどを設置するヤグラのこと。語源は「イントレランス」という映画の題名で、高い撮影台を使って画期的なロングショットや壮大な群衆場面の撮影に成功したことから、ヤグラ式撮影塔のことをイントレと呼ぶようになった。

イントレ

イントロダクション【(英) introduction】 ①序説、序論。 ②音楽の序奏、導入部のこと。イントロと略していう。 ③映画の初めに登場人物や背景などを紹介する導入部分のこと。

インバータ【inverter】 直流電力を交流電力に変換する電源回路、またはその回路を持った電力変換装置のことである。逆変換回路(ぎゃくへんかんかいろ)、または逆変換装置(ぎゃくへんかんそうち)などとも呼ばれる。制御装置と組み合わせることで、省エネルギー効果もある。【反対】【参照】コンバータ

インバータノイズ インバータで必要な周波数や電圧を作り出すために、トランジスタを高速でON/OFFすることで発生するノイズのこと。

インパルス【impulse】 瞬間的に流れる大きな電流または電圧のこと。落雷のときの電流などで、衝撃電流ともいう。

インパルスノイズ【(英) impulse noise】 蛍光灯の点滅、自動車のエンジン(プラグ)、雷、モータなどから発生する瞬間的な雑音。

インピーダンス【(英) impedance】 電気回路に交流を流したときに生ずる抵抗成分のこと。普通の抵抗と同じ単位のオーム(Ω)で表す。抵抗器は直流と交流の区別なく一定の抵抗値となる。コイルは直流をよく通し、交流に対しては周波数が高くなるにつれて抵抗分が大きくなる。コンデンサは直流を全く通さず、交流に対しては周波数が低いほど抵抗が大きい。インピーダンスは、これらの抵抗分を合わせたもので、周波数によって値が変化する。記号は「Z」で表示する。

インピーダンスマッチング【(英) impedance matching】 機器を接続するとき信号を送る側の機器の出力インピーダンスと、受け取る側の機器の入力インピーダンスを等しくすること。インピーダンスマッチングによって、効率よく電力を伝送できる。

インプット【(英) input】 入力のこと。アンプなどの機器に電気信号を送り込むこと、またはその信号。入力信号を受け取るために設けられた端子のこと。【反対】アウトプット

インフラ【(英) infrastructure】 インフラストラクチャーの略。社会基盤、社会資本のこと。公共的なもので、上下水道設備、道路、鉄道、駅、空港、港湾施設、電気・通信設備などのこと。

インプロビゼイション【(英) improvisation】 即興演奏。ジャズ演奏などで、ソロ奏者の独創的なアイディアと技巧を駆使したアドリブ演奏のこと。【参照】アドリブ

インペク インスペクタの略。【参照】インスペクタ

インポート【(英) import】 ①輸入、輸入品。 ②コンピュータで、あるアプリケーション・ソフトが、別のソフトウエアで作成されたデータを取り込むこと。【反対】エクスポート

インラッシュ電流【(英) inrush current】 突入電流、始動電流とも呼ばれ、機器に電源を入れたとき一時的に流れる大電流のこと。トランスによるリニア電源回路を持ったパワーアンプは比較的大きな電流になる。

ウ

ヴァイオリン族【(英) violin family】 オーケストラや室内楽の演奏に用いる弦楽器類、ヴァイオリン、ヴィオラ、チェロをヴァイオリン族と呼び、高音域から低音域までをカバーする。擦弦（arco）、撥弦（pizzicato）、打弦（col legno）のいずれの演奏法も可能である。コントラバスは、形状が異なり、調律もヴァイオリン族の五度調律に対して四度調律なので、別種の楽器である。【参照】第2部・洋楽器

ヴァリエーション【(英) variation】 変奏曲。主題と呼ばれる素材を演奏提示して、その主題の変奏を次々と奏していく形態の音楽。

ヴィオール族【(仏) viole】 ヴァイオリン族の前身である古楽器。17～18世紀フランスにおいてはイタリア語のヴィオラ・ダ・ガンバと同じ楽器を指し、ヴィオラ・ダ・ガンバ、コントラバス、ヴィオラ・ダモーレなどが含まれる。

ヴィルトーゾ【(伊) virtuoso】 音楽的な技術や表現に優れている人。超絶的な技巧の持ち主。

ウインドスクリーン【(英) wind screen】 風によって起こる雑音を防止するための器具。屋外の収音や声の収音の際に、風や発声による吹かれ雑音を防止するために、マイクにかぶせる器具で、金属の網状のものやスポンジ製のものなどがある。

ウインドスクリーン

ウエイティング【(英) weighting】 ある値と別の値を比較するとき、両者の条件を揃えるため、片方に特定の係数（数値）を加えて補正すること。重み付けともいう。【参照】聴感補正

ウェスタン・ミュージック【(英) western music】 1930年代のアメリカ西部で生まれた白人音楽。【参照】カントリー・ミュージック

ウエストエンド【(英) West End】 ロンドンの商業劇場街。ニューヨークのブロードウェイと並び、水準の高い演劇やミュージカルを上演している劇場街。

ウエストコースト・ジャズ【(英) west coast jazz】 アメリカ西海岸のロサンゼルスを活躍の場とした白人のジャズで、アレンジを重視している。【参照】イーストコースト・ジャズ

ヴォカリーズ【(仏) vocalise】 ①母音唱法。歌詞や階名を用いず、母音で発音して歌うこと。②母音唱法で歌われる歌曲。

ヴォーカリスト【(英) vocalist】 歌手、声楽家。

ヴォーカル【(英) vocal】 声楽、歌唱、声部。

ウォーキング・ベース【(英) walking bass】 ジャズの演奏中などで、4分音符でボンボンボンボンと刻んでいくベースの奏法。音が歩いているかのように演奏するのが特徴で、オールドジャズで用いられスイング感を強める。スイングとは、自然に体が揺れ動き出すようなリズム感のこと。

ヴォードビル【(仏) vaudeville】 フランスが発祥の歌、踊り、黙劇などが間に入る風刺的風俗劇。日本では、歌、踊り、曲芸などを組み合わせた寄席の演芸的ショーをいう。

ウォールスピーカ 劇場の観客席の側壁や後壁に取り付けられたスピーカのこと。演劇の効果音再生などに用いられる。

ウォールスピーカ

浮き床（うきゆか）【(英) floating floor】 録音スタジオなどで、床を浮かした構造をいう。騒音防止が目的で、特に壁や床を伝わってくる振動騒音を遮断する。

受ける（うける） ①観客に喜ばれること、または拍手喝さいを受けること。②回線で送られてきた信号を、受け入れ側の機器の入力端子に接続すること。「ハイ・インピーダンスで受け

る」などという。

薄縁（うすべり） 畳表に布の縁を付けた敷物のこと。舞台装置で、畳の部屋として用いる。上敷（じょうしき）または畳敷（じょうしき）ともいう。【参照】上敷、畳敷

歌いもの（うたいもの） 日本の音楽は「歌い物」と「語り物」に大別できる。内容や歌詞よりもメロディーを重視した曲を歌い物という。一曲の中に双方の要素を持った曲もある。【参照】語りもの　【参照】第2部・邦楽の分類表

打ち上げ（うちあげ） ①邦楽の囃子において、演奏を終わらせること。「あげ」と略して用いることが多い。「○○をあげてから三味線に掛る」などという。②興業の最終日、千秋楽（せんしゅうらく）のこと。③一つの仕事（公演）が終了したときの祝賀パーティーのこと。【参照】千秋楽

打ち下ろし（うちおろし） 邦楽の演奏用語。初めは間をあけて打ち、次第に細かくしていく太鼓の打法。

打ち込み（うちこみ） コンピュータソフトや電子楽器などに、データを入力すること。

打ち出し（うちだし） 一日の芝居が終わること。歌舞伎では太鼓を打って終わりを告げるので、このようにいう。「はねる」ともいう。【参照】はねる

ウーファ【（英）woofer】 低音域専用のスピーカのこと。

馬立て（うまたて） 大道具の「張物」や「切り出し」などを立て掛けて置く枠、または場所。通常、舞台袖の奥に設置されていて、枠にキャスターを付けて移動できるものもある。

裏方（うらかた） 劇場において、舞台の裏で働くスタッフのこと。役者を除いた、大道具、小道具、衣裳、床山（とこやま）、音響、照明、舞台監督などの総称。案内係や切符係、宣伝係などは表方（おもてかた）という。【反対】表方

上調子（うわぢょうし） 邦楽の三味線の奏法の一つ。本来のメロディーを弾く本手（ほんて）の調弦より1オクターブ高い調子に調弦した三味線。清元節や新内節では高音（たかね）という。

エ

エアモニタ【(英) air monitor】 ①放送電波を受信して、実際に放送されている番組を監視すること。または、そのための装置。 ②劇場において、客席内の音響状態を監視するためのモニタ装置。

映画鑑賞年齢規制（えいがかんしょうねんれいきせい）【(英) rating】 映画鑑賞の年齢規制のことで、過度のセックス描写や残酷な暴力描写などに対し、映画業界が行なう自主規制。日本では映画倫理委員会（映倫）が裁定している。表示は、PG12は12歳未満（小学生以下）の鑑賞には助言・指導が必要、R15は15歳未満（中学生以下）の入場禁止、R18は18歳未満の入場を禁止。

エイサー 沖縄本島を中心に旧盆に行われる盆踊り。大太鼓、パーランクー（手持ち太鼓）、三線（さんしん）の演奏に合わせ、若者が唄や掛け声とともに賑やかに踊りながら行列をつくり、家々を練り歩く。現在では、豪快な太鼓中心のパレードになっている。【参照】パーランクー、三線

エキジビション【(英) exhibition】 展覧会、博覧会。

エキストラ【(英) extra】 ①映画やテレビドラマなどで、通行人や群衆などの役を務める臨時雇用の出演者。 ②オーケストラの臨時雇いの演奏者。

エキスパンダ【(英) expander】 音響信号のダイナミックレンジを拡大（伸張）する装置。使用目的から2種類に分類でき、一つは圧縮された信号を元に戻す役割をする回路、もう一つはバックグラウンドノイズの低減をするためのもので、低レベルの音を一層小さくするための伸張回路である。

エクスプレッション・ペダル【(英) expression pedal】 電子オルガンなどの電子楽器の付属品で、音量などをコントロールし、抑揚をつけるために足でコントロールする機能。

エクスポート【(英) export】 輸出の意。コンピュータで、あるアプリケーション・ソフトで作成したデータを、別のアプリケーション・ソフトで使用できるように書き出すこと。【反対】インポート

エクスポーネンシャルホーン【(英) exponential horn】【参照】ホーン型スピーカ

エコー【(英) echo】 こだま、やまびこ、反響の意。反射して遅れた音が幾つも聞こえること。50ミリ秒以上遅れてくる反射音は、音源から直接届く直接音と分離して聞こえる。この状態の音を作る装置をエコーマシンという。

エコセーズ【(仏) ècossaise】 スコットランドを源流とする、19世紀に流行した2拍子系の舞曲。

エコータイムパターン【(英) echo time pattern】 1,000Hz程度の純音で、10ミリ秒程度の単音を劇場などの場内で無指向性スピーカから放射し、これを任意の客席で無指向性マイクにより収音し、その減衰状態を表示すればエコータイムパターンが得られる。このパターンから直接音、初期反射音、拡散音の状況が把握でき、音響の障害となる反射音も発見できる。【参照】音響障害

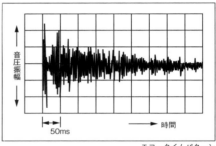

エコータイムパターン

エコーマシン【(英) echo machine】 収音した音などに残響を付加する装置。一般的に、リバーブマシンを含めてエコーマシンと呼んでいる。コンサートホールなどの響きを疑似的に作り出す装置で、スプリング式、鉄板式、デジタル式などがある。

エコールーム【(英) echo room】 コンサートホールの響きを疑似的に作るため、乱反射を多くさせたコンクリート壁の部屋のこと。この部屋で、スピーカから再生した音をマイクで収音して響きを付加する。

エチュード【(仏) ètude】 練習曲。演奏技巧を習得するための楽曲、あるいは演奏技巧を誇示する演奏会用作品。

エッジ【(英) edge】 スピーカの振動板（コーン紙）を支える部分のこと。【参照】スピーカ

エディタ【(英) editor】 編集者。

江戸っ子（えどっこ） L字型で鉄製の釘抜きの俗称。金梃子（かなてこ）、金梃子棒などという。両端が釘抜きになっていて、釘を抜く個所の違いで使い分けできる。普通は30cm～35cm程度のものを使い、繊細な作業には15cm程度の

小型を使用。

江戸っ子

エピソード【(英) episode】 ①ある人物やある物事についての面白く短い話。逸話。　②楽曲の主要部分と主要部分との間に挿入する間奏曲。

エピローグ【(英) epilogue】 ①詩、小説、演劇などの終わりの部分。【反対】プロローグ　②音楽のソナタ形式で、第2主題にもとづく小終結部。

エフェクタ【(英) effector】 電気信号になった声や楽器の音を、さまざまに変化させ、いろいろな音の効果を生みだす装置の総称。音響技術者がミクシングのときに扱う装置と、電気楽器とアンプの間に挿入して演奏家が扱うものとがある。代表的なものにイコライザ、ディレイマシン、ノイズゲート、リミッタ/コンプレッサなどがある。

エフェクトマシン【(英) effect machine】 舞台背景などに雨、雪、滝、波、火炎、流れ雲などの模様や情景などを映写し、視覚的効果を得る照明器具。

エプロンステージ【(英) apron stage】 プロセニアムアーチの前に付き出した舞台空間のこと。幕を閉めると独立した舞台になるので舞台転換中に、寸劇(すんげき)やパフォーマンスを演じることがある。【参照】寸劇

エレクトレットコンデンサ型マイク【(英) electret condenser microphone】 コンデンサ型マイクと同じ構造だが、エレクトレット効果を応用して電極に電圧を与える必要のないマイク。エレクトレット効果とは、合成繊維やプラスティックなどの高分子物質をフィルム状にして、その両面を電極で挟み高電圧を加えるとフィルム内部に電界が発生し、高電圧の供給を停止してもフィルムにはプラスまたはマイナスの電荷が残る現象のこと。この半永久的な電荷を利用したのがエレクトレットコンデンサ型マイク。小型で軽量に製造でき、内蔵アンプの電源だけを供給する。【参照】コンデンサ型マイク

エレジー【(英) elegy】 悲しみの詩。死者への哀悼の詩。また、そうした内容の音楽。

エレベーション【(英) elevation】 正面から見た立面図。舞台では、観客席の中央から見たように描いた図のこと。

エレベータマイク装置【(英) elevator microphone system】 マイクスタンドを床に埋め込み、油

圧や電動で上下に動かすもので、音響調整室や舞台袖から遠隔操作で任意の高さにして、適正な収音をするための装置。据え付け型と移動型とがある。

エロキューション【(英) elocution】 セリフの発声技術。台詞回し(せりふまわし)ともいう。

演歌(えんか) 日本的と感じられるスタイルの歌謡曲の総称。コブシや力んで唄うのが特長。

エンクロージャ【(英) enclosure】 スピーカボックスのことで、音質を決定する大きな要素となる。スピーカのコーン紙が振動すると、コーンの前面と背面では位相が逆になるので、低音域が干渉して互いに打ち消される。この干渉をなくすためにスピーカユニットの前面と背面を遮断するのがエンクロージャである。キャビネットともいう。

演芸場(えんげいじょう) 落語、漫才、漫談、講談、浪曲、手品などを上演する劇場のこと。寄席ともいう。

エンコード【(英) encode】 信号を伝送しやすい形に変えること。マルチチャンネルの音声信号をデジタル圧縮して、伝送や記録しやすい信号にしたり、マルチチャンネル信号を2チャンネル信号の形に変えたりすること。

演出(えんしゅつ)【(英) direction】 ①演劇などで、脚本に基づき俳優の演技、音楽、舞台装置、照明、音響、衣装などを統合して一つの作品を作ること。　②イベントやセレモニーなどを盛り上げるために、工夫をすること。

演出家(えんしゅつか)【(英) director】 演出を職業とする人のことで、演出者とも呼ぶ。

演色性(えんしょくせい) 人工光源の性能の一つ。電灯などの人工光源によって、太陽光を当てたときの色に近い色を、どれだけ出せるかという性能。

エンターテイナ【(英) entertainer】 芸能人。人々に娯楽を提供する人。

エンターテインメント【(英) entertainment】 娯楽、余興、演芸。

エンディング【(英) ending】 ①楽曲の終わりの部分。　②演劇の終末の部分。

円筒波(えんとうは) スピーカを複数個、縦に並べて設置すると、縦の指向角度が狭まった形で音が放射される。この音波を円筒波という。スピーカの数で縦指向角度は異なってくるが、一般的なスピーカシステム(点音源)よりも音の拡散が少なくなるので、距離による音圧の減衰は減少する。理論上、距離に反比例(1/2)して減衰する。このようなスピーカシステムをラインアレイと呼んでいる。【参照】点音源、面音源、平面波、ラインアレイ

23

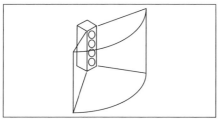
円筒波

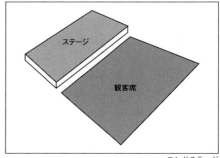
エンドステージ

エンドクレジット【(英) end credits】 映画の終わりに表示される製作者、監督、俳優、スタッフなどの名前で、エンディングロール、エンドロール、スタッフロールともいう。

エンドーサ【(英) endorser】 楽器や音響機器のメーカ等との専属契約をしているアーティストやエンジニアのこと。開発スタッフに加わったり、商品の改良を提案したり、ユーザにその商品を推奨したりする。

エンドステージ【(英) end stage】 オープンステージの一種で、長方形の劇場の片側に舞台があり、相対して客席がある様式。

エントランスホール【(英) entrance hall】 劇場の観客入口の前のスペースで、観客が開場を待つための場所。

オ

追込み場（おいこみば） 劇場などで、人数を制限せずに客を詰め込む、料金の安い観覧席のこと。立ち見席の類。大入場（おおいりば）ともいう。

オーヴァーチュア【（英）overture】 序曲。オペラやミュージカルなどの最初に演奏される曲。

横笛（おうてき） 管を横に構えて吹く神楽笛（かぐらぶえ）、龍笛（りゅうてき）、高麗笛（こまぶえ）、能管（のうかん）、篠笛（しのぶえ）などの総称。

大入場（おおいりば） 【同意】【参照】追込み場（おいこみば）

大入り袋（おおいりぶくろ） 演劇や映画などで観客が大勢入ったとき、従業員や関係者たちに「大入」と書いた袋に入れて配られる祝い金。

大皮（おおかわ） 能楽や歌舞伎で用いる大鼓（おおつづみ）の別称で、大鈑とも書く。【参照】第2部・日本の楽器

大切り／大喜利（おおぎり） 切りは終わりという意味で、歌舞伎や寄席などの、最後の演目のことを大切りという。縁起をかついで「大喜利」と書くようになった。

大黒幕（おおぐろまく） ホリゾント幕のすぐ前に下ろす幕で、夜の場面を表現したりする。

大薩摩節（おおざつまぶし） 三味線を伴奏とする語り物の一つで、大薩摩主膳太夫が始めた演奏形態。豪壮な演奏が特色で、歌舞伎の荒々しい演技の伴奏音楽として用いられていたが、後に長唄に吸収された。

大詰め（おおづめ） 2幕以上の演劇の最終幕。

大道具（おおどうぐ） 舞台上に組み立てられる舞台装置のこと。建物、書割（かきわり）、樹木、岩石など俳優が手に持つことのないもので、その場面の情景を表現する道具の総称。ただし、家具、屏風（びょうぶ）、装飾品、駕籠（かご）など持ち運ばれるもの、俳優が手に持つものは「小道具」と呼ばれる。例えば、俳優が木の枝を折る場合、木の幹や枝は大道具だが、折る枝だけは小道具になる。歌舞伎の場合、幕の開閉、附け（つけ）を打つのも大道具係の仕事である。【参照】定式、附け、書割、小道具

大向こう（おおむこう） ①舞台から見て、最後部にある立ち見席。または、そこの観客のこと。②歌舞伎では、大向こうの席にいる観客から役者にかける褒め言葉、または褒め言葉を言う観客のこと。現在は、褒め言葉として俳優の家の名称（屋号）を言うことが多い。

御冠船踊（おかんせんおどり） 沖縄の舞踊の一つ。琉球王国時代、中国からの使節を歓迎するために舞う宮廷舞踊で、すべて貴士族の子弟のみによって踊られた。冠船は使節団の船のこと。明治以降の舞踊と区別する意味で、古典舞踊ともいう。古典舞踊には、老人踊り、若衆踊り、二才踊り、女踊りなどがある。

置き（おき） 日本舞踊において、曲の冒頭、踊り手が登場する前に演奏される部分。長唄の場合は置き唄、浄瑠璃の場合は置き浄瑠璃と呼ぶ。

置き舞台（おきぶたい） 所作舞台と同意。【参照】所作舞台

オクターブ【（英）octave】 ①音楽的には完全8度音程のこと。周波数の比が1対2になる音程。例えばAから次のAまでの音程で、Aが440Hzだとオクターブ上のAは880Hz、オクターブ下だと220Hzとなる。②電気音響的には周波数が2倍または2分の1になるような関係のこと。1kHzに対して2kHzと500Hzが1オクターブ関係にある。

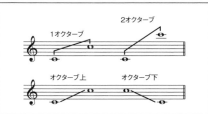

オクターブ

オクターブ奏法（オクターブそうほう）【（英）octave playing】 ギターの奏法で、ある音のオクターブ上か下を同時に弾く奏法。

御蔵入り（おくらいり） 完成している映画作品の一般公開を中止すること。上演予定の演劇の上演の取りやめ、または放送予定の番組を放送しないこと。略して「オクラ」という。

オーケストラ【（英）orchestra】 西洋音楽の管楽器と弦楽器またはどちらかの楽器編成による演奏集団。ブラスオーケストラ、シンフォニーオーケストラ（交響楽団）、チャンバーオーケストラ（室内管弦楽団）、ジャズオーケストラなどに分けられる。

オーケストラピット【（英）orchestra pit】 舞台と観客席の間にある、オーケストラが演奏する場所。通常、ミュージカルやバレエ、オペラなどのオーケストラは、この場所で演奏する。オーケストラボックスとも呼び、略してオケピット、オケピ、オケボックスという。【参照】第2部・劇場の舞台機構図

オーケストラボックス【(英) orchestra box】 オーケストラピットと同意。【参照】オーケストラピット

オーケストレーション【(英) orchestration】 楽曲の意図に応じて楽器を組み合わせ、音色を組み立てる編曲法のこと。

オケ伴（おけばん） オーケストラによる伴奏のこと。

起こす（おこす） 記録された会話などを文字化すること。

お調べ（おしらべ） 能を開始する直前に揚幕（あげまく）の裏で行われる、囃子方の楽器チューニングのこと。楽屋で行うこともある。【参照】揚幕

オシレータ【(英) oscillator】 発信器のこと。連続的に電気信号を発生する装置で、発振する周波数の範囲によって、オーディオオシレータ（低周波発振器）、RFオシレータ（高周波発振器）などという。測定用のオシレータはテストオシレータと呼ばれ、出力を正弦波（せいげんは）や矩形波（くけいは）などに切り替えできるものが多い。通常、周波数を変化させても、出力レベルは常に一定に保てるようになっている。略してOSCと表記する。

オシロスコープ【(英) oscilloscope】 いろいろな電気信号の変化を画像で観測する測定器。時間的な変化に対する信号の変化や電圧値、電流値、周波数などを読み取ることもできる。ステレオ収録のときに、L・Rの位相の監視に用いることもある。

押す／押し（おす／おし） 終了時間が押し迫るという意味で、進行が予定より遅れていること。「5分押し」などという。

オーディエンス【(英) audience】 観衆、聴衆、視聴者。

オーディエンスマイク ライブ録音や中継放送で使用する、観客席の雰囲気を収音するためのマイク。【参照】ノイズマイク

オーディオスイートニング【(英) audio sweetening】 編集が完了した画像に合わせて、ナレーションや音楽、効果音を加え、総合的に音を仕上げる作業のことをいう。サウンドスイートニングともいう。MAと同意。【参照】MA

オーディオビジュアル【(英) audio-visual】 音響と映像のこと。または音響機器と映像機器を組み合わせた装置、または視聴覚装置。AVと略して表記する。

オーディション【(英) audition】 ①検聴または試聴のこと。音響調整卓などの入力信号をチェックすること、またはチェックするためのモニタ回路。　②俳優などの採用試験。

オーディトリアム【(英) auditorium】 観客席。劇場、音楽堂、公会堂など、大勢の聴衆を収容できる場所。

音合わせ（おとあわせ） ①楽器などのチューニングのこと。歌手とバンドとの音の調子を合わせること。　②音を出して演劇、舞踊などの稽古をすること。　③舞台稽古または本番前に、実際の舞台で音量、音質、バランス、キッカケなど、総合的に音の調整を行うこと。

音尻（おとじり） 最後の音が無くなったところ。

音出し（おとだし） ①設置を完了した音響装置から音を出すこと。　②演奏を始めること。③稽古の開始。「音出し12時」とは、12時に稽古を開始すること。

音の三要素（おとのさんようそ） 音の性質を決める要因の最も基本的なもので、「大きさ」「高さ」「音色」のこと。音は空気の微小な振動であって、音の大きさは「空気の振動する幅の大きさ」に比例する。振動する幅が大きければ音は大きくなり、逆に幅が小さければ音も小さくなる。音の振動が1秒間に繰り返す回数を「周波数」といい、音を形成する基本的な周波数の高低で音の高さが決まる。したがって、振動数が多いと高い音になり、振動数が少ないと低い音になる。周波数を変化させれば、音程を変化させることができる。弦楽器の弦を指で押さえて弦の長さを変化させると振動数が変わるので音程が変化する。また、弦の太さを変えても音程が変わる。弦楽器は太さの異なる幾つかの弦を使用していて、指で押さえて弦の長さを調節して、様々な音程の音を出す。ドラムは、皮の厚さ、大きさ、ゆるみ具合で音の高低が決まる。楽器の種別の違いは、音の大きさと高さだけでは判断できない。これを判断する要素が「音色（ねいろ）」で、音響学では「周波数成分」と呼んでいる。音の高さは基音（基本となる音）のことで、基音に「倍音（ばいおん）」が加わって音色が生まれる。倍音は基音の整数倍の振動で、倍音の含有率の違いで様々な音色が生まれる。

オートパン【(英) auto pan】 左右のスピーカ間の音の定位（位置）を決めるパンポットを周期的に、左右に揺れる効果を作り出すエフェクタ。単純に同じレベルで周期的に左右に振るだけでなく、センター成分を大きくしたり、逆に小さくしたり、音が出てから移動を開始する機能などを持っている。アナログ型とデジタル型があり、デジタルの場合は擬似的なサラウンド・パンニングなど、複雑なマルチ・パンニング機能を持っている。

オノマトペ【(仏) onomatopée】 擬声語（ぎせいご）、擬態語（ぎたいご）のこと。擬声語は事物

の音や人、動物の声などを表す言葉で、「ざわざわ」「がやがや」「わんわん」「ほーほけきょ」「がたんごとん」「しくしく」など。擬態語は、物事の状態や様子などを感覚的に音声化した言葉で、「にやにや」「うろうろ」「じわじわ」「ぴかり」「ころり」「てきぱき」など。

オーバーアクション【英】over action　過剰な演技。大げさな身ぶり。

オーバーサンプリング【英】over sampling　サンプリングされたデジタル信号を、サンプリングレートの倍数レートで内部処理する機能。「4Fs処理」は4倍のサンプリングレートで処理することを意味する。

オーパス【英】opus　作品。作曲家の作品に作曲年代順に付ける作品番号のこと。略してopまたは Opと表記する。例えば、Brahms op.53はブラームスの作品第53番のこと。

オーバーダビング【英】over dubbing　マルチトラックに録音された演奏に合わせて、歌ったり他の楽器を演奏したりして、空いているトラックに録音すること。この手法により、一人でいくつもの楽器を演奏して重ねることができるし、ミュージシャンが一堂に会さなくても録音できる。【参照】マルチトラック録音、シンクロナイズドレコーディング

オーバーラップ【英】overlapping　重なり合うこと。　①テレビや映画で、ある画像の上に別の画像を徐々に重ねて、元の映像を次第に消して別の画像に替える手法。ディゾルブともいう。　②場面の展開に合わせて行う照明変化の手法。前の場面の照明を徐々に絞りながら、次の場面の照明を徐々に上げる操作のこと。クロスフェードともいう。略してO.Lと記す。

オーバーロード【英】overload　過負荷のこと。負荷とはエネルギーを消費する物のことで、規定より多すぎる消費をする状態を過負荷という。機械や電気機器などに、定格を上回る負荷をかけると、機械や電気機器を破損させることがある。

オフ【英】off　離れて、または休止、停止の意。①スイッチが切られていること。または機械が停止中であること。　②休み、休暇。【反対】オン

オプティカル【英】optical　「光学の」という意で、光ケーブル伝送のことを指す。伝送容量が大きいので、多くのチャンネル伝送ができる。MADI、TOS Linkなどがある。映画では光学記録音声トラックを意味する。【参照】MADI、TOS Link

オフ・ブロードウェイ【英】off-broadway　米国のマンハッタン区にある比較的小さい劇場で上演される演劇のこと。ブロードウェイにある劇場でも、規模が小さければオフ・ブロードウェイと呼ばれる。さらに小規模の劇場で上演されるものはオフ・オフ・ブロードウェイと呼ばれる。オフ・ブロードウェイではミュージカルの他に、ストレート・プレイ、1人芝居、ダンスなどが上演されている。

オフマイク　音源がマイクから離れていること、またはその状態。マイクから遠ざかることもいう。【反対】オンマイク

オブジェクトベース音響【英】object-based audio　オブジェクトとは台詞・音楽・効果音など個々の音素材のことで、オブジェクトごとに音声信号と共に三次元空間の位置情報がメタデータとして記録され、再生する際にはメタデータに基づいて、実際に配置されているスピーカの位置や数に対応して再生する方式。【参照】チャンネルベース音響、メタデータ

オブリガート【伊】obbligato　楽曲にとって必要不可欠なパートで省略できないもの。または、メロディーラインを引き立てるためにメロディーと同時に演奏されるメロディックなパートを指す。ジャズやポップスでは、メロディック・バックグラウンドともいう。

オフレコ　英語の「off the record」の略で、記録しないこと、または非公開のこと。

オープン【英】open　①ドラムのハイハット・シンバルを開いたままで叩くこと。または金管楽器などのフランジャーミュートを開いて演奏すること。あるいはミュートをはずすこと。　②開けること。開場すること。　③回線などを開放すること。または接続した機器の信号が流れる状態にしておくこと。

オープンステージ【英】open stage　非プロセニアム劇場。プロセニアムアーチによって額縁のようにふちどられていない劇場のことで、舞台と観客席が同一の空間にある様式。舞台が客席の中央にあるものをセンターステージ、3方向から観客席に囲まれた舞台をスリーサイドステージという。

オペアンプ【英】operational amplifier　極性の非反転入力（プラス）と反転入力（マイナス）とがあるアンプで、微分・積分・比較・加算・減算などを行うアナログ演算回路として開発されたものであるが、増幅器としても非常に高性能なので広く応用されている。増幅率が高く、入力インピーダンスが高いなどの特徴がある。

オペラ【伊】opera　歌劇、楽劇。名称は、ラテン語のopus（作品）の複数形とする説とイタリア語のopera（仕事）から発生したとする説がある。音楽を中心に文学、演劇、美術、舞踊などの各要素で構成される総合芸術。様式と地域

オープンステージ（スリーサイドステージ）

による発展の仕方によって、オペラブッファ、オペラセリア、オラトリオ、オペラコミック、ジングシュピール、サルスエラ、バーレスク、ヴォードビルなどと呼ばれるものがあるが、「オペラ」はそれらの総称。

オペラカーテン　和製英語で、英語ではtab curtainという。開けるときに中央から割れて左右の斜め上方に引き上げる形式の幕のことで、日本ではオペラにだけ使用する傾向にあるのでオペラカーテンと呼んでいる。オペラやバレエの上演に使用することが多いが、左右に開閉する引き幕や、上下に昇降する幕を用いることもある。【参照】割緞

オペラグラス【(英) opera glass】　観劇用の小型双眼鏡。

オペラコミック【(仏) opera comique】　17世紀フランスで作られた様式で普通の演劇と同じような台詞と歌唱が交替する形で進められ、イタリア様式のオペラと違い伴奏を伴ったレチタティーボは無い。この基本的な特徴を具えたフランスの作品はカルメンのように悲劇的な内容であってもオペラコミックと呼ばれる。【参照】オペラ、レチタティーボ

オペラセリア【(伊) opera seria】　神話や古代の英雄を題材としていて、正歌劇と呼ばれる。アリアやレチタティーボを重視し、合唱や重唱はあまり用いない。18世紀イタリアで発生したもので、対する様式としてオペラブッファがある。【参照】オペラ、アリア、オペラブッファ、レチタティーボ

オペラハウス【(英) opera house】　オペラを上演するための劇場。歌劇場ともいう。

オペラ・ピッチ【(英) opera pitch】　歌手が必要な最高音まで発声が達しない場合、可能な最高音に合わせ楽曲のピッチを低く変えること。かつてはオーケストラのピッチそのものを低く変えていたが、現在では曲が独立している番号オペラでは、その曲だけを音階を低くし、曲が切れ目無く続く通奏オペラでは最高音を発声可能な音に置き換える。

オペラブッファ【(伊) opera buffa】　正歌劇であるオペラセリアに対して喜歌劇と呼ばれる。喜劇的な内容の作品が多く、幕切れでは重唱や合唱が多用された。17世紀ごろに幕間オペラ（インテルメッゾ）から発生し、18世紀になると喜劇的要素以外にも感傷的、情緒的表現が織り込まれながら発展し、その後はオペレッタに変わっていったとされる。【参照】オペラ、オペラセリア、オペレッタ

オペレーション【(英) operation】　操作、運転のこと。

オペレータ【(英) operator】　操作する人。

オペレッタ【(伊) operetta】　喜歌劇。18世紀イタリアのオペラブッファから発生したオペラの通俗大衆版。上流階級の娯楽だったオペラを、庶民的な娯楽にするために創作された。【参照】オペラ、オペラブッファ

オムニバス【(英) omnibus】　全集、作品集、総集編という意。映画や演劇などで、いくつかの独立した物語を並べて、一つの作品に構成したもの。CDなどでは、いくつかのオリジナルアルバムから抜粋して一つにまとめたもの。

面（おもて）　能で使用される仮面を能面（のうめん）、狂言で使用するものを狂言面（きょうげんめん）と称しているが、通常は「おもて」と呼んでいる。

表方（おもてかた）　劇場で、観客に接する業務をする人たち。観客席案内係、切符販売係、クローク係などを表方と呼ぶ。【参照】裏方

起やす（おやす）　邦楽の演奏用語で「おやかす」ともいう。演奏の調子を強めて、音量を高めること。これの反対は幽める（かすめる）という。

【参照】幽める

オラトリオ【伊/英/仏) oratorio】 宗教的な題材による大規模な叙事的楽曲。音楽は劇的に作られるが動作を伴わない作品と、背景や衣裳を付けて演劇的に扱われる作品とがある。

オリジナリティ【英) originality】 独創性、創作力とも言い、他に例のない新しさのこと。

オリジナル【英) original】 独創的な、新作の、最初の、という意。原本、原作、原文、原画、原型。

降り番（おりばん） 管楽器奏者の肺や唇は、楽器を発音させるための構造の一部になるため、連続しての演奏は体力的に難しい。したがって、オーケストラの管楽器奏者は曲によって入れ替わることが多く、演奏に加わらないときのことを降り番という。

オールスターキャスト【英) all-star cast】 映画や演劇で、一つの作品に多くの人気俳優を出演させること。

オールディズ【英) oldies】「懐かしき古い曲」という意味で、1950年〜1960年代初期のロックン・ロール、R&B、ポップスの総称。

オン【英) on】 接触して、作動して、行われて、上に、の意。①スイッチが入っていること。または機械が作動中であること。②音源に近いこと。【反対】オフ

音圧（おんあつ）【英) sound pressure】 音波の振動は、空気を圧縮したり膨張させたりしながら、風船が膨らむように四方に広がる。単位は気圧と同じパスカル（Pa）、日常聞く音は0.1Pa程度。1Paは94dB。

音圧型マイク（おんあつがたマイク） 残響や反射音のある拡散音場（劇場など）で、その室内音響効果も含めて、スピーカからの放射音の特性を測定するときに用いられるマイクである。全方向からの音に対して、正確な周波数特性の測定ができる。測定するときは、スピーカ方向でなく真上に向けて設置するのが望ましい。

音圧レベル（おんあつレベル）【英) sound pressure level】 音は空気を圧縮させたり、膨張させたりして伝わる。音が大気を伝わるときに気圧が変動するので、この変動の大きさを音圧という。音圧の大きさの単位はパスカル（Pa）であるが、それをデシベルで表したものが音圧レベル。0.00002paを0dBと規定し、dBSPLで表示する。

オンエア【英) on the air】 ラジオやテレビの放送中、本番中のこと。または放送されること。

音階（おんかい）【英) scale】 一定の順序に並んだ音の列。現代では、ドから上のドに至る長音階と、ラからラに至る短音階がよく使われる。長音階ではそれぞれの音程が全音（ド）・全音

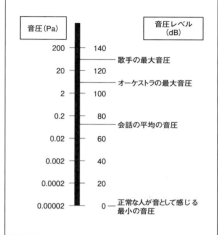

音圧レベルと音圧の関係

（レ）・全音（ミ）・半音（ファ）・全音（ソ）・全音（ラ）・全音（シ）・半音（ド）の間隔で並び、短音階では全音・半音・全音・全音・半音・全音・全音（自然短音階）と並んでいる。

音楽著作権（おんがくちょさくけん） 音楽の著作権は、作詞家と作曲家が自分の書いた曲に対して持つ権利である。その曲が公開の場で演奏されるたびに、作詞家と作曲家に一定の料金が支払われる。この料金を印税（いんぜい）という。【参照】印税

音楽堂（おんがくどう）【英) concert hall】【参照】コンサートホール

音響効果（おんきょうこうか）【英) sound effect】 ①演劇、映画、テレビ、ラジオなどで、効果音や音楽を使用して演出効果を高めること。S.E.と略記。②劇場や音楽堂の建築的な音響性能、またはその性能が演奏音に及ぼす影響のこと。

音響出力（おんきょうしゅつりょく）【英) acoustic power】 音源から1秒間に発生する音波のエネルギーのことで、単位はワット（W）。スピーカの音響出力は[入力レベル]×[スピーカの能率]で算出する。

音響障害（おんきょうしょうがい） 直接音と反射音が分離して別々に聞こえる現象をエコーまたは反響と呼び、この現象によって音の明瞭度が低下することを音響障害という。

音響中心（おんきょうちゅうしん）【英) effective acoustic center】 音が放射されていると考える空間中の仮想点で、マイクまでの到達時間から測定され、物理的な中心とは一致しないし、

周波数によっても異なる。ディレイ装置を用いて音源位置を合わせる場合には、音響中心を知る必要がある。

音響調整卓（おんきょうちょうせいたく）【（英）mixing desk/mixing board/mixing console】 マイクや再生機器などからの信号を集合させて、音量や音質などを総合的に調整して混合と分配をする装置。略してミクサ、ミキサ、卓と呼ぶ。

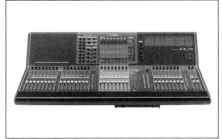

音響調整卓

音響デザイナ（おんきょうデザイナ）【（英）sound designer】 音を設計、創造する人。演劇では、作家のメッセージと演出家の演出意図に添って、音のイメージを具体的な音にする音響の監督。サウンドリインフォースメント、効果音の製作と再生などを総合的に指揮する。演出家、俳優、演奏者への音響上のアドバイザでもあり、音響の仕事を円滑に進行させるため、他の舞台技術部門との調整役でもある。

音響反射板（おんきょうはんしゃばん） プロセニアム形式の劇場でオーケストラや室内楽を演奏するとき、音楽堂の音響条件に近づけるために設置する舞台機構。舞台の背面、側面、天井を囲って、演奏する位置と観客席を同一空間状態にするためのもので、組み立て解体する形式のものと、移動して格納する形式のものがある。反響板ともいう。これによって残響時間が変化する。

音高（おんこう）【（英）pitch】 音の高さのことで、

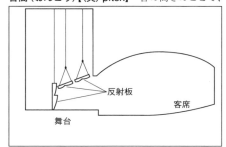

音響反射板の例

発音体の1秒あたりの振動回数で決定される。単位はHz。楽音の基準は、ピアノの中央の（蓋の鍵穴の直ぐ右の）Aのことで、絶対音高の表示でa1=440Hzと規定されている。合奏では当然ながら全ての楽器の音高がそろわなければ、美しい響きは得られない。オーケストラや吹奏楽では、オーボエのAに全ての楽器のAを合わせる。現在のオーケストラピッチは、英米が440、ヨーロッパ大陸が442～445程度、日本のプロオーケストラは442Hzを基準ピッチとしている。

音叉（おんさ）【（英）tuning fork】 音の標準周波数の確認に用いられるもので、440Hzや442Hzなど、いろいろな種類がある。細長い均質な鋼の棒をU字形に曲げ、その中央に柄が付けてあり、鉄の棒で叩くと安定した周波数の単音が発生する。木製の共鳴箱に設置すると音量が大きくなる。ピアノの調律などに用いられる。

音場（おんじょう／おんば）【（英）sound field】 音の存在する空間のこと。音場に放射された音の音質を、イコライザで修正することを音場補正という。

音場型マイク（おんじょうがたマイク／おんばがたマイク） 反射音や残響の無い無響室で、スピーカ軸上（正面）の特性などを測定するのに用いられるマイクで、一方向から来る音を正確に測定するために、正面からの音を主に収音するようしてあるマイクのこと。

音声多重放送（おんせいたじゅうほうそう） 主、副の2つの音声チャンネルを、それぞれ独立して使用するテレビ放送の方式。ニュース番組や映画の放送などで、主チャンネルに日本語、副チャンネルに原語を送出したりする。

音声ファイルフォーマット（おんせいファイルフォーマット）【（英）Audio file format】 音声データをコンピュータシステム上に格納する際の保存形式のこと。

音節明瞭度（おんせつめいりょうど）【（英）syllable percentage articulation】 劇場では台詞が明瞭に聞き取れなければならない。そこで舞台上で基準となる言葉を発生して、それを客席で聞こえたとおりに書き取ったとき、正しく聞き取れた割合を音節明瞭度という。日本語の場合、明瞭度が85％ならば文章了解度が95％以上になり、聴取条件は優良となる。また明瞭度が70％以下になると聞き取りにくくなり、聴取条件は不良となる。

音線（おんせん）【（英）sound ray】 音が波のように広がりながら伝わっていく性質を無視して、音の伝わり方を直線として扱う場合の伝搬経路のこと。このとき、平面で反射する場合、入

射角度と反射角度は等しいと考える。

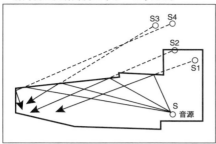

音線図

音像（おんぞう）【（英）sound image】 光学には実像に対して虚像という言葉があるが、音でこれに相当するのが音像である。人はある音を聞いただけで、音源の位置、大きさ、形などを感じ取ることができる。この感覚的にとらえた音が音像である。ステレオ再生のとき、音源があたかもそこに実在しているかのように再現されたとき、その疑似音源を音像と呼ぶ。

音像移動（おんぞういどう） 音源が連続的に移動しているかのように聞かせる方法。スピーカを実際に移動させる方法と、2台以上のスピーカを配置して音量を変化することで音像を移動させる方法とがある。

音像定位（おんぞうていい）【（英）sound localization】 両耳効果により音源の到来方向と距離感が得られることから、2個または複数のスピーカを用いたステレオの音場において、楽器などの音源の位置を設定すること。【参照】両耳効果

音速（おんそく）【（英）velocity of sound】 音波が空気などの媒質の中を伝わる速度のこと。空気中の音速は、気圧や温度の影響を受けるが、1気圧では、

音速 ＝ 331.5 ＋ 0.6 t（m／s） t ＝ 温度

となり、平均的な気温15度では約340m／sとなる。なお音速は、空気より軽いヘリウム中では970m／s、海中では約1,500m／s、コンクリートでは約3,000～4,000m／s、またグラスウールは密度によって異なるが、数十m／s程度になる。

オンタイム【（英）on time】 「時間どおりに」、「定刻に」という意。決められた時間どおりに進行していること。

音程（おんてい）【（英）interval、（独）Interall】 二つの音の間隔（音高差）のこと。同音を1度、オクターブは8度。全音の音程を「長」、半音の音程を「短」としている。ドとレは全音であるので長2度、ラとドは「全音＋半音」となるので短3度という。4度と5度は、それぞれ一つの半音を含む音程を完全4度、完全4度と呼ぶ。

オンデマンド【（英）on demand】 インターネット上でのデータ配信のこと。利用者の注文に応じて、指定された音声や画像情報を提供するネットワーク上のサービス。

女踊（おんなおどり） 沖縄の古典舞踊で、華やかで優雅な踊り。一曲ごとに出端（出羽）、中踊、入端（入羽）の三部構成になっている。かつては元服（成人の儀式）後の男性が踊っていたが、現在はほとんど女性が踊っている。「伊野波節（ぬふぁぶし）」「諸屯（しゅどゅん）」「作田節（つぃくてんぶし）」「天川（あまかわ）」など。

女形（おんながた） 歌舞伎で女性の役をする男優のこと。「おやま」とも読む。女性が演じる女歌舞伎が1929年に廃止され、それ以後、役者が男性だけになったので、この役柄が生まれた。

音波（おんぱ）【（英）sound wave】 空気中で物体を叩いたり、擦ったりすると、その振動によって、その周辺の空気の圧力が変化する。この圧力の変化は、波のように、一定の速さで空気中を伝わっていく。この波を音波という。

オンマイク マイクが音源に近いこと、またはその状態。【反対】オフマイク

音名（おんめい） 音楽の素材となる個々の音の絶対的な高さを表す名称。西洋音楽では「C・D・E・F・G・A・B（日本ではハニホヘトイロ）」の7文字と#・bで表す。日本の音楽では十二律など、その他の名称を用いる。【参照】階名（かいめい）

カ

介錯棒（かいしゃくぼう） 長さ4メートル程の竹竿やアルミ製、または木製の棒の先に器具が付いているもので、それでバトンなどに吊ってあるスポットライトの照射位置や照射エリアなどを調節する。

開場（かいじょう） 劇場や映画館などで、観客を場内に入れること。「入れ込み」ともいう。

回折（かいせつ）【（英）diffraction】 音が障害物の裏側に回り込む現象。波長よりも障害物が小さいほど音は回り込みやすくなる。1/2波長以上の大きさの障害物があれば、その周波数以上の音の障害となると考えられる。例えば、10kHzの音を遮るには、17mm以上の障害物でよく、50Hzの音を遮るには3.4m以上の障害物が必要になる。

解像度（かいぞうど）【（英）resolution】 ディスプレーの表示や印刷などの細かさの程度。ディスプレーでは横方向と縦方向の表示ドット数の積で（pixel）、プリンタでは1インチあたりに印刷できるドット数（dpi）で表す。【参照】ドット、画面解像度

開帳場（かいちょうば） 舞台やスタジオの舞台装置で、床を任意の方向に傾斜させ、俳優が昇り降りできるようにした大道具のことで、坂道などとして用いられる。仏教寺院で仏像を安置するお堂や厨子の扉を開いて拝観させる「開帳」の日に、参詣客の混雑による危険防止のため、階段の上に板を敷いて作った斜面が由来。八百屋ともいう。【参照】八百屋飾り

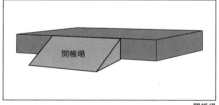

開帳場

階名（かいめい）【（英）syllable names】 楽曲中の個々の音が全音階中のどの位置にあるかを示す名称。絶対音高を示す音名（おんめい）に対し、各音の高さの相対的関係を表すもので、西洋音楽では通常、イタリアの音名「ド・レ・ミ・ファ・ソ・ラ・シ」の7音を使用するのが一般的。【参照】音名

ガヴォット（仏）gavotte】 17世紀フランスの2拍子の舞曲。フランス宮廷舞曲として用いられた。アウフタクトの開始が特徴的。

カウンターウェイト【（英）counter weight/counter balance】 釣り合い取るための重りのこと。大道具や照明器具を吊るバトンは、ワイヤやロープの端末に吊る物体の総重量と同等の重りを付けてバランスを取って、少量の力で上げ下げできるようにしている。カウンターウェイトは、そのための重りのことで、錘（しず）ともいう。【参照】錘

カウンターテナー【（英）countertenor】 裏声（ファルセット）を使い女声の音域を出すことができる男性歌手。

返し/返す（かえし/かえす） ①繰り返しの略。稽古を繰り返すこと。一部分だけを繰り返すことを小返し（こがえし）という。②はね返りの略。演奏者や歌手のためのモニタのこと。【参照】はね返り

替手（かえで） 三味線の奏法。2人以上で三味線を弾くとき、本来のメロディを弾く本手（ほんて）に対し、同じ調弦の三味線で違ったメロディを弾くこと。また、その奏者。同じメロディを遅らせて弾く場合と、異なるメロディを弾く場合がある。また、本手と異なる調弦の三味線を用いる場合は、上調子（うわぢょうし）という。【参照】上調子

雅楽（ががく） 日本古来の歌と舞、古代アジアから伝来した器楽と舞が日本化したもの、あるいはその影響を受けて創作した音楽の総称。現在の形になったのは平安時代中期（10世紀）であって、日本の最も古い音楽である。主に宮廷や貴族社会、または有力な社寺などで演じられてきたが、現在は宮内庁内で伝承しているのが基準となっている。雅楽には、国風歌舞（くにぶりのうたまい）、歌物（うたいもの）、そして大陸から伝来した楽舞（がくぶ）の三種類がある。演奏だけのものを「管絃（かんげん）」、舞が伴うものを「舞楽（ぶがく）」という。

鏡（かがみ） 舞台装置の襖（ふすま）、障子（しょうじ）、ドアなどを開けたとき、その奥が客席から見えないようにするため、襖や障子の奥に置かれた目隠しのパネルのこと。

鏡板（かがみいた） 能舞台の正面の松を描いた羽目板のこと。

鏡の間（かがみのま） 能舞台の揚幕の奥の部屋。大きな姿見の鏡が備えてあり、役者は装束を付けてから鏡の間の鏡で姿を整え、心を静めて登場を待つ。【参照】能舞台

掛り/掛かる（かかり/かかる） 開始すること。演奏を開始すること、稽古を始めることなど。

書き抜き（かきぬき） 台本の中から、自分に必要な部分だけを書き写したもの。

可逆圧縮（かぎゃくあっしゅく）【英】lossless compression】 デジタルデータにおいて、データの欠落がまったく起こらない圧縮方式のこと。この方式で圧縮された符号は、圧縮前のデータを完全に復元できる。1ビットでも欠けるとまったく異なった結果になるデータを圧縮する場合は、可逆圧縮を用いる。画像圧縮形式のPNG、GIF、動画圧縮形式のHuffyuv、音声圧縮形式のWindows Media Audio Lossless、Apple Lossless、ATRAC Advanced Lossless（AAL）、FLAC、TAK、Dolby TrueHD、DTS-HDマスターオーディオ、Meridian Lossless Packing、mp3HDなどがある。ロスレス圧縮とも呼ばれる。【反対】非可逆圧縮

書き割り（かきわり） 大道具で、木枠に布や紙を張って、建物や風景などの背景を描いたもの。格納しやすく何枚かに分割できるようになっていることから付いた名称。または、これに描く背景を立体的に描く手法。【参照】張物

拡散音場（かくさんおんじょう）【英】diffuse sound field】 室内のどの場所においても、音があらゆる方向から一様に聞こえていて、音圧が均等になっている空間をいう。理論的には完全な拡散音場はありえないが、部屋の寸法が大きく不規則な形状の空間を拡散音場とみなしている。【参照】自由音場

拡声（かくせい）【英】public address/sound reinforcement】 音声を拡大すること。音響装置を用いて、一斉に多くの人々に情報を伝える手段のことで、呼び出しのアナウンスや選挙演説からコンサートまで、広義に使用されている。通常はPA（パブリックアドレス）というが、舞台芸術分野では音響を補強するという意味のサウンドリインフォースメント（SR）と呼んでいる。

カクテルパーティー効果（カクテルパーティーこうか） 騒々しいパーティー会場でも、重要な会話に集中すると騒音が気にならなくなる心理的な状態。

額縁（がくぶち） ①舞台と観客席の間の枠のこと。プロセニアムアーチともいう。【参照】プロセニアムアーチ　②演劇や舞踊などで、開幕と終幕を同一の趣向にする演出。開幕と終幕に同じ効果音、音楽を用いること。

楽屋（がくや）【英】dressing room】 劇場などで、出演者が準備をして、待機する部屋。支度部屋。

掛け合い（かけあい） ①長唄と義太夫節、長唄と清元節、琴と三味線など異なる種目や楽器で同一曲を交互に演奏すること。　②複数の演者が、交互に話したり、演奏したりすること。

陰板（かげいた） 俳優が出番のために舞台袖や大道具の裏など、観客席から見えない位置で待機すること。

陰囃子（かげばやし） 邦楽で、観客席から見えない場所で演奏する囃子のこと。唄と三味線が舞台に出て演奏しているときに、太鼓、大鼓、小鼓、笛などの囃子を舞台袖で演奏すること。舞台に出て演奏することは出囃子という。【参照】出囃子、囃子、舞台袖

飾り込み（かざりこみ） 舞台やスタジオなどで、大道具を組み立てる作業。「飾る」、「建て込み」ともいう。

鎹（かすがい） 大道具をつなぎ止めるためのコの字形の大きな釘（くぎ）。大道具どうし、または大道具を舞台床に固定するために用いる。ガイまたはガチとも呼ぶ。大道具係が、鎹と釘、金槌（かなづち＝なぐり）などを入れて腰に下げる袋を「ガチ袋」という。

鎹

カスタマイズ【英】customize】 ①特別注文で作ること。注文に応じて作り替えること。　②コンピュータのアプリケーションソフトの操作方法や設定値などを利用者が使いやすいように変更すること。

カストラート【伊】castrato】 16～18世紀に、男性の声の力強さを保ったまま、女性のソプラノもしくはアルトの音域を発声するために、去勢手術を行った男性歌手。声変わりになる前の8歳～10歳ぐらいの間に手術を行うため、成人してからもボーイソプラノの音域を保つことができた。

霞幕（かすみまく） ①一文字幕（いちもんじまく）と同意。数枚あるときは、客席側から1カス、2カス、3カスと呼ぶ。【参照】一文字幕　②歌舞伎舞踊などで、山台の演奏者を出番まで隠しておく幕、または演奏後に隠す幕。

幽める（かすめる） ①邦楽で、弱く演奏することをいう。　②音響では、幽かな音量にすること。

風雑音（かぜざつおん）【英】wind noise】 風が当たると発生するマイクの雑音。ボコボコという音で、これを防ぐためにウインドスクリーンという防御器具をつける。マイクに近づいてしゃべったときも風雑音を発生するが、これを「吹かれ雑音」「吹き」または「ポップノイズ」と呼ん

33

でいる。【参照】ウインドスクリーン

カセットテープ【(英) cassette tape】 録音テープの取り扱いを簡単にするため、小型容器の中にテープとリールを収め、テープレコーダに簡単に装着できるようにしたもの。

オーディオカセットテープ

画素(がそ)【同意】【参照】ピクセル

画素数(がそうすう) 画像を構成する画素の数のこと。「1024×768」、「3264×2448」などと横方向と縦方向のピクセルの数の積で表され、それぞれ約78万画素、約800万画素ともいう。

固める(かためる) リハーサルや打ち合わせを十分に行って、演技、音響、照明などを演出意図に添って、確実なものにすること。

語り(かたり) ①ナレーションや解説のこと。その場面の状況、雰囲気などを理解させ、印象づけるための解説、または解説する人。 ②物語をすること、または物語をする人。

語り物(かたりもの) 邦楽の声楽曲の中で、言葉が主となった曲のこと。楽器の伴奏により物語を語るもので、義太夫節、常磐津節、清元節、浪曲などがある。【参照】唄いもの

がち 【同意】【参照】鎹(かすがい)

カチャーシー 沖縄各地で行われるテンポの速い即興の踊り、または演奏のこと。三線(さんしん)、太鼓、指笛、歌、手拍子に合わせて一人ずつ、あるいは対になって次々に踊る。宴会の座興など、さまざまな機会に行われる。「掻合(かちゃ)あしゅん」(かきまぜるという意)から派生した言葉。【参照】三線

可聴周波数帯域(かちょうしゅうはすうたいいき) 人間の耳に聞こえる周波数の区域のこと。年齢などの個人差はあるが、通常は20Hz～20,000Hzの範囲とされている。音の周波数を高くしていくと聞こえにくくなるが、音量を上げれば聞こえるようになる。また、周波数を低くしていった場合も同様である。したがって、可聴周波数帯域は音量によっても変化する。

カチンコ【(英) clapper board】 映画の撮影のときに使用するもので、編集するときに画像と音をシンクロさせるための合図音を出す拍子木のこと。映像と音声を別の素材に収録する場合に必要なもので、拍子木を打つ画像と音によってシンクロさせる。小さな黒板が付いていて、そこにシーン番号などを記入する。

合唱(がっしょう)【(英) chorus、(独) Chor、(伊) coro】 複数の歌い手が、いくつかの異なる声部に分かれて歌うこと。混声四部合唱、男声四部合唱、女声三部合唱が標準的な編成である。バスの声部を持たない女声合唱では低音の支えとなる伴奏を伴うことが一般的だが、男声合唱、混声合唱では無伴奏であることも多い。通常、混声合唱ではソプラノ、アルト、テノール、

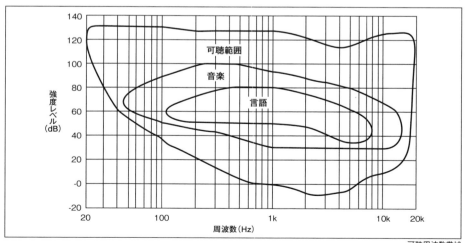

可聴周波数帯域

バスの4声部を、それぞれ数名〜数10名が歌う。男声四部はトップテノール、セカンドテノール、バリトン、バスの四声部、女声三部はソプラノ、メゾソプラノ、アルトの三部が基本で、楽曲によっては一部の声部を更に分割することもある。

合奏（がっそう）【(仏) ensemble】　複数の楽器演奏家による演奏。通常、複数の演奏家が一つのパートを担当するものを合奏と呼び、一人で一つのパートを担当するものを重奏と呼んでいる。

カット【(英) cut】　①一区切り。ひとくさり。②削除すること。取りやめること。切り捨てること。　③映画の撮影で、カメラが写し始めてから写し終わるまでの1場面。　④動画の、ある編集点と次の編集までの間を表す単位。

カット・アウト【(英) cut out】　①音響の操作用語で消す、削除の意味。音を瞬時に絞って、急に消すこと。C.O.の略記号で表示する。【反対】カット・イン　②映像のスイッチング技法。挿入画面や字幕などを取り去ること。

カット・イン【(英) cut in】　①音響の操作用語でカット・アウトの反対語。音を瞬時に、所定のレベルまで上げること。音を最初から所定の音量で出すこと。音が急に入ってくること。C.I.の略記号で表示する。　②映像のスイッチング技法。挿入画面や字幕などを瞬時に取り入れること。【反対】カット・アウト

カットオフ周波数（カットオフしゅうはすう）【(英) cutoff frequency】　ある周波数を越えてレベルが 3dB 低下する点の周波数のことで、遮断周波数とも呼ばれ、fcと表記する。

カットクロス【(英) cut cloth/foliage border】　樹木、枝、アーチなどの形に切り抜いた布製の大道具で、吊って使用する。

カット割り（カットわり）【同意】【参照】カメラ割り

カップリング【coupling】　複数のスピーカを用いたとき、ある波長よりスピーカユニット（またはスピーカシステム）の間隔（距離）が狭い（短い）場合、その波長以下の周波数で相互のエネルギーが合成されエネルギーが増加する。位相が不規則で合成されるときは3dBの増加、同位相で合成されるときは6dBの増加となる。

カップリング曲（カップリングきょく）　シングルのCDで、メイン曲の次に収録される曲。

カテゴリー【(英) category】　①同じ性質のものが属する部類。　②ネットワークで用いられるツイストペアケーブルの品質を分類したもので、カテゴリー1から5、6、7、8まである。数字が大きくなるほど転送速度や伝送帯域等が

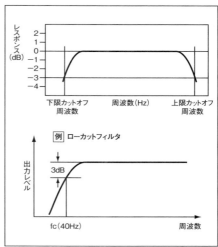

カットオフ周波数

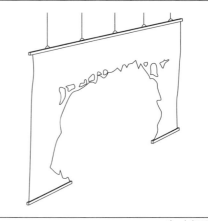

カットクロス

進化している。CAT5などと表記する。【参照】ツイストペアケーブル

カテゴリー6ケーブル【(英) category 6 cable】　イーサネットや、その他の高速信号転送のためのツイストペアケーブルの規格。シールドされていないUTPケーブルで、終端はRJ-45コネクタを使用。主に1000BASE-Tや1000BASE-TXで使用される。CAT6Aが定番。【参照】RJ-45、UTPケーブル

カテゴリー7ケーブル【(英) Category 7 cable】　イーサネットや、その他の高速信号転送のためのツイストペアケーブルの規格。既存の規格であるCAT5e、CAT6Aなどとの互換性はあるが、シ

ールドされているSTPケーブルを使用し、コネクタはGG45である。【参照】GG45、STPケーブル

カーテン【(英) curtain】 舞台で、緞帳（どんちょう）や引幕（ひきまく）などの総称。

カーテンコール【(英) curtain call】 幕が下りた後、観客の拍手喝采により出演者を幕の前に呼び出すこと。【参照】アンコール

カーディオイド【(英) cardioid】 カーディオイドとは心臓形という意味で、マイクの指向性でハート形をした単一指向性のことをいう。

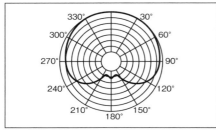

カーディオイド特性

カデンツァ【(伊) cadenza】 イタリア語で終止装飾句。つまり、協奏曲などで楽曲や楽章の終わる直前に、独奏（唱）者の技巧を示すために挿入される華やかな即興的な部分。無伴奏のソロ。本来は演奏者によって即興的に演奏されるべきものだが、ほとんどの場合、作曲者によるか、または過去の大演奏家の手によるものが使われる。

過渡現象（かとげんしょう）【transient】 安定状態から他の安定状態へ移るときに、ある変動を起こすこと。ある電気回路で、スイッチを入れてから電圧や電流が一定の状態になるまでの間に起こる現象。

過渡特性（かととくせい）【(英) transient characteristic】 信号の急激な変化に対して、どのくらい忠実に応答し、追従できるかという性能を表したもの。トランジェント特性ともいう。例えば、スピーカは入力信号に応じてコーン紙が振動するが、コーン紙には一定の質量や機械的な抵抗があるので、静止状態から一定の振動になるまでには時間がかかる。また、信号が急になくなり静止状態になるまでにも時間がかかる。これらの途中の状態を過渡状態といい、この現象を過渡現象と呼んでいる。

カノン【(英・仏) canon】 対位法による多声音楽の作曲技法、またその楽曲。基本的な構造は、同一の旋律を複数の声部が一定の時間的間隔をおいて模倣して追行する手法。

歌舞伎（かぶき） 日本の伝統演劇。1603年に出雲の阿国（おくに）が、京都の四条河原で女だけで演じたのが始まりで、江戸時代に確立された。歌舞伎は文字通り音楽、舞踊、演技で形成していて、様式的な美を基本にした演劇である。伴奏音楽に三味線を用いて、台詞の発声法もそれに準じていることなどから、台詞を美しく聞かせることに主眼をおいた聴覚の芸術でもある。

歌舞伎劇場（かぶきげきじょう） 歌舞伎劇の上演を目的とする劇場。特別な舞台機構は、場面転換のための「回り舞台」や「迫り（せり）」と、客席を通って役者が出入りする「花道」である。舞台間口は横長で、上手に義太夫節を演奏する場所のチョボ床があり、下手には効果音楽を演奏する下座がある。柝（き）と呼ばれる拍子木の音を合図に舞台は進行し、定式幕と呼ばれる柿色、黒色、緑色の縦縞の幕を用いている。【参照】定式幕、すっぽん、七三、回り舞台、迫り、柝、第2部・歌舞伎舞台

被せる（かぶせる） ①ナレーションに音楽や効果音を重ねるなど、2つ以上の音を重ねること。②台詞の終わりの部分に重ねて音楽を流すこと。

カフボックス【(英) cough box】 カフは「咳をする」の意。アナウンサが本番中に咳払いをしたり、原稿をめくったり、打ち合わせをするとき、一時的にマイクを切るための操作ボックス。スイッチによる断続ではバックノイズが急になくなって不自然になるので、フェード・イン、フェード・アウトの方法をとる。FUボックス、FUともいう。【参照】FU

カフボックス

被り込み（かぶりこみ） 収音しようとする音源以外の音がマイクに混入すること。これを防ぐには、遮音板を用いるか、指向性の鋭いマイクや楽器の振動を直接収音するマイクなどを使う。「被り」と略していう。

嚙付（かぶりつき） 舞台にかぶりつくようにして見る場所という意味で、舞台に最も近い最前列で中央の座席のこと。

被る（かぶる） ①収音しようとする楽器のマイ

クに、他の楽器の音が入ること。　②終演になると観客が立ち上がり、ほこりが立つので手拭いを被ったことから、終演になることをいう。③寄席では大入り満員のことをいう。

カペルマイスタ【独】Kapellmeister】　聖歌隊やオーケストラの指揮者。または常任指揮者。本来、カペルは教会堂のことで、教会堂附属の楽団や聖歌隊のリーダがカペルマイスタ。

框（かまち）　①物の外枠の木。戸・障子などの建具の枠木をいう。　②玄関の上がり口、床の間、縁側など、床の面の端を化粧するための化粧用の木。③舞台床の最前部の端を化粧するための木。

上出し（かみだし）　回り舞台の回し方で、時計の針と同じ方向に、客席から見て右側が出てくるように回転すること。逆回し（ぎゃくまわし）ともいう。【反対】下出し【参照】回り舞台

上手（かみて）【英】prompt side、【米】stage left】　劇場で、客席から舞台を見て、右側のこと。欧米では、舞台から客席に向かって、右、左と呼ぶ。【反対】下手

ガムラン【尼】gamelan】　東南アジアのインドネシアで行なわれている大・中・小さまざまな大きさの銅鑼や鉄琴の類による器楽合奏の民族音楽の総称。【参照】第2部・民族楽器

カメラリハーサル【英】camera rehearsal】　放送や収録で、本番と同じ条件でテレビカメラを動かして行うリハーサル。衣裳、メイク、照明なども本番と同じに準備し、時間や演出の点もチェックする。「カメリハ」とも略して呼び、CRと表記する。

カメラ割り（カメラわり）【英】camera blocking】　数台のテレビカメラを用いてテレビ放送やビデオ収録をする前に、どのカメラでどのように映すかを決めること。画面の移動、方向、つながりなどを考えて、演出の意図を具象化する仕事である。カメ割り、カット割りともいう。

カメ割り（かめわり）　カメラ割りの略語。【参照】カメラ割り

画面解像度（がめんかいぞうど）【英】display resolution、screen resolution】　慣用的にコンピュータ等のディスプレイの総画素数のこと。画面の精細さを指すこともあるが、区別する場合は画素密度、ピクセル密度（pixel density）という。横方向と縦方向のピクセル数で「1920×1080」と表示。

歌謡曲（かようきょく）　昭和初期以降に用いられた用語で、主にラジオ、テレビ、レコードなどで大衆に広まった日本の流行歌の総称。狭義には、欧米のロック、フォーク、ジャズ、フュージョンなどのイメージを持たない流行歌。

カラオケ　歌を歌うために、伴奏音楽だけを録音したもの。または、それに合わせて歌うための装置のこと。

カラーガード【英】color guard】　鼓笛隊やマーチングバンドで、国旗や軍旗、学校旗などを用いて視覚的な演技をするパートのこと。

ガラコンサート【英】gala concert】　ガラは祝祭という意で、特別に企画された公演のこと。オペラのスターたちが、得意のアリアを歌い競うコンサートなど。

空スタ（からスタ）　空スタートの略。【参照】空スタート

空スタート（からスタート）　フェーダを上げずに録音された音楽をスタートさせること。予定の終了時間に曲も終わりたいときなど、決められた時刻にスタートしておいて、しゃべりの終わりでフェード・インする。

カラーバー【英】color bar】　テレビ受像機や映像機器の画面に正しい色が再現されているかどうかをチェックするための、三原色などを組み合わせた画像、またはその映像信号。

カラーフィルタ【英】color filter】　照明器具の照射光の色を任意の色にするための色の付いたフィルターのこと。一般的にはポリエステルフィルムに着色したものを使用している。日本製のカラーフィルタは、2桁の番号で色相と濃度を表示している。十の位は色相を表し、10番台はピンク系、20番台は赤系、30番台は橙系……となっている。一の位は濃度を表し、数が増えるほど淡くなる。

カラム／コラム【英】column】　①古代ギリシャ・ローマ建築に用いられた石の円柱が由来で、プロセニアムアーチの側壁をいう。【参照】プロセニアムアーチ　②コンピュータの表計算ソフトなどの縦列の行。

カラムスピーカ【英】column loudspeaker】　①プロセニアムアーチの側壁に仕込まれたスピーカシステム。【参照】プロセニアムスピーカ、フロントスピーカ、サイドスピーカ

ガリ　①音量調整用のフェーダなどに埃が入って、接点の接触不良で生じる電気的雑音の一種。発生音が断続的にガリガリと聞こえるのでこのように言う。　②マイクチェックで、マイクの頭を指先で擦ること。

仮花道（かりはなみち）　歌舞伎舞台で下手にある本花道（ほんはなみち）に対して、上手側に設置される仮設の花道。【参照】花道、第2部・歌舞伎舞台

管絃／管弦（かんげん）　①笛などの管楽器と箏や琵琶などの弦楽器の総称。または、これらの演奏のこと。　②雅楽で、舞を伴わないで、楽器

37

だけを演奏する形態。

管弦楽（かんげんがく） 洋楽で、管楽器・弦楽器・打楽器の組み合わせによる大規模な合奏、またはその楽曲。

管弦楽団（かんげんがくだん）【英】orchestra 弦楽器・管楽器・打楽器の編成による管弦楽曲を演奏するために組織された団体。主にクラシック音楽を演奏する。

干渉（かんしょう） 複数の音を合成したとき、互いに影響し合って、周波数特性に変化を生じさせること。直接音と反射音、または経路の異なる反射音同士が重なると合成されて、ある周波数では強め合い（ブースト）、ある周波数では弱め合う（キャンセレーション）。この周波数特性をイコライザで補正するのは困難である。【参照】位相

間接音（かんせつおん）【英】indirect sound 反射音ともいい、音源から発した音が壁、天井、床などで反射して到達する音。音源から直接到達する直接音に対して、必ず遅れを生じる。また、反射が繰り返されると残響となる。【参照】直接音

冠船踊（かんせんおどり） 【参照】御冠船踊（おかんせんおどり）

カンタータ【伊】cantata 17世紀に登場した声楽曲。イタリア語のcantare（歌う）が語源。聖書を基にして、歌唱の醍醐味を聴かせるアリアやストーリーの展開を低音楽器だけの伴奏で語り聴かせるレチタティーボ、賛美歌を多声の合唱曲に編曲したコラールなどで構成される独唱、または合唱付きの管弦楽作品。

カンツォーネ【伊】canzone イタリアの民衆に広く愛唱されている歌謡曲の総称。1951年に開催されたサンレモ音楽祭以来、イタリアのポピュラーソングを指すようになった。

感度（かんど） ①光に対する敏感さの尺度。②受信機や測定器などの感度（reception）は、電波電流、または音などを感受する度合や能力。③マイクの感度（sensitivity）は、マイクロホンの振動板に規定音圧（1Pa＝1パスカル）を加えたときに出力する電圧で、「dB/Pa」または「mV/pa」と表示する。④スピーカの感度（sensitivity）は、スピーカに1W（8Ωのスピーカでは2.83V）の電気エネルギーを加えたとき、スピーカの正面の音圧レベルをデシベルで表したものである。通常は、スピーカ正面1mの距離の音圧レベルを用いる。dB SPL/W/mと表示するが、感度と表記してあればdB SPLまたはdBでもよい。また、出力音圧レベルとしてdB（1W、1m）と表記することもある。

完パケ（かんぱけ） 編集作業が終了し、いつでも本番に使用できる状態に仕上がった録音物のこと。完全パッケージという俗称の略。

カンパニー【英】company 劇団、演劇組織

ガンマイク【英】shotgun microphone 超指向性マイクのこと。離れた所から音源に向けて使用する長い円筒型のマイクで、銃に似ているのでこのように呼ばれている。

ガンマイク

冠公演（かんむりこうえん） 企業がスポンサになって行われるコンサートや演劇、ミュージカルなどの公演のこと。公演名に協賛する企業の名称や商標名を冠のように付けることからこのようにいう。

キ

柝（き） ①歌舞伎などで使用する樫の木で作った拍子木のこと。柝の音を合図に劇の進行をする。その時々の知らせる内容によって、さまざまな打ち方がある。【参照】第2部・柝の用法 ②仏教の読経で使われている節柝（せったく）。音柝（おんぎ、さんぎ）ともいう。

柝

キー【(英) key】 ①鍵盤のこと。ピアノやオルガンなどの、音を出すために指で押さえる所。木管楽器の指穴部分。 ②音の調子。声音域で基音となる音のこと。

消え物（きえもの） 演劇で、上演のたびに実際に消えてなくなる消耗品の総称。劇の中で使用する食べ物や煙草、鉄砲の火薬など。

基音（きおん） 基本音。発生する音のうち、振動数（周波数）の最も少ないもの。楽器の音の高さは、この基音で決まる。

擬音（ぎおん） 実際の音に似せて笛や器具、声によって作り出す模擬音。

幾何音響（きかおんきょう） 十分に広い室内で、音が均等に拡散している場所では、音の伝わり方を線で表現して幾何学的に考えることができる。そのような考え方を幾何音響という。【参照】音線、拡散音場

戯曲（ぎきょく） 演劇を上演するために書かれた脚本。または、その形式で書かれた文学作品。台詞以外に人物の動作など「ト書き」が書かれている。【同意】脚本、ト書き

階（きざはし） 能舞台の正面にある階段のこと。

技術監督（ぎじゅつかんとく）【(英) technical director】 劇場の舞台美術、照明、音響、舞台機構操作など技術部門の統括責任者。劇場設備の管理、作業の安全管理、スタッフの労務管理、技術部門の作業スケジュールの作成、予算作成など技術部門の総指揮をする。

擬声語（ぎせいご） 【同意】【参照】オノマトペ

寄生発振（きせいはっしん）【(英) parasitic/parasitic oscillation】 入力信号の影響で発生する余計な発振のこと。入力信号が大きいときに発振する場合、ある周波数や、あるレベルのときにだけ発振する場合がある。主に高音域で発生する。

擬態語（ぎたいご） 【同意】【参照】オノマトペ

義太夫節（ぎだゆうぶし） 浄瑠璃（じょうるり）と呼ばれる音楽の一流派で、三味線を伴奏に物語を語る。竹本義太夫が始めたので義太夫節という。人形劇「文楽」に用いられるが、歌舞伎の音楽としても用いられている。言葉が主で、日常の言葉より美的に誇張され、笑い方や咳の仕方などは様式化されている。使用する三味線は、長唄のものより形が大きくて、低く強い音が出る太棹（ふとざお）と呼ばれるものを使用している。

キッカケ 演技、大道具、照明、音響などの開始や停止、変化をするのに最も良いチャンスまたはタイミング。その約束された個所、またはタイミングを知らせる合図のこと。【参照】キュー

キック【(英) kick】 「蹴る」という意。足でペダルを踏んで演奏するジャズやロックなどのバスドラムの俗称。

キック

キープ【(英) keep】 録音をやり直すとき、前の録音を残しておくこと。

キーボード【(英) keyboard】 鍵盤楽器のこと。ピアノ、オルガン、エレクトリック・ピアノ、シンセサイザなど鍵盤を持った楽器の総称。通常ではシンセサイザなど、電子鍵盤楽器のことをいう。

基本波（きほんは）【(英) fundamental wave】 複合音の中で最も低い周波数を基本波、あるいは基本周波数という。この基本波の整数倍の周波数成分を高調波といい、基本波の2倍の周波数を第2高調波、3倍のものを第3高調波という。

決まり／決まる（きまり／きまる） 歌舞伎や日本舞踊などで、演技や振りが最高潮に達するか、

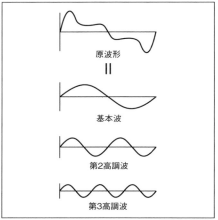

基本波と高調波

キーボード

一区切りしたときに一瞬きちんとした形になること。

決まり物(きまりもの) 方式や形が定まっている物。定式物(じょうしきもの)ともいう。

脚色(きゃくしょく) ①小説などの原作を、演劇や映画のための台本や脚本に作り直すこと。②事実を色付けして面白くすること。

逆畳み込み(ぎゃくたたみこみ) 音響測定用語で、スピーカシステムなどへの入力音とスピーカからの放射音を比較して、その伝達関数を求めること。【参照】伝達関数、伝達関数

客電(きゃくでん) 客席の電灯。劇場などの観客席用の照明。

脚本(きゃくほん) 演劇として上演するために作られた本。映画を作るための本。【同意】戯曲

キャスティング【(英)casting】 映画や演劇などで、俳優に役を割り当てること。配役ともいう。

キャスト【(英)cast】 映画や演劇の出演者の総称。

キャットウォーク【(英)cat walk】 劇場やスタジオなどの天井裏や頭上の作業用通路、足場のこと。

キャノン・コネクタ【(英)cannon connector】
CANNON ELECTRIC COMPANYが開発したコネクタの総称。構造が頑丈でワンタッチで着脱でき、確実にロックされることから、多くのプロ用機器に用いられている。音響用としては、XLRシリーズが用いられている。この製品に互換性を持たせたスイッチクラフト社やノイトリック社の製品がある。【参照】XLRコネクタ

キャノン・コネクタ(左がオス、右がメス)

キャパシティ【(英)capacity】 容量。収容能力。観客席数。

ギャラ【(英)guarantee】 ギャランティの略で報酬、出演料のこと。【参照】ギャランティ

キャラクタ【(英)character】 性格、持ち味の意。演劇、映画、小説、漫画などの登場人物のこと、または登場人物の性格。

ギャランティ【(英)guarantee】 出演料。謝礼金。手当。

キャリブレーション【(英)calibration】 測定、調査、調整の意。規格や基準に整合するよう電子回路を調整すること。計器の目盛りを正しく調整することなどをいう。

キュー【(英)cue】 演技、音楽、照明、音響などのキッカケを指示するために決めてある合図。インカムなどの通話装置、または身振りで指示する。他にハンドサインで合図をする。Qと略して表記。【参照】第2部・ハンドサイン

吸音(きゅうおん)【(英)sound absorption】 音が壁などで反射するとき100%の音が反射するのではなく、エネルギーの何%かは壁の材料抵抗により熱に変換され、消失する。これを吸音という。完全に音を反射する材料は存在しないので、すべての材料は吸音材といえるが、通常90%程度の音を反射する材料を便宜的に反射性材料と呼んでいる。【参照】吸音機構、吸音特性

吸音機構(きゅうおんきこう) 音を吸収するように考えられた材料機構。建築的な仕上げの違いにより、いろいろな吸音機構があるが、一般的には以下の3種に大別される。どの吸音機構も板の背後の空気層の大きさによって、吸音特性が大きく異なる。

(1)多孔質材料(porous material)
グラスウール、ロックウール、ウレタンフォームのような細かい繊維や連続気泡の材料に音

が入射すると、材料の摩擦や粘性抵抗により、音のエネルギーが失われて吸音する。一般的に高音域をよく吸音する。
(2)板状材料（panel/board）
合板、石膏ボードのような板状の材料は、板の背後に空気層を設けて施工すると、入射する音で板が振動し、その摩擦で音を吸収する。低音域で共振するため、低音を吸収する。中高音域の吸音は少ない。
(3)孔あき板（perforated board）
合板、珪酸カルシウム板などの板状材に、適当な径の孔を一定の間隔であけたもの。孔の部分の空気が質量として、背後の空気がバネとして働き、ちょうどヘルツホルムの共鳴器のような作用をして、音を共鳴吸音する。共鳴周波数の付近の音だけをよく吸収する。孔あき板の背後に多孔質材料を施工すれば、さらに広い帯域の吸音ができる。【参照】吸音特性、ヘルムホルツの共鳴器、共振

吸音材（きゅうおんざい）【英】absorbent】 音を吸収する材料の総称。スピーカキャビネットの内部や、劇場内の音の反射を取り除くために使用する。【参照】吸音機構

吸音特性（きゅうおんとくせい） 吸音機構の違いで吸音しやすい周波数が異なり、材料固有の吸音周波数特性がある。これを吸音特性という。

吸音率（きゅうおんりつ）【英】sound absorption coefficient】 ある材料で仕上げられた壁面に入射したエネルギーと反射したエネルギーの比を反射率といい、この逆が吸音率で［1－反射率］で求められる。通常、0.78などのように、小数点以下2桁の数値で表される。したがって、値は0.00～1.00の間になる。

吸音力（きゅうおんりょく）【英】sound absorption power】 吸音率に、その材料の面積を掛けたものを吸音力と呼ぶ。部屋を構成するすべての材料の、それぞれの吸音力を合計すれば、その部屋の全吸音力を求めることができる。単位はm²。【参照】平均吸音率

球面波（きゅうめんは）【英】spherical wave】 小さなスピーカから音を出すと、それを中心に四方八方へ音が広がる。このように球がどんどん大きくなるような形で広がる音波を球面波という。球面波は、音源からの距離が2倍になれば音響エネルギーは1/4になり、音圧レベルで6dB低下したことになる。

キューボックス【英】cue box】 歌手やミュージシャンが、演奏しながら自分たちの演奏音をヘッドホンまたはイヤホンで聴くための装置。6～10の入力を持った簡単なミキシング装置で、演奏者が各自の好みで調整する。

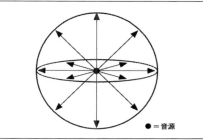
●＝音源
球面波

教会音楽（きょうかいおんがく） 狭義にはキリスト教教会の礼拝に用いられる音楽。この種の音楽は礼拝様式と深くかかわっているため、歴史的にも教派によってもさまざまな種類がある。また広義には、キリスト教と関係のある音楽の総称。

京劇（きょうげき） 中国の伝統演劇。中国には、昆劇、越劇、川劇など100以上の伝統的な地方演劇があるが、北京を中心とするものを京劇という。歌、台詞、立ち廻り、舞踊を組み合わせた演劇で、北京オペラとも呼ばれる。以前は女性役を男性が演じたが、現在では女優が演じるようになった。

狂言【きょうげん】 日本の伝統芸能である「能楽」には能と狂言があり、狂言は滑稽なセリフ劇。独立して演じられる本狂言と、能の中で演じられる間狂言（あいきょうげん）がある。流派は大蔵流と和泉流。 ②歌舞伎の演目のことで、能楽の狂言と区別して歌舞伎狂言と呼ぶ。③人をあざむくために仕組むたくらみのことで、「狂言自殺」「狂言強盗」などと用いる。

狂言方（きょうげんかた） ①能楽の狂言を演じる人。 ②歌舞伎の狂言作者のこと。または日本の古典舞踊の舞台監督。【参照】狂言作者

狂言作者（きょうげんさくしゃ） 歌舞伎作者ともいい、歌舞伎の脚本作者のこと。現在では、演出補佐と舞台監督をし、竹榮姓を名乗っている。舞台進行の合図の柝（き）を打ったり、プロンプタの役目をしたりする。【参照】柝、第2部・柝の用法

共振（きょうしん）【英】resonance】 ある物体に力を加えたとき、その周期がちょうど物体の動きやすい周期に一致していると、力はごくわずかでも物体は大きく揺れだす。このような現象を共振といい、振動の周波数を共振周波数という。スピーカシステムなどのエンクロージャが不要な共振を起こすと、再生音に悪影響を与える。管楽器は管の中の空気の共振を、弦楽器は弦の共振を利用したものである。電気回

路でも、コイルとコンデンサにより共振現象を起こすことができる。

共鳴（きょうめい）【英】resonance】 振動体や電気振動回路などに、その固有振動数と等しい振動を外部から加えたとき、大きい振幅で振動すること。【参照】共振

虚音源（きょおんげん）【英】image source】 イメージ音源と同意。【参照】イメージ音源

極性（きょくせい）【英】polarity】 プラス、マイナスのこと。例えば、スピーカでは入力端子に直流を加え振動板が前方へ動いたとき、接続しているプラス側の端子を正極（プラス）、別の端子を負極（マイナス）と決めている（JIS規格）。スピーカやマイクを数多く同時に用いるときには、基本的に極性を合わせて使用する。【参照】位相

清元（きよもと） 清元節の略。清元延寿太夫によって、1814年に富本節から分かれて作られた。浄瑠璃の中で最も派手な語り方で、裏声による技工的な高音に特徴がある。歌舞伎の伴奏音楽として発達した。三味線は中棹であるが、常磐津よりもやや細めのものが使われ、この系統では最も柔らかい音色。清元のプロの演奏家は、すべて清元の姓を名乗っている。

距離減衰（きょりげんすい） 音波は球面状に伝わっていくため、音源から距離が離れるほど音圧が減少することを距離減衰という。音源が点音源ならば、音源からの距離が2倍になるごとに音圧レベルは1/4に、つまり6dB減衰する。

嫌う（きらう）「避ける」という意。舞台照明の用語で、ある部分（位置）に照明を当てないようにすること。「○○を嫌って」などと用いる。

切り（きり） 芸能の終わりの部分のこと。浄瑠璃（じょうるり）や歌舞伎で、1段または1幕の終わりの部分。寄席（よせ）では、その日の最後の演目、またはその演者のこと。【参照】浄瑠璃

切り穴（きりあな）【英】stage trap】 舞台床を切り抜いた小さな開口部で、普段は蓋がしてある。幽霊の登場、階下への階段などとして使用される。

切り出し（きりだし） 山、樹木、建物などの形に切り抜いた板に、絵を描いた大道具。

切れる（きれる） ①一幕が終わること。「序幕が

切り出し（表）

切り出し（裏）

切り出し

切れた」といえば、序幕が終わったということになる。②登場人物が物陰に入って、客席から見えなくなること。

金管楽器（きんかんがっき）【英】brass wind instrument】 トランペット、トロンボーン、ホルン、コルネット、チューバなどの総称。brassは真鍮（しんちゅう）の意で、金管楽器の主材料に真鍮を使用している。金属パイプの一方がホーンの形になっていて、片側には発音源となる唇の振動を効率よく伝達するためのマウスピースが取り付けてある。金管楽器の発音源は演奏者の唇の振動なので、演奏者の唇の振動数でピッチが決まり、楽器がその振動を増幅する構造になっている。

近接効果（きんせつこうか）【英】proximity effect】 マイクに音源を近づけると低音が強調される現象。この現象は、双指向性（両指向性）または単一指向性のマイクに顕著に現れる。音源である口に近づけて使用するヴォーカル用マイクは、この近接効果を見込んで、あらかじめ低音域を抑えて設計してある。

42

ク

クァルテット【(伊) quartetto (英) quartet】 四重奏または四重唱。

クインテット【(伊) quintetto (英) quintet】 五重奏または五重唱。または、その演奏曲や演奏団。

空気吸収（くうききゅうしゅう）　音が空気の粒子によって吸音される現象で、それによって音源からの距離に比例してエネルギーの減衰が生じる。また、高音になるほど減衰が大きくなる。空気の密度（相対湿度）にも影響し、室温20℃のとき相対湿度が5％〜20％間の状態で1kHz以上になると、顕著な空気吸収を生じる。相対湿度とは、空気中に含まれる水蒸気の量と、その温度の空気が含み得る水蒸気の最大量との比率のことで、単位はRH。

クォリティー【(英) quality】　品質、音質、音色、性能の意。

屈折（くっせつ）【(英) refraction】　折れ曲がること。空気中から水中へ音が伝わる場合の伝搬速度の変化によって、または上空と地表との温度差による原因などで、音の伝わる方向が変化すること。

組踊り（くみおどり）　①数人が組んで踊ること。②いろいろな踊りを組み合わせたもの。③沖縄の古典的な舞踊劇。1718年に琉球王府の踊奉行に任命された玉城朝薫（たまぐすくちょうくん）が作った演劇で、能楽や歌舞伎などを模倣したものや、中国演劇の影響を受けたものが多い。「執心鐘入（しゅうしんかねいり）」は能の「道成寺」、「二童敵討（にどうてきうち）」は歌舞伎の曽我物を元にしている。能や歌舞伎のように、女性の役を男性が演じる。伴奏音楽は、三線の弾き歌い3名と太鼓、箏、胡弓、笛が基本。

クライマックス【(英) climax】　絶頂、最高潮の意。演劇や映画などで、最も盛り上がった場面。

クラヴィーア【(独) Klavier】　鍵盤楽器の総称。通常はチェンバロ、クラヴィコード、ピアノのことであるが、オルガンを含めることもある。

グラーヴェ【(伊) grave】　表情記号。重々しくゆるやかに。

グラウンド【(英) ground】　アースと同意で、電気機器を接地（せっち）すること。GND、Gと略記する。【参照】アース

クラシック【(英) classic】　古典という意味であるが、通常は西洋の古典音楽（クラシック音楽）を指す。

クラシック音楽（クラシックおんがく）【(英) classical music】　一般には西洋の芸術的な音楽を指す。狭義には、ハイドン、モーツァルト、ベートーヴェンに代表される古典派の音楽のことである。

クラッシュ【(英) crash】　衝突、墜落の意。コンピュータでは、ハードディスク装置の障害による機能停止やデータ破壊をいう。

グラフィックイコライザ【(英) graphic equalizer】　音質調整器の一種で、可聴周波数帯域をいくつかに分割し、分割した帯域ごとに独立にレベルを調整できるものをいう。GEQと略記する。通常、スライド形のボリュームを使い、調整後のツマミの並び方で調整状態が一目でわかるようにしてある。アクティブ型とパッシブ型がある。【参照】パラメトリックイコライザ

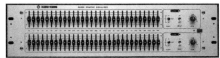

グラフィックイコライザ

クラリネット族【(英) clarinet family】　クラリネット（B♭管）に代表される楽器群。標準となるソプラノ・クラリネット（B♭管）を中心に完全4度高いエス・クラリネット（ソプラニーノクラリネット）（E♭管）、バセットクラリネット（A管）、バセットホルン（F管）、アルト・クラリネット（完全5度低いE♭管またはF管）、バス・クラリネット（1オクターブ低いB♭管）、コントラアルト・クラリネット（1オクターブと完全5度低いE♭管）、コントラバス・クラリネット（2オクターブ低いB♭管）、オクトコントラアルトクラリネット（2オクターブと完全5度低いE♭管）、オクトコントラバスクラリネット（3オクターブ低いB♭管）があるが、次第に整理されて、現在には使用されない楽器もある。

クランクアップ【(英) crank up】　映画の撮影完了。

クランクイン【(英) crank in】　映画の撮影を開始すること。

グランドオペラ【(英) grand opera】　19世紀フランスで流行したオペラの様式で、そのほとんどが5幕で構成され、大編成のオーケストラや大合唱団および舞踊曲がある作品のこと。現在は、大がかりで華やかなオペラ作品をいう。

グランドノイズ/グラウンドノイズ　バックグラウンドノイズの略。【同意】【参照】暗騒音（あんそうおん）

グランドピアノ【(英) grand piano】　弦が水平に

張ってある大型のピアノのこと。【参照】ピアノ

グランプリ【(英) grand prix】 大賞。最高賞。

クリックノイズ【(英) click noise】 クリックは「カチッという音」のこと。アンプ系でスイッチを切り換えたり、あるいは電源を入れたり切ったりするときに生ずる瞬間的な雑音のこと。瞬間的ではあるが、かなり大きな電圧が発生することもある。

グリー・クラブ【(英) glee club】 元々は、17〜18紀イギリスの無伴奏男声合唱音楽であるグリー（glee）を演奏する団体のことであったが、現在では男性合唱団を指す。

グリッサンド【(伊) glissando】 一音一音を区切ることなく、音階を滑らかに流れるように上げ下げする演奏法。ピアノやチェレスタなどの鍵盤楽器は、鍵盤上に爪を滑らせて演奏、ヴァイオリンなどの弦楽器は、弦に指を軽く触れた状態で滑らせる。

グリッド【(英) grid/gridiron】 格子（こうし）という意。舞台の天井部分に、棒状の建材を縦横に隙間を開けて組んである所。形状から「簀の子（すのこ）」または「葡萄棚（ぶどうだな）」とも呼んでいる。【参照】すのこ、第2部・劇場の舞台機構図

クリッピング／クリップ【(英) clipping/clip】 切り取るという意。音響機器の入力信号が規定の許容レベルを超えると、出力信号の波形の頭部（許容レベルを超えた部分）が切り取られた状態になること。クリッピングした波形は、無数の高調波が含まれていて、音がつまって濁った感じになる。

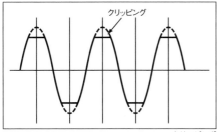

クリッピング

クルー【(英) crew】 チーム（組）のこと。テレビクルー、サウンドクルーなどと呼ぶ。

クールジャズ【(英) cool jazz】 白人を中心として、1940年代後半から流行したジャズの演奏形式で、冷静で知的な傾向を持っている。ビバップと対照される。【参照】ビバップ、ホットジャズ

グレゴリオ聖歌【(羅) cantus gregorianus】 典礼音楽を最初に整備したとされる法王グレゴリウス一世（604年没）に因んで名付けられた、カトリックの礼拝音楽。単旋律をリーダが独唱し、聖歌隊がその後を復唱する。

クレジット【(英) credit】 書物や記事などに文章や写真を使用したときに明記される著作権者名や提供者名などのこと。

クレジットタイトル【(英) credit title】 映画やテレビ番組、レコード、CD、ゲームソフトなどでキャスト、スタッフ、制作に関わった企業、団体名などの表示。単にクレジットともいう。

クレストファクタ【(英) crest factor】 波高率とも言われ、交流波形のピーク値と実効値の比（ピーク値／実効値）のこと。【参照】実効出力

暮れ六つの鐘（くれむつのかね） 江戸時代の時刻法で、夕刻の6時のことを「暮れ六つ」といい、その時刻に鳴らす寺の鐘が「暮れ六つの鐘」。朝の6時は「明け六つ」という。【参照】第2部・江戸時代の時刻

黒衣（くろご） 歌舞伎の舞台で、登場人物の介添をする黒い衣裳の「後見（こうけん）」のこと。舞台上で俳優の衣裳を変化させる手伝いをしたり、必要な小道具を手渡したり、不用になった小道具を片づけたりする。歌舞伎では、黒は「無」という約束事があって、黒衣は無いもの、見えないものと決めている。【参照】後見

クロスオーバ【(英) crossover】 ①マルチウェイ・スピーカシステムで、パワーアンプの出力信号を、各スピーカユニットが受け持つ周波数帯域に分割する回路。ディバイディング・ネットワークともいう。一般的にコイルとコンデンサを使用しているのでLCネットワークとも呼ぶ。②マルチアンプシステムのときは、高音域・中音域・低音域などのスピーカを、それぞれ別のアンプで駆動するために、アンプに供給する信号の周波数帯域を分割する回路。チャンネルディバイダともいう。【参照】LCネットワーク

クロスオーバ周波数（クロスオーバしゅうはすう）【(英) cross-over frequency】 マルチアンプシステムやマルチウェイ・スピーカシステムでは、再生周波数をいくつかの帯域に分割し、帯域ごとに専用のアンプとスピーカを使用する。例えば、3分割するときは低音域・中音域・高音域に分割する。各音域の境界の周波数をクロスオーバ周波数という。

クロストーク【(英) crosstalk】 混話、漏話の意。ある回線（回路）を伝わる信号が、他の回線（回路）に漏れること。この度合いは通常デシベルで表示され、値が小さいほどクロストークが少なく、性能が良い。高域になるほど、クロストーク量が多くなる。

クロスフェード【(英) cross fade】 2つの音の音

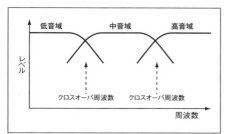

クロスオーバ周波数

量を交差させて入れ替えること。C.F.と略記する。基本的には図のように、A音を徐々に絞りながらB音をゆっくり上げる方法と、B音を初めから所定の音量で出して、A音を素早く絞る方法などがある。映像の場合はディゾルブともいう。照明では次の場面へ移行することをいう。

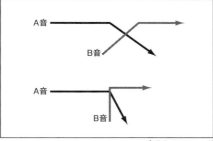

音のクロスフェード

クロック【(英) clock】 コンピュータのCPU（central processing unit）など、一定の波長によって動作する回路が、処理の歩調をあわせるために用いる基準信号のことである。信号波形の山と谷とで1クロックとなり、1秒間にクロックの発生する回数がクロック周波数で、Hzで表される。クロックが1秒間で1個なら動作周波数は1Hz。1秒間にクロックが1000個なら、動作周波数は1kHzで、このとき1クロックは1000分の1秒になる。クロック周波数の値が高ければ、CPUなどのモジュールが同一時間内に多くの処理ができることになり、処理速度が速いということになる。

クロックジェネレータ【(英) clock generator】 クロック信号を発生させるための回路（発振器）のこと。デジタル機器の動作を同期させるために用いられる。【参照】クロック

クロマキー【chroma‐key】 ビデオ画像の合成テクニック。ビデオ画像の一部分（特定の色）を抜き取り、そこに他の画像をはめ込む電子的な特殊効果。アメリカのNBCが開発した。

黒御簾（くろみす） 歌舞伎などの音楽を演奏する場所。舞台の下手にあって、外囲いを黒い板で作り、すだれ（御簾）をかけているのでこの名が付いた。また、黒く塗ったすだれを付けているからともいわれている。下座ともいう。ここで演奏される音楽を黒御簾音楽または下座音楽という。【参照】下座

黒御簾音楽（くろみすおんがく） 【同意】【参照】下座音楽

黒御簾

クワイヤ【(英) choir】 聖歌隊やゴスペル音楽の合唱団などのこと。または、教会堂内の聖歌隊席。

ケ

軽音楽（けいおんがく） 古典音楽や伝統音楽に対して、気軽に聞くことのできる比較的小規模な音楽をいう。英語の light music の起源は英国であって、19世紀末頃から20世紀初頭にかけて、リゾート地で保養客を相手に、ポピュラーソングや軽快なクラシック音楽を演奏したのが始まりで、この演奏スタイルを1930年代にBBC放送が確立した。

境界（けいかい） 部屋の舞台装置で、観客の視界を遮らないようにして、部屋の中と外を区別する仕切りのこと。壁の一部分だけを設置したりする。

稽古（けいこ）【（英）rehearsal】 ①芸事などを習うこと、または練習。 ②歌舞伎など伝統演劇の稽古には、本読み、読み合わせ、半立ち稽古、立ち稽古、附け立て（つけたて）、総稽古（総浚い）、舞台稽古などがあり、上演を目指して、この順に行われる。実際に効果音や音楽を入れて行われるのは附け立ての段階からである。【参照】立ち稽古、舞台稽古 ③現代演劇等では稽古場での稽古を「リハ」、舞台稽古を「ゲネプロ」と呼んでいる。この他に、抜き稽古、転換稽古、場当たり稽古などがある。【参照】ゲネプロ

芸術監督（げいじゅつかんとく） 劇場や劇団などで制作方針を示し、演目や出演者などを決めて組織を運営する芸術的責任者のこと。

携帯電話等機能抑止装置（けいたいでんわとうのうよくしそうち） 携帯電話などの受信、発信をできなくする装置。劇場や美術館などに使用が許可されている。劇場で使用する場合、客席以外のロビーや楽屋に影響を及ぼさないようにしなければならない。設置して運用するには、無線局免許を取得し、特殊無線技師の資格者を配備する必要がある。

芸中（げいなか） 演劇やショーなどの正味時間。したがって、この中には舞台転換時間と休憩時間は含まれていない。

ゲイン【（英）gain】 【同意】【参照】利得（りとく）

劇作家（げきさっか） 演劇の上演台本を書く人。戯曲家ともいう。

劇場（げきじょう）【（英）theatre/theater】 演劇や映画などを上演または上映して客に見せる場所。歌舞伎劇場、オペラ劇場、ミュージカル劇場などの専用劇場がある。

蹴込み（けこみ） 階段の踏み板（踏面＝ふみづら）と踏み板の間の垂直な部分。または、二重舞台（にじゅうぶたい）の足（あし）の部分を隠すための張物（はりもの）。【参照】足、二重舞台、

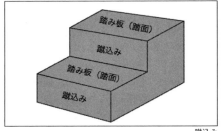

蹴込み

下座（げざ） 歌舞伎の舞台などで、客席から舞台に向かって左側にある、音楽を演奏する場所。また、その場所で演奏される音楽の総称。黒御簾（くろみす）ともいう。【参照】黒御簾、下座音楽、第2部・歌舞伎舞台

下座音楽（げざおんがく） 歌舞伎の伴奏音楽で、下座ともいう。三味線だけのもの、鳴り物だけのもの、唄だけのもの、それらを組み合わせたものがある。琴や胡弓などを加えることもある。長唄囃子連中の受け持ちで、長唄だけでなく、すべての邦楽を流用し、下座音楽として独自の地位を確立している。黒御簾音楽（くろみすおんがく）ともいう。

外題（げだい） 歌舞伎などの正式な題名（演目）のこと。元々は関西の呼び方で、東京では名題（なだい）という。

桁吊り（けたづり） 吊りバトンの下に、もう1本のバトンを設けて、スポットライトや大道具などを吊ること。安全確保のため、3本以上のワイヤで吊るのが原則。

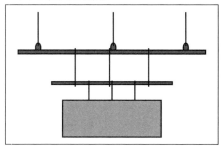

桁吊り

ケツカッチン ①映画の撮影終了時にもカチンコを打つこと。【参照】カチンコ ②終了時間が決まっていて延長できないこと。

46

ケッヘル番号【(独) Köchel verzeichnis】 モーツアルトの作品を時系列的に配列した番号。ケッヒェル番号とも呼ばれる。番号の頭にK.またはK.V.を付ける。

ゲートエコー【(英) gate reverb】 ノイズ・ゲートを使用して、リバーブ成分を途中で急激にカットさせ、タイトな残響感を創るミキシング手法。キック、スネア、タムなどのドラム系に使用することが多い。リバーブ成分を直接、制御信号にする場合と、リバーブに入力する原音を制御信号とする方法がある。被りの多い場合は、後者を用いることが多い。

ゲネプロ【(独) Generalprobe】 ドイツ語のゲネラルプローベの略。初日（本番）と同じ条件で行われる通しの舞台稽古のこと。本来は、関係者に公開で行われる。GPと略記する。

ゲネラル・パウゼ【(独) Generalpause】 全楽器の休止。管弦楽曲など、多くの楽器のために書かれた作品で、全ての楽器が休みになる部分のこと。G.P.と表記する。

ケーブル【(英) cable】 ①針金や麻をより合わせ

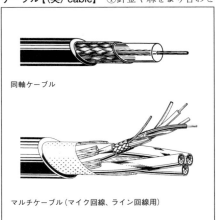

同軸ケーブル

マルチケーブル（マイク回線、ライン回線用）

通信用ケーブル

た太い綱。 ②電線を絶縁して束ね、外被をかぶせたものの総称。電力伝送のための電力ケーブル、音響信号や映像信号などを伝送する通信用ケーブルなどがある。

外連（けれん） 演劇で、曲芸的な手法を用いた演出のこと。芸の本筋を越えた一種の離れ業、見せ物的な手法を用い、大道具や小道具の仕掛けを必要以上に使用したり、本物の水を使用したり、宙乗りや過剰な早替わりなどをする芸のこと。

弦楽五部（げんがくごぶ） オーケストラにおいて、弦楽器の第1ヴァイオリン、第2ヴァイオリン、ヴィオラ、チェロ、コントラバスの総称。編成するときの第1ヴァイオリンの数で示し12型、14型、16型などと呼ぶ。「12型」は第1ヴァイオリンが12名、第2ヴァイオリンが10名、ヴィオラが8名、チェロが6名、コントラバスが4名となるのが一般的。譜面台をプルトと呼び、オーケストラでは2名で1個の譜面台を使用するので、12型の場合、6-5-4-3-2プルトとなる。ただし、明確なルールはない。

弦楽器（げんがっき）【(英) stringed instrument】 弦を震動源にした楽器のこと。ヴァイオリンのように楽器に張った弦を弓で擦る擦弦楽器（さつげんがっき）、ハープのように指またはピックではじく撥弦楽器（はつげんがっき）、ピアノのようにハンマーで打つ打弦楽器などがある。擦弦楽器を指ではじいたり、撥弦楽器を弓で弾いたり、ピアノの弦を指でかき鳴らすなどの演奏方法もある。

減衰器（げんすいき）【(英) attenuator】 電気信号を歪みなく減衰させるための機器。音響では、周波数に関係なく減衰させられる抵抗減衰器が用いられる。減衰量が固定のものをパッド、可変できるものをアッテネータと区別して呼んでいる。

ゲンロック【(英) generator lock】 ビデオ同期装置。ビデオ機器どうしの作動を時間的に一致させる装置。

コ

コアキシャル【(英) coaxial】 「同軸の」という意味。同軸になっているケーブルやコネクタのことで、映像、デジタル音響、通信など高い周波数の信号伝送に使用されている。デジタルオーディオ機器ではBNC、RCAピンコネクタなどが用いられている。フォーマットとしてはAES/EBUとS/PDIFがある。

コアキシャルスピーカ【(英) coaxial loudspeaker】 スピーカ構造の一つで、ウーファ（低音用）の前面の同軸上にツイータ（高音用）が配置されているスピーカのこと。音源の位置が同じになるので、再生音の定位感がよい。

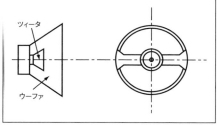

コアキシャルスピーカ

コアターゲット 放送業界用語で、その番組を最も見てほしい視聴者層のことで、次のように区別している。C1層は4〜12歳の子供、C2層は13〜19歳の子供、F1層は20〜34歳の女性、F2層は35〜49歳の女性、F3層は50歳以上の女性、M1層は20〜34歳の男性、M2層は35〜49歳の男性、M3層は50歳以上の男性。

公演（こうえん） 観客の前で演劇、舞踊、音楽などを演じること。

効果音（こうかおん）【(英) sound effect】 ①演劇、映画、放送などで、演出効果を高めるために加えられる音。SEと略記する。

光学録音（こうがくろくおん）【(英) optical sound recording】 映画フィルムなどに、音の信号を黒白の面積の変化または濃淡の変化で記録する録音方式のこと。

興行（こうぎょう） 演劇、演芸、スポーツなどを行い、入場料をとって客に見せること。相撲興行やプロレス興行など。

交響楽団（こうきょうがくだん）【(英) symphony orchestra】 交響曲の演奏を主にした大編成の楽団。管弦楽団と意味上の大きな違いはないが、日本では交響楽団を名乗ることが多い。

交響曲（こうきょうきょく）【(英) symphony（伊）sinfonìa】 オーケストラによって演奏される、ソナタ形式を含む多楽章からなる器楽曲。

交響詩（こうきょうし）【(英) symphonic poem】 19世紀中頃にリストが創始したもので、オーケストラによって詩的、文学的、絵画的内容を描写、表現する音楽。単一楽章のものが多い。

後見（こうけん） 能楽、歌舞伎、日本舞踊などで、演技中に演者の後方に控えていて、衣裳を直したり、着替えを手伝ったり、小道具の扱いの介添えなどをする人。歌舞伎では多くの場合、黒い衣服と黒い頭巾を着けた黒衣（くろご）と呼ばれる者が担当するが、舞踊のときは裃（かみしも）とカツラをつけて顔を見せている。【参照】黒衣

高周波ノイズ【こうしゅうはノイズ】 インバータなどの機器から発生する連続、または不連続な高調波を含むノイズで、さまざまな機器に混入して障害を誘引することがある。【参照】インバータ、高調波

口上（こうじょう） 歌舞伎などの公演で、出演者または劇場代表が舞台上から観客に対して述べる挨拶のこと。襲名披露公演など、出演者に喜ばしい出来事があると口上を行う。

高調波（こうちょうは）【(英) harmonics】 振動現象を正弦波の合成として表すとき、基本波に対して整数倍の周波数の正弦波を高調波という。基本波の2倍のものは2次高調波、3倍のものは3次高調波という。

高調波ひずみ（こうちょうはひずみ）【(英) harmonic distortion】 トランスやアンプなどを通過すると、入力信号の周波数以外に整数倍の周波数の信号が発生して起こすひずみのこと。例えば、アンプに1kHzの信号を加えたときに、増幅された出力信号は1kHzだけでなく、2kHzや3kHzの周波数がわずかに発生して、ひずみを起こす。

高品位テレビ（こうひんいテレビ）【(英) high definition television】 走査線数が1,125本で、きめの細かい鮮明な画像と良質な音響の高性能なテレビ放送方式。ハイビジョンともいう。

交流（こうりゅう）【(英) alternating current】 時間とともに流れる方向と大きさが周期的に変化する電流。一般家庭に供給されている電源は交流である。ACとも呼ばれる。【参照】直流

五管編成（ごかんへんせい） オーケストラにおいて、フルート、オーボエ、クラリネット、ファゴットの各セクションが各4本に、ピッコロ、イングリッシュホルン、ESクラリネット、バスクラリネット、コントラファゴットが加わった編

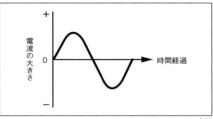
交流

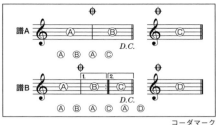
コーダマーク

成。ホルンは8名以上。トランペットは5〜6名。トロンボーンは3〜5名。チューバは2名以上。打楽器は7名以上。弦楽五部は「20型」の10-9-7-6-5プルト（1プルト＝2名）が一般的。オルガン、ピアノが加わり、チェレスタと4名以上のハープ、ギター、マンドリンが加わることもあり、総勢120名ほど。【参照】弦楽五部

呼吸（こきゅう） ①物事を巧みに行う要領、コツ。②共同で作業をする者どうしの、互いの調子、リズムのこと。「息（いき）」ともいう。【参照】息

黒人霊歌（こくじんれいか）【英）negro spirituals】 アフリカ系アメリカ人が奴隷時代に作った宗教歌。アフリカの音楽の要素と西洋音楽の要素を持っているのが特徴。

柿落とし（こけらおとし） 新築された劇場やホールの開場披露の初興行のこと。

コストパフォーマンス【英）cost performance】 経費と成果との対比。投入した費用に見合った成果のこと。

ゴスペル【英）gospel song】 黒人霊歌とジャズの要素とが入った賛美歌。

コーダ【伊）coda】 ラテン語で「尾」を意味し、一つの楽曲または楽章の終わりの終結部を指す。コーダ部分には、Codaまたは⊕のマークが記される。

固体伝搬音（こたいでんぱんおん）【英）solid borne sound】 部屋の壁や天井などを振動させて、他の部屋へ伝わる音のこと。コンクリートのように、硬くて質量が大きい材料ほど、その度合いは大きい。固体伝播音（こたいでんぱおん）ともいう。空気を媒体として伝搬する音は、空気伝搬音という。

コーダマーク【英）coda mark】 演奏を終始部分（コーダ）へ導くための記号⊕で、五線譜の縦線の上部に記される。コーダマークは同じ部分をリピート（反復）した後で有効とすることが多く、譜Aの場合は2回目にコーダへ進行するものである。同じ部分を3回演奏してコーダへ進む形式はヴォーカルのための編曲などに多く、譜Bのようなものがある。al codaは、コーダに向かってという意味があるが、省略してもよい。

コーディネータ【英）coordinator】 物事が円滑に行われるように、全体の調整や進行を担当する人。

コーデック【英）codec】 主に音楽や映像のデータを圧縮したり、伸張したりする機器。または、そのためのソフトウエア。

コード【英）cord】 ①紐、縄、綱など。 ②ゴムやビニールなどで絶縁被覆を施した電線のこと。平行線ビニールコードや家電等の電源コードなどがある。【参照】ケーブル

コード【英）chord】 和音のこと。高さの異なる二つ以上の音を同時に鳴らしたときに合成される音。その合成音は調和の度合いに応じて、協和音と不協和音とに分けられる。

小道具（こどうぐ）【英）properties/props】 舞台で使用する器具、俳優の携帯品などの総称。俳優が用いる拳銃、杖、刀、パイプ、手ぬぐい、石ころ、眼鏡、自転車、小舟、駕籠（かご）など。【参照】大道具

コードネーム【英）chord name】 和音記号の一種で、和音の種類を音名とその他の記号で表したもの。例えば、「A」はA音上の長3和音、「Bm」はB音上の短3和音。コードシンボル（chord symbol）ともいう。

コニカルホーン【英）conical horn】 スピーカの、円錐形ホーンのこと。【参照】ホーン

コネクタ【英）connector】 接合する部品。音響機器などの信号を送受するために、相互の機器を接続するための部品。

コピーライタ【英）copywriter】 広告の文案を書く人。

コヒーレンス【英）coherence】 ①互いに干渉することができる波動の性質。 ②逆畳み込みによって伝達関数を算出する際のSN比のこと。【参照】逆畳み込み、伝達関数

コピー・ワンス【copy one generation】 デジタル放送の番組を1度だけ録画できる仕組みのことで、録画したものを別の媒体にもう一度コピーすることは不可能。2004年からBSデジタル放送と地上デジタル放送のすべての番組に適用されていたが、2008年7月4日から適用さ

たダビング10によって、BSデジタル放送の有料放送やCSデジタル放送だけが対象となった。【参照】ダビング10

コブラネット【CobraNet】 米国のピーク・オーディオ社が開発した、多チャンネル非圧縮オーディオ信号とコントロール信号を低遅延でIEEE802.3uの標準イーサネットプロトコルで伝送するフォーマット。

駒（こま）【英）bridge】 三味線やヴァイオリンなど弦楽器の弦と胴との間に挟んで、弦を支えるもので、弦の振動を胴に伝える役目もしている。

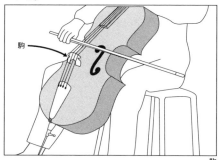

駒

コマーシャリズム【英）commercialism】 商業主義、営利主義。

コマーシャル【英）commercial】 テレビやラジオの放送中の広告。ステーションブレイク（SB）、パーティシペイシング（PT）、ヒッチハイク（HH）、カウキャッチャー（CC）などがある。【参照】SB、PT、HH、CC

コマンド【英）command】 コンピュータに特定の機能を実行させる指示、またはその指示を表す記号（命令文）のこと。

コミカル【英）comical】 滑稽な、おかしい、喜劇的なこと。

ごみ鎮め（ごみしずめ） 開演したときの客席のざわめきを鎮めるために用いる音楽や効果音のこと。関西では「ほこり鎮め」という。

コミック【英）comic】 喜劇的、滑稽な様子。

コミュニティセンター【英）community center】 公民館。地域住民のための公共施設。

コメディー【英）comedy】 喜劇。人を笑わせることを主体とした演劇や映画などの作品。

コメディアン【英）comedian】 喜劇俳優。

コメンテーター【英）commentator】 解説者。

コメント【英）comment】 評論、注釈、説明、解説、意見。

小屋（こや） 劇場または映画館や、演芸場などの俗称。

小屋送り（こやおくり） 音響機器を劇場やホールに持ち込んで使用するとき、ミキシングした音響信号を劇場の既設装置に送り込むこと。「ハウス送り」ともいう。

コーラス【英）chorus】 ①合唱。多くの人が声を合わせて歌うこと。または、それを歌う人たちのことで、合唱隊ともいう。②ポピュラー音楽やジャズの楽曲では序奏の後の主要な部分（テーマ）のことで、繰り返し演奏される。リフレインともいう。③ポピュラー音楽ではメインヴォーカルに合わせて歌うバックグラウンド・ヴォーカルのこと。バックコーラスともいう。

コーラスマシン【英）chorus machine】 音響用のエフェクタの一つ。時間を遅らせて、それを少しだけ変動させた音を合成すると、一つの音源でコーラスの効果が得られる。ステレオの場合には広がりのある音が得られる。

コラムスピーカ コラムとは柱、円柱の意。柱状にスピーカを並べたスピーカシステムをコラムスピーカと呼ぶ。数個のスピーカユニットを縦に並べて取付けたもので、縦方向の指向性が狭くなる。現在は、ラインアレイと呼んでいる。【参照】ラインアレイ、線音源

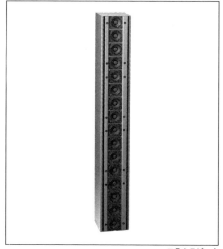

コラムスピーカ

ゴールデンアワー 和製英語で、放送の視聴率が最も高くなる時間帯のこと。GHと略記する。

コル・レーニョ【伊）col legno】 「木を使って」の意味。ヴァイオリン族の楽器の演奏方法の一つで、弓の木の部分で弦をたたいて演奏すること。音量はかなり小さい。

コレペティートル【独）Korrepetitor（仏）corépétiteur】 オペラ劇場で、オペラ歌手やバレエ

ダンサーが稽古をするためのピアニストのこと。ドイツ語圏では「コレペティートア」と発音され、「レペティートア」(Repetitor)、「ゾーロレペティートア」(Solorepetior)とも呼ぶ。

ころがし スピーカやマイク、ストリップライトやスポットライトを、スタンドなどに付けないで舞台の床にそのまま置いて使用すること。または、このような仕込み方法。

コロシアム【英】colosseum 競技場のこと。古代ローマの円形闘技場「コロッセウム」の英語読み。

殺す(ころす) 機能を停止すること。①音響機器や照明機器の電源を切ること。②吊りバトンなどの綱元をロックすることや、大道具を動かないように固定すること。

ころび 柱などを傾斜させて設置する大道具のことで、「3寸 (約9cm) ころび」「5寸 (約15cm) ころび」などという。

コロラトゥーラ【伊】coloratura 歌曲やオペラの中で、速いフレーズの中にトリルなどの細かい装飾で華やかに歌唱する音節、またはそのような技巧を持つ歌手のこと。トリル (trill) とは、装飾音の一種で、ある音と、それより二度上または下の音とを交互に速く歌うこと。

小割り(こわり) 木口(こぐち)が7分(約21mm)×1寸(約30mm)角の角材のこと。木口とは、棒状のものを横に切断した切り口。

コーン型スピーカ【英】cone type loudspeaker 振動板が円錐形 (cone type) をしたスピーカユニットのこと。コーンはボイスコイルに直結していて、ボイスコイルの動きにしたがって振動し、音波として放射される。コーンの材料はプラスティック、金属、布、カーボンなどであるが、紙 (パルプ) を用いることが多い。コーンの形状には、ストレートコーン、カーブドコーン、パラボリックコーンなどがあり、周波数特性と指向性にそれぞれ特徴がある。

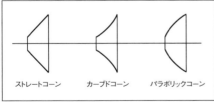

コーン型スピーカ

コンサートグランド【英】concert grand コンサートホールなどで使用する、演奏会用の大型グランドピアノのこと。

コンサートピッチ【英】concert pitch すべての楽曲や演奏の音の高さを統一するために、国際的に決められた標準音高。Aの音を440Hzと決めているが、高めにしたほうが華やかな音色になるので、日本では442Hzに上げている。

コンサートホール【英】concert hall 音楽堂。主にクラシック音楽専用に建築設計および音響設計されたホールのことで、パイプオルガンが備え付けられていることが多い。ウイーンのムジークフェラインザールやボストンシンフォニーなどが有名である。日本では、大阪のザ・シンフォニーホール、東京のサントリーホールと東京芸術劇場大ホール、名古屋の愛知県芸術文化センターのコンサートホールなどがある。

コンサートマスタ【英】concert master オーケストラの第1ヴァイオリン首席奏者。オーケストラ全体の指導的な役割を果たす。ヴァイオリン独奏部はソリストとして演奏し、時には指揮者の代わりも務める。またオーケストラ登退場やチューニング開始など、ステージマナーの指示も受け持つ。女性の場合はコンサートミストレス。イギリスのオーケストラではリーダと呼ばれる。

コンサートミストレス【英】concert mistress【同意】【参照】コンサートマスタ

コンシューマー【英】consumer 一般消費者。

コンスタント【英】constant 「一定の」「不変の」という意。

混声四部合唱(こんせいしぶがっしょう)【英】mixed chorus ソプラノとアルトの女声2部、テノールとバスの男声2部で構成された4部の合唱。

コンセプト【英】concept 概念、意図、構想、テーマ。

コンソート楽器【consort instruments】 ヴァイオリン族や木管楽器など、同族でサイズ (音域) の違う楽器群をいう。

コンソール【英】console 制御卓。ミキシング・コンソール (音響調整卓) の略。【参照】ミキシング・コンソール

コンチェルト【独】Koncert 協奏曲のこと。独奏楽器とオーケストラが合奏する器楽曲。基本的には3楽章のソナタ形式による。

コンデンサマイク【英】condenser microphone 静電容量の変化を利用して、音圧を電気信号に変換するマイク。固定電極と導電性の振動板との間に、外部からの直流電源によって静電気を蓄えてコンデンサを形成させる。音圧によって振動板が振動すると固定電極との距離が変化して静電容量が変化するので、この変化を電気信号に変換する。原音に対する追従性がよく、ダイナミックレンジも広い。【参照】ダイナミッ

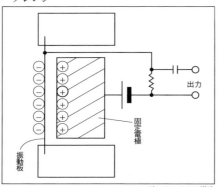

コンデンサマイクの構造

コンテナフォーマット【(英) container format】
音声や動画のデータ圧縮の分野で、データの格納方式を定めたファイルフォーマットのことで、単にコンテナともいう。圧縮形式は複数の中から選択でき、記録・再生のためにはその形式に対応したコーデックを用意する必要がある。【参照】コーデック

コンテンツ【(英) contents】 情報の内容のこと。放送やネットワークで提供される動画、音声、テキストなどの情報の内容をいう。

コントラ【(英) contra】 「倍の」という意。低音域の楽器より、さらに1オクターブ低い音が出る楽器の名称に用いられることが多い。

コントラルト【(伊) contralto】 アルト(Alto)のこと。【参照】アルト

コントロール・ルーム【(英) control room】 録音スタジオで、録音機器の中心となるミキシング・コンソールが設置されている部屋で、ディレクタ、ミキシング・エンジニア、アシスタント・エンジニアが録音作業をおこなう部屋。録音スタジオにはコントロール・ルーム以外に、ミュージシャンが演奏するブース、機器類が設置されているマシン・ルームなどがある。

コンパクトディスク【(英) compact disc】 デジタル音響信号を記録した円盤(ディスク)。直径12cmのディスクに最大で74分の記録が可能。レーザ光による非接触再生方式を用いている。非接触再生方式とは円盤に触れることなく、記録信号を読み取る方式。CDと略して呼ばれる。【参照】CD

コンパクトフラッシュ【CompactFlash】 1994年にアメリカのサンディスク社によって開発された小型メモリカード。通電しなくても記憶が消えないフラッシュメモリと呼ばれるメモリと、外部との入出力を受け持つコントローラ回路を1枚のカードにまとめたもの。大型デジタルカメラや携帯パソコンなどの記憶装置として使われている。大容量の物が存在し転送速度は速い。CFやCFカードと呼ばれることが多い。

コンバータ【(英) converter】 ① 交流を直流に変換する装置、または交流の周波数を変換する機器の総称で整流器ともいう。通信では、高周波信号をそれより低い周波数に変換する装置。【反対】【参照】インバータ ②信号やデータの形態を変換する装置、またはそのためのソフトウェア。

コンパチブル【(英) compatible】 互換性のあること。略してコンパチという。

コンパネ 本来はコンクリートの型枠用の合板のことで、厚さ12mmの耐水ラワンベニヤのこと。演劇の大道具製作の際の骨組み材料として使用される。ネジ止めができるので再利用に便利。

コンパンダ compressorとexpanderを結合した言葉で、圧縮伸張装置のこと。録音するときに音声信号の強弱の幅を圧縮し、再生するときに同じ割合で伸張して復元する装置。ワイヤレスマイクでは、無線伝送をするときの占有周波数を狭くするため、または雑音混入の改善をするために用いられる。

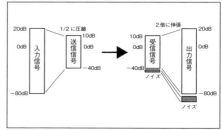

ワイヤレスマイクのコンパンダの原理

コンピュータネットワーク【(英) computer network】 通信回線を利用して複数のコンピュータを接続したシステム。互いにデータをやりとりするコンピュータ(音響機器)、転送元と転送先のコンピュータ間で、そのデータを中継する交換機(スイッチングハブ)、コンピュータや交換機を結ぶ通信回線(LAN回線や光ケーブル)の集合体をいう。【参照】スイッチングハブ

コンプレッサ【(英) compressor】 一般的に、信号のレベルがある値を越えたときに、その信号レベルの上昇を抑える動作をするものをリミッタといい、比較的に低い値のレベルから徐々に圧縮する特性をもったものをコンプレッサという。したがって、リミッタのほうが動作上の圧縮比が高く、コンプレッサのほうが圧縮比が低い。厳密に決められてはいないが、圧縮比が4：1程

度までをコンプレッサと呼ぶことが多い。【参照】リミッタ

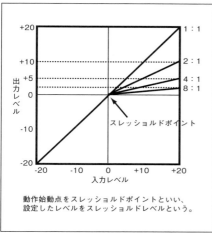

コンプレッサの仕組み

混変調ひずみ（こんへんちょうひずみ）【(英) inter modulation distortion】 アンプに複数の信号が加わると、互いに影響し合って入力した信号以外の成分が発生し、耳障りな音になること。略してIMDともいう。

コンボ【(英) combo】 ビッグバンドに対して、3～8人程度の小編成のジャズバンドをいう。

コンポジット映像信号（コンポジットえいぞうしんごう）【(英) composite video signal】 アナログテレビ映像を構成する輝度信号、色信号、同期信号を合成して、1本のケーブルで扱えるようにした複合同期信号のこと。テレビに用いられるコンポジット信号には、NTSC、PAL、SECAMの3方式がある。端子はRCA端子を用いる。【参照】コンポーネント信号

コンポーネント【(英) component】 構成要素、構成部品。ステレオ装置で、チューナ、アンプ、プレーヤ、スピーカなどが、それぞれ独立した機器になっていて、自由に選んで組み合わせることのできるもの。略してコンポとも呼ぶ。

コンポーネント映像信号（コンポーネントえいぞうしんごう）【(英) component video signal】 アナログテレビ映像を構成する輝度信号、同期信号、色信号をそれぞれ分離して扱えるようにした映像信号。対語としてコンポジット映像信号がある。

コンポーネント端子（コンポーネントたんし）【(英) component connector】 アナログビデオ信号の一種であるコンポーネント信号を伝達するための端子。RCA端子と同じ形状で、Y、B-Y、R-Yの3つの端子がある。Yは輝度・同期信号（黄色端子）、B-Y（青端子）およびR-Y（赤端子）は色差信号である。民生機器ではB-YをCbまたはPb、R-YをCrまたはPrと表記されている。

コンモ コンモンの略。【参照】コンモン

コンモン 「共通の」「同じに」の意。舞台照明などの配線方法で、一つの電気回路に、並列に複数の灯具を接続すること。英語のcommonが訛ったもの。

ごん 歌舞伎などで、時刻を知らせる寺の鐘の音（時の鐘）として、銅鑼（どら）を打つこと。ゴーンと聞こえることから、このように呼ぶ。【参照】第2部・日本の楽器

サ

サイクロラマ【(英) cyclorama】 舞台の後方に設けた半円形の幕または壁。【参照】ホリゾント

最小可聴音圧レベル（さいしょうかちょうおんあつレベル）【(英) minimum audible sound pressure level】 人が音として聴くことのできる最小の音圧レベルのこと。低音域になるにしたがって感度が落ちるという性質がある。【参照】等感度曲線

再生（さいせい）【(英) play back /reproduce/replay】 録音、録画した音や映像を再現すること。

最高周波数特性 アナログ音声信号をサンプリング（標本化）することによって生成されたデジタル音声信号が最高、何ヘルツまで再現できるかを表す。最高周波数ともいう。

最大出力音圧レベル（さいだいしゅつりょくおんあつレベル）【(英) maximum output sound pressure level】 スピーカの中心から1メートル離れた点の、入力信号を連続的に加えてもスピーカがビリついたり、ひずみが耳についたりしないで再生可能な、最大の音圧レベル。

最大入力（さいだいにゅうりょく） スピーカに加えられる入力で、短時間であれば異常音を発生しないで、破損に耐えられる最大の入力のこと。統一した規格はなく、各メーカが独自に規定しているものなので、メーカが保証する値である。「プログラム」「連続」「ピーク」「ミュージックパワー」などと表示している。

最大入力音圧レベル（さいだいにゅうりょくおんあつレベル） マイクの性能の表示の一つ。歪みを発生しないで、どれだけの大音圧まで忠実に収音できるかを表したもの。コンデンサ型では、ほぼ内蔵のヘッドアンプの性能によって決まるので、大音圧にも耐えられるように、内蔵ヘッドアンプの前にレベル切り替えスイッチ（パッド）を設けているものが多い。

最適残響時間（さいてきざんきょうじかん） 残響時間は、部屋の使用目的（芸能のジャンル）、または広さや形状などの違いによって、それぞれ最も適する値がある。これを最適残響時間という。例えば、クラシックのロマン派音楽の最適残響時間は2.2秒、バロック音楽は1.5秒などといわれているが、最適残響時間は部屋の容積が大きくなれば長くなるので、一概に音楽のジャンルだけで最適値を決めることはできない。図には、何人かの研究者が推奨する、室容積と使用目的別の最適残響時間を示す。なお、図に示される残響時間は500Hzの値である。【参照】残響時間

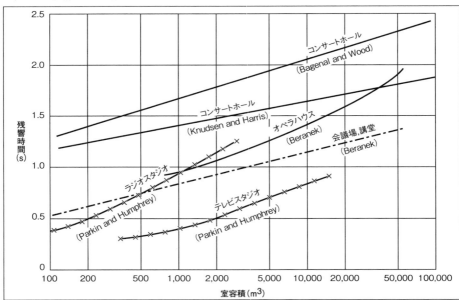

最適残響時間

サイト【(英) site】 敷地、場所という意。コンピュータではローカル・エリア・ネットワーク（LAN）が設置されている場所、あるいはインターネット上で、ホームページやデータが置かれているサーバーのこと。【参照】ローカル・エリア・ネットワーク

サイドギター【(英) side guitar】 メロディー部を受け持つリードギターをサポートするギターで、通常はコード進行によるリズムを演奏する。5リズムの編成は、基本となる4リズムにサイドギターがプラスされることが多い。リズムギターともいう。【参照】4リズム

サイドスピーカ 劇場のプロセニアムアーチの両側に設置したスピーカ。または、その周辺に設置するスピーカ。【参照】プロセニアムスピーカ、カラムスピーカ

サイドフィル【(英) side fill】 舞台全体に聞かせるために、舞台脇に設置するモニタスピーカのこと。「横当て」ともいう。演奏者の足下に置くものは、フットモニタと呼ぶ。【参照】フットモニタ

サイドメン【(英) side men】 伴奏楽器奏者。バンドリーダ以外の演奏者たちのこと。

サイマル放送（サイマルほうそう）【(英) simultaneous broadcasting】サイマルは「同時」を意味するsimultaneousの略。1つの放送局が複数のチャンネル、または別の方式によって、同じ時間に同じ番組を放送すること。【参照】サイマルラジオ

サイマルラジオ 通常の放送以外に、インターネットで同時配信しているラジオ放送のこと。【参照】サイマル放送

サウンド・オン・サウンド【(英) sound on sound】複数のトラックが、それぞれ独立して録音と再生できるレコーダを用いて、すでに録音されている音を再生して、新たに収音した演奏音とミックスして、空いている別のトラックに録音する手法。

サウンドカード【(英) sound card】 コンピュータに音響信号の入出力機能を付加させるための機能拡張用回路の基板のこと。サウンドボード、オーディオカードともいう。

サウンドチェック 音響システムを設置した後の点検とレベル設定作業。

サウンドデザイナ【(英) sound designer】 【同意】【参照】音響デザイナ

サウンドトラック【(英) sound track】 映画フィルムの音を記録する部分。略してサントラともいう。用途により複数本のトラックが使われ、光学録音方式と磁気録音方式とがある。

サウンドホース【(英) sound-hose】 直径2〜3cm、長さ60〜80cm位のジャバラのホースの片方の端を持ち、くるくる振り回すことで音を出す。ホースの回転の速さや、長さにより音の高さや響きが変わる。風を切って音を出すので「ウインドホース」または「ハーモニーチューブ」とも呼ぶ。

サウンドボード【Sound board】 【同意】【参照】サウンドカード

サウンドリインフォースメント【(英) sound reinforcement】 音を補強すること。ミュージカルやコンサートなどの音を、音響機器を用いて電気的に補強することで、音源とスピーカが同一空間にある場合を指す。略してSRという。【参照】PA

先バラ（さきばら） ケーブルの先端にコネクタなどが取り付いていないで、芯線がむき出しになっているケーブルのこと。

サーキットブレーカ【(英) circuit breaker】 機器に異常が発生したとき、回路を遮断させて機器の破損を防ぐ機能。

サクソフォン族【(英) Saxophone family】 アドルフ・サクスが発明したサクソフォン。当初はソプラノ・サクソフォン、アルト・サクソフォン、バリトン・サクソフォン、バス・サクソフォンの4種であったが、その後にピッコロ・サクソフォン、ソプラニーノ・サクソフォンやコントラバス・サクソフォン、サブ・コントラバス・サクソフォンが開発された。

作品番号（さくひんばんごう）【(羅)(英) opus】作曲家の作品に付ける識別番号のこと。番号の頭にOp.を記載する。元来は、楽譜出版者が作曲者から作品を買い取るなどして出版、販売した順に付けられた整理番号であったが、現代では作曲者自ら付けることが多くなって、作曲順に付けていることが多い。後世の研究者によって新たに番号を付けられた、バッハの作品のBWV番号、ハイドンのホーボーケン番号や（Hob.）、モーツアルトのケッヘル番号（K.V）、シューベルトのドイチェ番号（D.）などがある。

サージ電流（サージでんりゅう）【(英) surge current】 サージは急増、急上昇の意。電気回路に、瞬間的に流れる過大電流こと。通常は電源スイッチを入れたときなどに発生することが多く、機器を破壊することがある。

サス【(英) suspend program】 放送用語で、スポンサが付かない自主番組をいう。

サス サスペンションライトの略。【参照】サスペンションライト

サステイン【(英) sustain】 持続するという意味。楽器では音が出ていることや減衰音が残っている状態を示す。鍵盤楽器では、キーを押して

いる間に出ている音量レベルのことをいう。

サス残し（さすのこし） 舞台照明の手法。場面の途中や幕切れなどで、全体の照明を消して、特定の登場人物だけをサスペンションライトで照らすこと。

サスペンションライト 舞台の上に設置した照明器具で、頭上から照らすスポットライト、またはその明かりのこと。略してサスという。これを設置してある吊りバトンのことをサス・バトンという。

サスペンス【（英）suspense】 不安感、緊張感の意。観客をはらはらさせる演劇や映画。

サテライト【（英）satellite】 衛星。付属している施設、機能、組織など。

雑音（ざつおん）【（英）noise】【参照】ノイズ

サテライト局【（英）satellite station】 テレビの中継放送局。難視聴地域にテレビ電波を中継する施設。

サテライトスタジオ【（英）satellite studio】 放送局の本局から離れたところにあるテレビやラジオの小規模なスタジオ。

サテライト・スピーカ【（英）satellite loudspeaker】 体育館、スタジアムなどの大空間で、メイン・スピーカを補うために、観客席の周辺に分散して設置されるスピーカシステムのこと。

サビ【（英）bridge】 曲想の変化した部分のことで、音楽形式の「A」＋「A」＋「B」＋「A'」の「B」の部分を指す。

サブ【（英）sub control room】 テレビスタジオの副調整室のこと。【参照】副調整室、主調整室

サブウーファ【（英）sub woofer】 150Hz程度以下の低音域周波数を受け持つスピーカシステム。通常の低音域用スピーカ（ウーファ）では再生できない超低音を再生するもので、スーパー・ウーファ、サブ・ローとも呼ばれる。映画の5.1サラウンドの低音用スピーカなどに使用する。【参照】サラウンド

サブロク 3尺（約90cm）×6尺（約180cm）の大きさの平台。【参照】平台

サミングアンプ【（英）summing amplifier】 いくつかの信号を合成する回路のアンプで、ミックス回路として用いられている。

サラウンド【（英）surround】 「取り巻く」の意。前方からだけでなく、側方や後方からも音が聞こえる状態にして、音に囲まれて臨場感ある音を再生する仕組みのこと。映画では、1977年にアナログ方式のドルビーステレオを採用した「スター・ウォーズ」が評判となり、アメリカ映画の多くはサラウンド音響を採用するようになった。現在は5.1チャンネルサラウンドが基本で、スピーカ配置はスクリーン裏に左・中央・右の

3系統、客席の側方に左・右の2系統、合計5系統に低音域専用スピーカ（サブ・ウーファ）1系統（0.1と表記）を加えて再生する。より臨場感を高めるために、再生系統を増やした6.1チャンネルや7.1チャンネルなどもある。6.1チャンネルは5.1チャンネルに後方壁面1系統を追加したもの、7.1チャンネルは更に後方壁面を左右2系統にしたもの。

サルスエラ【（西）zarzuela】 スペイン語圏で生まれた歌芝居。フランスのオペラ・コミック、ドイツのジングシュピールと同様に対話と歌唱で構成されるオペラで、レチタティーボはない。古くから標準とされた2幕物に対し、近年では1幕物が多い。【参照】レチタティーボ

三管編成（さんかんへんせい） オーケストラにおいて、フルート、オーボエ、クラリネット、ファゴットが各2名にそれぞれの派生楽器（ピッコロ、イングリッシュホルン、バスクラリネット、コントラファゴット）が加わって、各セクションが3名となる編成。ホルンは4名程度、トランペットとトロンボーンが各3名程度、チューバ1名。打楽器はティンパニの1〜2名を含み6名程度。編入楽器はハープ1名でチェレスタが加わることも。弦楽五部は「16型」8-7-6-5-4プルト（1プルト＝2名）程度となり、総勢90名ほど。【参照】弦楽五部

サンキュウ 3尺（約90cm）×9尺（約270cm）の平台のこと。【参照】平台

残響（ざんきょう）【（英）reverberation】 部屋の中で手を叩いたり、楽器やスピーカの音を急に止めたりすると、少しの時間その音の響きが残っている。これを部屋の残響という。これは音波が部屋の壁、天井、床などで何回も反射を繰り返し、音を止めても音のエネルギーが残っているために生ずるものである。残響の多い部屋では、言葉の明瞭度は落ちるが、楽器などの音色が豊かになって音楽の表現力を増すこともある。

残響時間（ざんきょうじかん）【（英）reverberation time】 拡散音場で、音源から出た音が部屋に充満した後、音を急に停止すると音圧レベル（SPL）は直線的に減衰する。残響時間とは、この音が減衰して百万分の1に達するまでの時間、つまり60dB減衰するまでの時間と定義され、響き量を数値で表すものとして広く使用されている。しかし、実際には暗騒音のために、60dB減衰するまで測定できないことが多いので、図のように−30dBくらいまでの傾斜を調べ、−60dBまで減衰する時間を予測して残響時間を求める。【参照】暗騒音、拡散音場、残響

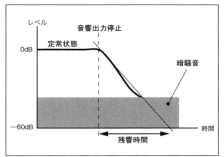
残響時間

残響時間周波数特性（ざんきょうじかんしゅうはすうとくせい） 周波数ごとの残響時間を測定して、グラフにしたもの。劇場や音楽ホールなどの音響特性の優劣を見分ける要素の一つ。【参照】残響時間

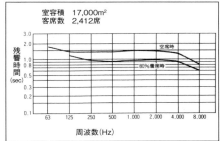
残響時間周波数特性

残響室（ざんきょうしつ） 吸音材料の吸音率などの測定をするために、残響時間を非常に長くした部屋のことを残響室という。長い残響時間を実現するために、反射性の高いコンクリートやタイルによって仕上げられる。JISに、残響室に関する規定がある。【反対】【参照】無響室

残響付加装置（ざんきょうふかそうち）【英】reverb machine】 収音あるいは収録した音に、人工的に響きを付け加える装置。鉄板式、スプリング式、テープ式、デジタル式などがある。

三曲（さんきょく） 箏、三味線（三弦）、尺八または胡弓による合奏、または合奏形態。

三弦（さんげん） 三味線の別称。三絃とも書く。

三原色（さんげんしょく）【英】three primary colors】 適当な割合で混ぜ合わせることで、さまざまな色を出せる基本的な3つの色。光では赤・緑・青、絵の具などではシアン（青緑）・マゼンタ（赤紫）・イエロー（黄）。

三下がり（さんさがり） 三味線における調弦法の一つ。本調子（ほんちょうし）と比較して、第三弦を一音（2律）低くした調子になって、憂い

を帯びた感じになる。【参照】本調子、二上がり

三段（さんだん） 3段ある階段。1段の高さが7寸（約21cm）、踏み板（足で踏む部分）の幅が1尺（約30cm）の標準規格の大道具。

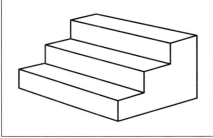
三段

3点吊りマイク装置（さんてんづりマイクそうち） 3本のワイヤでマイクを吊り下げる装置。通常、ホールの客席前部の天井に設置されていて、手動または電動で3本のワイヤの長さを調節してマイクの位置を設定できる。クラシック音楽の録音やエアモニタなどのマイクを吊るのに使用される。使用しないときは3本のワイヤを切り離して、それぞれを天井に格納できるものがある。【参照】吊りマイク

3点吊りマイク装置

サントラ盤（サントラばん） 映画フィルムのサウンドトラックに録音した音を用いて作られたレコードやCDのこと。

サンバ【英】samba】 ブラジルで生まれた、二拍子のリズムの民俗音楽。踊りの伴奏として演奏される。

サンプラ【英】sampler】 録音したデジタル音源から必要な部分だけを取り出して、音程を変化させたり、音色を変えたり、繰り返したりして音源を創作する機器。MIDI機能を用いて、楽器やコンピュータからもコントロールできるし、キーボードなどの音源としても使用できる。サンプリングマシン、サンプリングユニットと

もいう。【参照】サンプリング、MIDI

サンプリング【(英) sampling】 既存の曲や音源の一部を引用し、組み替えて新たな楽曲を製作すること。または自然音や楽器音などをサンプラで収録し、それを様々に変形させ、演奏または作曲 (作品) の音源として使用すること。【参照】サンプラ

サンプリング周波数 (サンプリングしゅうはすう)【(英) sampling frequency】 アナログ信号をデジタル信号にするとき、1秒間に読み取る (抽出) 回数のことで、単位はHz (ヘルツ)。fsと表記する。サンプリング周波数48kHzは、1秒間に48000個のデータとして読み取ることであって、理論的にはサンプリング周波数の1/2の周波数、つまり24kHzまでのアナログ信号を記録できることである。したがって、サンプリング周波数の数値が大きいほど高音域まで読み取れ、周波数レンジが広がる。一般的に192kHz、96kHz、48kHz、44.1kHz、32kHzが用いられている。【参照】サンプリング

残留雑音 (ざんりゅうざつおん)【(英) residual noise】 アンプの入力信号がないときに、アンプの増幅度を増加していくと、アンプの出力に現れる雑音のこと。シーと聞こえる音。

シ

地 (じ／ぢ) ①能楽の地謡 (じうたい) の略。②日本舞踊の伴奏のこと。演奏者を地方 (じかた) と呼ぶ。

地明り (じあかり) 舞台の仕込み作業や転換作業のための照明、または舞台全体を平坦に照らす照明のこと。

シアター【(英) theatre／(米) theater】 劇場、映画館 (ムービーシアター)。【参照】劇場

地唄／地歌 (じうた) 上方唄の別名で、江戸時代初期から京阪地方で行われ、盲人音楽家の芸として伝承された。唄いながら三味線を弾く「弾き唄い」を原則としているが、筝との合奏もある。三味線の技巧は最も繊細で、左指 (弦の方) の使い方が複雑である。やや太くて大きい中棹 (ちゅうざお) 三味線を用いる。

地謡 (じうたい) 能楽で、登場人物以外の演者たちによって斉唱される謡。または、その演者たちのこと。能では8人で斉唱するのが定番で、地謡座と呼ばれる場所で、主に状況説明的部分を歌う。【参照】地謡座、能舞台

地謡座 (じうたいざ) 能舞台の脇柱と笛柱の間で、地謡たちの定席。【参照】能舞台

地謡 (じーうてー) 沖縄芸能の音楽を担当する役。弾き語りの三線、筝、胡弓、笛、太鼓が基本の編成。現在は地方 (じかた) と呼ばれることが多い。

シェルビング・タイプ【(英) shelving type】 イコライザの調整形式の一つ。シェルビングは棚の意。ある周波数を境に、それ以上またはそれ以下の帯域をなだらかに調整する形のもの。これに対して、ある周波数帯域だけを調整する形のものをピーキング・タイプという。【参照】ピーキング・タイプ

地がすり (じがすり) 舞台の床に敷き詰める布で、地面を表すもの。布の色は場面によって選

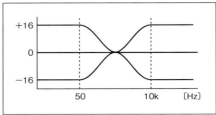

シェルビング・タイプ

択され、通常はグレーを用いるが、黒や茶を使用することもある。雪の場面の白色のものは雪布、川や湖を表す水色は水布、海を表す波の模様のものは浪布 (なみぬの) という。

地方 (じかた) 日本舞踊などの伴奏音楽の演奏者。踊り手に対して、唄、三味線、囃子などの演奏者をいう。

支木 (しぎ) 大道具の張物 (はりもの) や切り出し (きりだし) を設置するときに支える木の棒。棒の両端に金具が付けてあり、張物や切り出しを舞台床に固定する。金属製のものは金支木 (かなしぎ) という。【参照】張物、切り出し

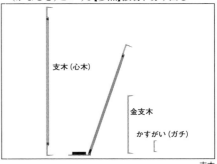

支木

58

指揮モニタ（しきモニタ） 指揮者の映像を映し出すモニタテレビのこと。演出上の理由や舞台装置の関係で、指揮者が見えない場合に使用する。通常はモニタテレビとオーケストラの音が聞けるモニタスピーカとで構成される。

指向係数（しこうけいすう）【(英) directivity factor】 音源の全方向へ放射するエネルギーの平均値と、正面方向へ放射するエネルギーの比率のことで、この比が1の場合を放射係数（Q）は1となって無指向性音源を意味する。無指向性音源を床面に置いた場合、音は半球状に放射されるので、全空間に放射した場合に比べて、単位面積あたりのパワーは2倍になる。このとき、半球に放射する音源の指向係数（Q）は2となる。スピーカの指向角が決まっているとき、次のように計算される。

$Q = 180/\arcsin[\sin(\alpha/2) \times \sin(\beta/2)]$

　α：水平指向角度
　β：垂直指向角度

指向指数（しこうしすう）【(英) directivity index】 指向係数（Q）をデシベルで表示したもの。DIと略記する。次の式で計算し、Q=1はDI=0、Q=2はDI=3、Q=10はDI=10となる。
　$DI = 10\log Q$
　Q：指向係数

指向性（しこうせい）【(英) directional characteristic】 一般的にはマイクの指向性のことで、音の到来方向によるマイクの感度の違いを指向性という。どの方向からの音も一様な感度の無指向性、一方向からの音に対して感度が高い単一指向性、前後の二方向からの音に対して感度が高い双指向性がある。この状態をいくつかの周波数について図に示したものを指向特性という。単一指向性には、いくつかの種類がある。【参照】単一指向性マイク

指向特性（しこうとくせい） マイクやスピーカについて、周波数を定めて音の到来方向（角度）の違いによる感度を測定したポーラパターンと、音の到来方向を定めて測定した周波数の違いによる周波数感度特性とがある。【参照】指向性

仕込み（しこみ） 演劇やショーなどを上演するための準備。舞台装置や照明装置、音響装置の準備をすること。

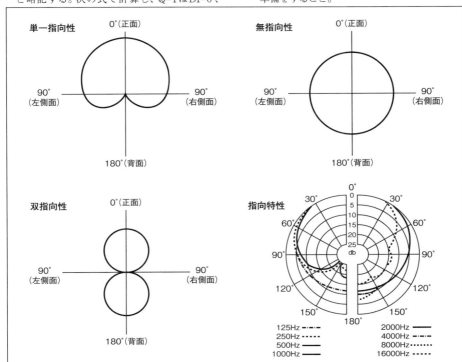

マイクの指向性と指向特性

仕込み図（しこみず）　舞台装置や照明器具、音響機器の配置または接続方法を描いた図面。

錘（しず）【英】counter weight】　①舞台綱元（つなもと）で吊り物昇降バトンの重量バランスを調整するための錘（おもり）のこと。　②大道具を固定するため、または照明用スタンドやスピーカ用スタンドが倒れないようにするために用いる錘（おもり）のこと。布袋に砂を入れた錘は砂袋と呼んでいる。

仕出し（しだし）【英】extra】　①映画の中の通行人や群衆として出演する臨時雇いの人たち。②テレビの公開番組で、会場の雰囲気を盛り上げるために雇った観客。

七三（しちさん）　歌舞伎舞台の花道の揚幕側（出入口）から七分、舞台側から三分の場所のこと。歌舞伎では花道を登退場するとき、ここで一旦、立ち止まって演技することが多い。七三には「すっぽん」と呼ばれる迫り（せり）が設置されている。【参照】すっぽん

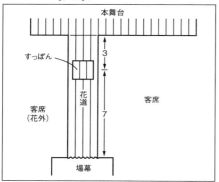

七三

実効出力（じっこうしゅつりょく）【英】root mean square power output】　RMS出力とも呼ばれる。アンプの実際の能力を表している。パワーアンプの出力に負荷（スピーカ）をつなぎ、それに連続的に供給できる出力のこと。ワット（W）で表す。【同意】定格出力【参照】ミュージックパワー

ジッタ【英】jitter】　基準となるパルス（AESシンク、ワードクロックなど）が、時間のずれを起こすこと。ジッタが多い機器で録音すると、正確に記録されないので音質が悪くなる。

室内楽（しつないがく）　少人数の独奏楽器による合奏音楽。弦楽四重奏やピアノ三重奏など多くの形態がある。元来は教会・音楽会場以外の宮廷の一室などで演奏された音楽。

質量則（しつりょうそく）【英】mass law】　材料の遮音性能は、その材料に入射する音の周波数と材料の密度（重さ）の対数に比例する。つまり、周波数または密度（重さ）が2倍になるごとに遮音性能は6dBずつ増加する。これを一般に質量則という。

仕手（して）　①能の主役のことで、通常はシテと書く。一つの演目が二部形式になっている複式能では、通常は同一人物が演じ、前半の役を前ジテ（まえじて）、後半の役を後ジテ（のちじて）と呼ぶ。　②狂言の主役で、オモ（主）ともいう。【参照】ワキ

時定数（じていすう）【英】time constant】　安定状態から次の安定状態へ変化するとき（過渡現象）の速さの程度を示すもので、定常状態（安定状態）になるまでに要する時間のこと。電気回路などで、入力の変化に対する出力の応答時間の目安とする数値。【参照】過渡現象、定常状態

シナリオ【英】scenario】　映画やテレビの脚本、台本。

シナリオライタ【英】scenario writer】　シナリオ作家。映画やテレビの脚本を書く人。脚本家。

シネコン　シネマ・コンプレックスの略。【参照】シネマ・コンプレックス

シネマ・コンプレックス【英】cinema complex】　カナダで開発された映画館の方式。1つの建物の中または1フロアに、複数のスクリーン（劇場）を設けて、映写室やチケット売り場、売店などを統合し効率的な運営を図った複合型映画館のこと。略してシネコンという。

シノプシス【英】synopsis】　筋書、概要、要約。映画のあらすじ。

四拍子（しびょうし）　能楽や歌舞伎の囃子の基本形となる4つの楽器。太鼓、大鼓、小鼓、笛（能管）の総称。【参照】第2部・日本の楽器

仕舞（しまい）　能の上演形式の一種。能の一曲の中の、シテが舞うクライマックスの部分だけを、正規の装束（衣装）は付けずに、四、五人の地謡とともに舞うもの。

字幕（じまく）【英】subtitles /credit titles /credits】　映画やテレビで、題名、配役名、翻訳文などを文字で映す画面。または、その文字。タイトル、スーパーなどともいう。

字幕表示装置（じまくひょうじそうち）　古典芸能の難解な台詞や歌詞、外国語で上演する演劇の翻訳などを、文字で表示して観客に見せる装置。舞台の進行に合わせてタイムリーに表示する。

シミュレーション【英】simulation】　模擬実験。模擬データ。

しめる　三味線、囃子などの演奏のテンポを遅くすること。【反対】乗る

下出し（しもだし）　回り舞台を下手が前に出てくるように回転させること。本回しともいう。【反対】上出し【参照】回り舞台

下手（しもて）【英】opposite、【米】stage right】　客席から舞台に向かって、左側のこと。欧米では舞台から客席に向かって左、右と呼ぶ。【反対】上手

遮音（しゃおん）【英】acoustic isolation】　部屋の壁、間仕切り、扉などで、音の伝わりを遮断すること。遮音の性能を表す量を透過損失といい、室内の音圧レベルと室外の音圧レベルの差で表す。【参照】D特性

砂切り（しゃぎり）　歌舞伎や日本舞踊などで一幕が終わるごとに、大太鼓、太鼓、笛で演奏する下座音楽。この演奏が終わると打つ柝を、砂切り止め（しゃぎりどめ）という。最終幕、最終演目のときは、「打ち出し」と呼ぶ大太鼓を演奏する。【参照】柝、打ち出し、第2部・柝の用法

ジャグバンド【英】jug band】　ジャグは水差しのことで、水差しや洗濯板など身の回りのもので作られた手製の楽器を用いて、ジャズやフォークなどを演奏するバンド。

シャコンヌ【仏】chaconne】　スペインが起源の舞曲。緩やかな三拍子で、一定の和声進行または低音音型が繰り返される変奏曲形式。

ジャズ【英】jazz】　1900年頃にニューオリンズに発生した、アメリカ黒人の大衆音楽。本来はトランペット、サックス、ピアノを主とする楽器で即興演奏する音楽であるが、ヴォーカルが加わることもある。

ジャック【英】jack】　電気機器の入力や出力の接続端子のこと。他の機器と接続するために、コードに取り付けられたプラグを接続する差し込み口。

紗幕（しゃまく）【英】gauze cloth/gauze curtain】　織り目の粗い、透ける布で作った幕のこと。幻想、霧、霞などの場面を表現するために、舞台装置をぼかして見せるのに用いる。

ジャムセッション【英】jam session】　本来はジャズ奏者が集まって自分たちが楽しむために共演することだが、演奏者たちの研究の場としてステージでも行われるようになった。演奏者が自由な編成で集まってリズムパターンとコード進行だけを打ち合わせて、あとは自由な即興演奏をするスタイルのことをいう。インプロビゼイションともいう。

シャンソン【仏】chanson】　フランスの流行歌の総称。キャバレーやミュージックホールで普及し、1920年代末期にブームとなる。恋の唄や人生を歌うのが特長。

収音（しゅうおん）　マイクロホンなどを用いて、音響信号を電気信号に変換し録音またはSRできるようにすること。

集音（しゅうおん）　パラボラ型集音器やガンマイクなどで、遠距離の音声を収音すること。

自由音場（じゆうおんじょう/じゆうおんば）【英】free sound field】　無響室や屋外など、反射音が存在しない空間のこと。【反対】【参照】拡散音場

宗教音楽（しゅうきょうおんがく）　①宗教的な行事や儀式の一部、あるいは背景として演奏される音楽のこと。礼拝などのための賛美歌や聖歌、祭礼などに用いられる音楽などである。②宗教的なことを題材とし、礼拝とは別に独立して演奏される音楽。例えば、オラトリオや受難曲などのキリスト教的題材や、仏陀や親鸞の生涯を元にした楽曲や楽劇など、宗教的な芸術音楽のこと。

しゅう動雑音（しゅうどうざつおん）【英】slider contact noise】　音響機器では、ボリュームコントロールやフェーダを動かしたときに発生する雑音。抵抗体を擦るときの接触不良などによるもで、ガリガリと聞こえるので「ガリ」とも呼んでいる。【同意】ガリ

周波数（しゅうはすう）【英】frequency】　電磁波や音波の、毎秒の振動数のことで、ヘルツ（Hz）で表す。1000Hzの信号は1秒間に1000回の振動をしていることになる。振動数が多いほど、音は高くなる。【参照】音波

周波数特性（しゅうはすうとくせい）【英】frequency response】　音響の機器や回路の入力レベルを一定にした状態で周波数を変化させたとき、出力がどのように変化するかを表したもの。縦軸に出力レベル、横軸に周波数の目盛りを取ったグラフに描いた曲線。スピーカやマイクの周波数特性は、機械的振動と電気的信号の変換効率を周波数の変化に対して測定したもの。f特、f特性ともいう。

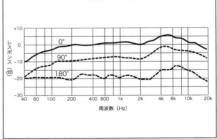

単一指向性マイクの周波数特性

周辺機器（しゅうへんきき）【英】peripherals】　音響機器や映像機器、またはコンピュータなど

の電子機器の本体に対して、ケーブルなどで接続して使用する付属機器の総称。音響機器では、リバーブマシンやコンプレッサなど。

主調整室（しゅちょうせいしつ）【英】master control room　放送局で番組製作をするスタジオの副調整室に対して、番組を受信者に向けて送出する部屋のこと。完成した番組素材を放送進行表に従い、送信所に送り出す業務をする部屋。民間放送ではCMの送出も行う。この部屋のほとんどの装置は、自動番組制御装置などでコントロールされる。通常、マスタまたはコントロールームと呼んでいる。【参照】副調整室

出力インピーダンス（しゅつりょくインピーダンス）【英】output impedance　機器の出力端子から、その機器の内側に対するインピーダンス（抵抗成分）のこと。【参照】インピーダンス

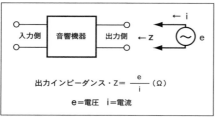

出力インピーダンス

出力音圧周波数特性（しゅつりょくおんあつしゅうはすうとくせい）【英】frequency response　スピーカの性能を示す最も基本的な特性で、周波数に対する音圧レベルの変化を表したもの。一般的に、1Wの正弦波を加えたとき、スピーカの正面から1メートル離れた点における、周波数に対する音圧レベルの変化をグラフにしたもの。この特性で再生周波数帯域を判断する。【参照】周波数特性

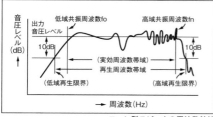

コーン型スピーカの周波数特性

出力音圧レベル（しゅつりょくおんあつレベル）【英】characteristic rated sensitivity】　スピーカの感度を表す値。1Wの入力を加えたとき、スピーカから1メートル離れた点で何デシベルの音圧レベル（0dB=0.00002Pa）が得られるかを表している。【参照】出力音圧周波数特性

シューティング　スポットライトの照らす位置や照射範囲などを決める作業。「当たり合わせ」とも呼んでいる。フォーカシングと同意語。【参照】スポットライト

受難曲（じゅなんきょく）【英】passion　イエスの十字架上の死と復活を扱った、オーケストラによる伴奏を伴う独唱、重唱、合唱による音楽劇。オラトリオやカンタータ同様、舞台装置や衣装は使用せず動きも伴わない。ドイツプロテスタントの復活祭の礼拝音楽。【参照】オラトリオ、カンタータ

純音（じゅんおん）【英】pure tone/single tone】【同意】【参照】シングルトーン

巡業（じゅんぎょう）　演劇などで、各地を興行して回ること。旅興業、旅回り、略して「タビ」ともいう。

純正律（じゅんせいりつ）【英】just intonation】　自然倍音（周波数の比が整数比になる）を使用して作る音階のこと。この音律で楽曲を演奏すると協和度の高い響きが得られ、調性の持つ個性が明確に感じられる。【反対】平均律

商業演劇（しょうぎょうえんげき）　営利を目的として上演されている演劇のこと。ニューヨークのブロードウェイ、ロンドンのウエストエンドで上演されている演劇やミュージカルが商業演劇。東京では東宝系の帝国劇場、東京宝塚劇場、松竹系の歌舞伎座、新橋演舞場、大阪では新歌舞伎座や松竹座などで上演される演劇。【参照】商業劇場

商業劇場（しょうぎょうげきじょう）　営利を目的とした劇場。【参照】商業演劇

小劇場（しょうげきじょう）　商業演劇を否定して、演劇本来の芸術性の追究、実験演劇の試演などの目的で作られた小規模の劇場のこと、またはそこを拠点とした演劇、劇団を指す。小劇場演劇とも呼ばれる。1960年代半ばから、新劇に対抗して結成された小規模な前衛劇団の総称。アングラ演劇とも呼ばれた。現在では、その境界は明確でない。【参照】アングラ演劇

定式（じょうしき）　一定の形式、きまった方式のこと。劇場に常備されている基本的な大道具の総称。舞台装置を組み立てるときに、新しく作る手間が省け、応用のきく寸法に規格化されていて組み合わせによって種々の形にできるものが多くあり、組立作業の能率がよい。

上敷/畳敷（じょうしき）　畳表の縁（ふち）に布を付けた敷物のこと。主に、歌舞伎などの畳敷きの日本家屋の床に使用する。

定式幕（じょうしきまく）　歌舞伎に使う引き幕。柿色、黒色、緑色の3尺（約90cm）幅の木綿布を縦に縫い合わせた幕。狂言幕、歌舞伎幕とも

いう。通常は、下手から上手に開ける。この幕は、明治時代になるまで、政府が許可した劇場だけが使用できた。

定式物（じょうしきもの） 歌舞伎の伝統の中で作られた道具類の標準品で、演目によって決まっている大道具や小道具などのこと。

定式幕

装束（しょうぞく） 衣服のこと。能、狂言では、上演のための衣裳を装束と呼ぶ。

商用電源（しょうようでんげん） 電力を製造して販売する電力会社から消費者に供給される電力、その設備の総称。AC電源と呼ぶこともある。【参照】第２部・商用電源（AC電源）の基礎知識

浄瑠璃（じょうるり） 三味線などの伴奏で物語りをする芸。義太夫節、清元節、常磐津節、新内節などの総称。義太夫節による人形劇を人形浄瑠璃という。【参照】義太夫節

初期化（しょきか）【英】initialization ハードウエアやソフトウエアの設定値などを、初期の状態にすること。イニシャライズともいう。ハードディスクなどの記録媒体を利用可能にすることはフォーマットという。すでに使用している媒体を初期化すると、それまで記録したデータは全て消える。

初期反射音（しょきはんしゃおん）【英】early reflect sound】 音源からの直接音が到達して、その直後に到来する反射音のこと。ほとんどの場合、天井または側壁から到来する。この初期反射音は、残響の印象や音質に大きな影響を及ぼす重要な要素である。【参照】エコータイムパターン

所作（しょさ） 動作、しぐさ、演技。

所作事（しょさごと） 歌舞伎の舞踊または舞踊劇のこと。演劇の中に組み込まれた踊りの部分。

所作台（しょさだい） 歌舞伎の所作事や日本舞踊を上演するとき、舞台一面に敷く檜板で作られた台のこと。高さ４寸（約12cm）、幅３尺（約90cm）、長さ10尺（約300cm）または12尺（約360cm）が規定の寸法。表面は４枚の板を継ぎ

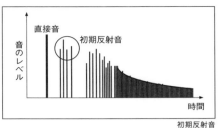

初期反射音

あわせてあり、足拍子の音を良くする工夫がしてある。【参照】足拍子

所作舞台（しょさぶたい） 日本舞踊や歌舞伎の所作事のために、舞台と花道に所作台を敷き詰めた舞台のこと。「置き舞台」ともいう。【参照】所作台、足拍子

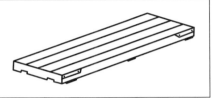

所作台

叙事演劇（じょじえんげき）【独】Episches Theater】 ドイツの劇作家ブレヒトの演劇論。観客の感情移入と心の緊張解消を誘う演劇に対抗した演劇論で、観客が楽しみながら距離をおいて舞台を観察し、変革のための思考を深めるような演劇。

知らせ（しらせ） ①舞台監督がサインランプやインターホンで合図を送ること。　②歌舞伎や日本舞踊では、舞台進行役の狂言作者が打つ合図の柝（き）の音。CUEと同じ。【参照】狂言作者、柝

シリアル伝送（シリアルでんそう）【英】serial communication】 シリアルは「連続」「直列」という意。一本の通信回線を用いて、データを１ビットずつ順番に、伝送していく方式のこと。パラレル伝送方式に比べて回路数が少なく低コスト、配線が簡単で長距離間の通信にも使われる。直列伝送方式ともいう。

シリーズ接続（シリーズせつぞく）【英】series circuit】 直列接続のことで、一つの線になるようにつなぐこと。極性のあるものは、陽極（＋）と陰極（－）を交互につなぐこと。直列抵抗や直列インピーダンスは、それぞれの抵抗値を加えたものとなる。

シーリングスピーカ シーリングは天井の意で、観客席の天井に埋め込まれたスピーカシステ

63

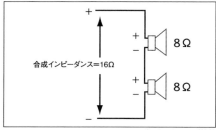
スピーカのシリーズ接続

ムのこと。劇場では客席天井やバルコニー下の天井にスピーカを埋め込み、効果音の再生、残響付加、補助用SRに使用する。【参照】ウォールスピーカ、プロセニアムスピーカ

シーリングスポットライト　舞台上の演技者、劇場の観客席の天井部分に設置されている照明設備。数列（数個所）設置してある場合は、舞台側から第1シーリング、第2シーリングと呼ぶ。

シールド【(英) shield】　遮蔽（しゃへい）の意。電磁波や磁気を遮蔽することにより雑音の侵入を防御すること。マイクケーブルなどは、信号線を網状のシールド線で覆っている。録音スタジオでは、外部から電磁波などがスタジオ機器に侵入するのを防ぐために、部屋全体をシールドすることがある。

心/芯（しん）　舞台の間口の中心点で、舞台最前部の中央から舞台奥の中央までの線上のこと。

ジングシュピール【(独) Singspiel】　「歌芝居」の意。18世紀後半～19世紀中頃までドイツ語圏で上演された歌劇の一形式。ドイツ語で書かれ、多くは明るく喜劇的な内容で、一般のオペラとは異なって台詞（せりふ）が多い。後に、イタリアのオペラブッファやフランスのオペラコミックの影響を受けながら発展し、モーツァルトが「バスティアンとバスティエンヌ」「後宮からの誘拐」「魔笛」など、ジングシュピールの名作を遺した。しかし、19世紀中ごろには、これにかわるオペレッタに押されて廃れた。【参照】オペラブッファ、オペラコミック

ジングル【(英) jingle】　放送番組の中で話題や場面が変わるときや、CMが入る前、またはCM後などに挿入するアクセント音。局名やコールサイン、番組名など、さまざまな形で流すことが多い。特にラジオ放送で多く使用されている。

シングルトーン【(英) single tone】　単一周波数の正弦波のこと。音響機器の測定には、シングルトーンがよく使われる。純音（じゅんおん）ともいう。

シンクロ　シンクロナイズの略。【参照】シンクロナイズ

シンクロナイズ【(英) synchronize】　時間的に一致させる、という意。ある2つのものを同時に進行させること。または、映画やテレビで画像とセリフを一致させることや、複数の録画機器や録音機器に同一のタイミング符号を記録させて、その符号をもとに一つの機能として作動させること。シンクロと略し、同期ともいう。シンクロさせるための装置をシンクロナイザという。

新劇（しんげき）　歌舞伎などの伝統演劇に対抗した、西欧の近代演劇をモデルにした日本の演劇。西欧を模範として、西欧の歴史やヒューマニズムなどの価値を象徴する言語主導の演劇で、リアリズムを主体とした、啓蒙運動をめざす演劇。1909年（明治42年）に小山内薫と市川左団次による自由劇場の創立と、坪内逍遥らによる文芸協会の発足で新劇が誕生する。1924年に築地小劇場が開場して定着、1950年代は俳優座、民芸、文学座の三大劇団を中心とする隆盛期。

シンコペーション【(英) syncopation】　同じ音高を持つ拍の弱部の音と強部の音がタイなどで結ぶことにより、弱部が強部になるように強弱の位置が変わること。

シンセサイザ【(英) synthesizer】　電子楽器の一つ。発振回路で発生させた音を電子回路で加工し、さまざまな音色を作る楽器。多くは鍵盤楽器で、略してシンセと呼んでいる。

新内（しんない）　浄瑠璃の一つ。初期は歌舞伎の伴奏音楽に用いられていたが、後に歌舞伎から離れ、主として「流し」という街頭芸能になった。明治時代になって、七世富士松加賀太夫などにより品位を高めた。三味線は中棹であるが太めのものを使い、特異な情緒を持っている。芸名は、鶴賀、富士松、新内、国本などの姓を名乗る。

シンフォニー【symphony】　交響曲。【参照】交響曲

シンフォニア【(伊) sinfonia】　一般的に、バロック期のオペラの中に挿入される歌唱を伴わない管弦楽器の合奏曲をいう。

シンフォニーオーケストラ【(英) symphony orchestra】　交響楽団のこと。【参照】交響楽団

シンメトリック【(英) symmetric】　左右が対称であること。略してシンメともいう。

ス

スイッチャー【(英) switcher】 テレビ番組の制作で、複数のカメラの画面を切り替える担当の技術者、またはその装置のこと。SまたはSWと略して記す。番組の内容、演出意図を効果的に表現するために、画面の構図、切り替えるタイミング、音声との調和などを考え、機器の応用技術を駆使して番組を作る。

スイッチング【(英) switching】 テレビ番組の制作における画面の切り替え操作のこと。押ボタンスイッチを使って切り替えるのでスイッチングというが、カッティングということもある。

スイッチングノイズ【(英) switching noise】 直流・交流変換回路やデジタル回路などで、電気回路のオン・オフを切り替えるときに発生する高周波ノイズのこと。

スイッチングハブ【(英) switching hub】 通信ネットワークの中継機器であるハブの一種。通常のハブは、ある端末から送られてきたデータをすべての端末に送信し、データの取捨選択は各端末が行うが、スイッチングハブは端末から送られてきたデータを解析して宛先を検出し、宛先の端末だけにデータを送信する。このため、ネットワーク全体の負荷が軽減され、セキュリティが向上する。宛先を解析するために一時的にデータを蓄えるため、速度の違うネットワーク同士の接続にも使える。単に「スイッチ」とも呼ぶ。【参照】ネットワークスイッチ

素謡 (すうたい) 能の謡の部分だけを歌うこと。一人で歌うことを独吟 (どくぎん)、二人以上の場合は連吟 (れんぎん) という。

スキャット【(英) scat】 即興的唱法。歌詞の代わりに意味のない音、「アー」「ウー」「ダー」「ルー」「ラー」「ドゥー」などで歌うこと。ジャズの歌手が、声を楽器のように使って歌うのもスキャットである。

スキル【(英) skill】 技能、力量、技術、腕前。

スクラッチノイズ【(英) scratch noise】 アナログのレコード盤の表面の状態で起こる雑音で、針音ともいう。レコードの材質による音溝の粗さやキズ、ゴミによって生じる。

スケール【(英) scale】 ①音階のこと。音が高低の順に並ぶ音列。時代や国、民族により音階は異なる。 ②弦楽器の弦長。ヴァイオリンなどフレットのない弦楽器では、ナットからブリッジまでの長さのこと。

スコア【(英) score】 フルスコア (full score) ともいい、演奏されるすべてのパートをまとめて記した楽譜。各パートだけの楽譜は、パート譜という。

スコーカ【(英) mid-range loudspeaker】 中音域用のスピーカのこと。

素浄瑠璃 (すじょうるり) 文楽や歌舞伎の伴奏としてではなく、演奏会で演奏する浄瑠璃のこと。

スター接続【(英) star connection】 IPオーディオにおいてスイッチングハブを用いて放射状に機器を接続すること。【参照】ディージーチェーン接続、第2部・ネットワークオーディオ

スタイリスト【(英) stylist】 テレビや写真などの撮影のとき、衣裳やアクセサリー、小道具などをアレンジし、手配をする人。

スタッカート【(伊) staccato】 一つひとつの音を切り離して、はっきりと演奏すること。音符の上に「・」の記号を付ける。これとは反対に音をつなげながら演奏するのをレガートという。【参照】レガート

スタッフ【(英) staff】 映画や演劇などの制作に従事する制作 (製作)、作家、演出、美術、音響、照明など、出演者以外の人たちの総称。【参照】裏方 (うらかた)

スタンダードナンバー【(英) standard number】 ジャズやポピュラー音楽で、いつの時代にも人気のある曲。流行にとらわれることなく、名曲として演奏される曲。

スタンドイン【(英) stand-in】 映画撮影のときの代役のこと。吹き替え、ともいう。【参照】スタントマン

スタントマン【(英) stunt man】 映画撮影のときなどの危険な演技 (場面) で、主役俳優などの代役をする専門家。

スタンバイ【(英) standby】 ①準備、待機、用意の意。出演者やスタッフにキッカケの用意を知らせる言葉。 ②予知される事故に備えて、あらかじめ用意されている代わりの物や人をいう。 ③音響装置を設置して、すぐに音が出せる状態にすること。その状態のこと。

すっぽん 歌舞伎舞台の花道 (はなみち) の七三 (しちさん) の位置にある小さな「迫り」のこと。主に、亡霊や忍者などの登場や退場に使用される。【参照】七三、花道

ステージスピーカ 舞台上の任意の場所に設置して使用するスピーカシステムの総称。舞台装置に応じて設置し、効果音の再生や特殊なSRに使用する。

ステージサイド・スポットライト 舞台袖に設置し、舞台上の演者や舞台装置を横から照ら

す器具で、スタンドに取付けて使用される。
S.S.と略記する。

ステージマネージャ【英】stage manager】
舞台監督のこと。日本では、クラシック音楽の舞台監督を指す。【参照】舞台監督

捨て台詞（すてぜりふ）①立ち去るときに、軽蔑や脅迫の言葉を言うこと。②その場の雰囲気に合わせて言う、脚本に書いてない簡単な台詞。主として、登場や退場のときに言う。

ステレオ【英】stereo】音を立体的に聞かせる法。本来、演奏会場の雰囲気の再現を目的としたもので、音源の位置や音源の移動を感じさせる録音・再生の手法。ステレオ録音、ステレオ再生などという。左右2台のスピーカで再生するための録音手法が一般的で、スピーカシステムで再生するものをステレオフォニック、ヘッドホンで再生するためのものをバイノーラルステレオという。【参照】ステレオフォニック、バイノーラルステレオ

ステレオフォニック【英】stereophonic】左右2本のマイクで収録した音を、左右2台のスピーカで再生すること。【参照】ステレオ、バイノーラルステレオ

ストップ【英】organ stop】オルガンの音色選択機構で、音栓（おんせん）ともいう。パイプオルガンなどで、各種の音管（発音体）への風の入り口を開閉する装置。音色を変える働きをする。他にハーモニウムやチェンバロにも同様の機能が取り付けられている。

ストリップライト【英】batten light【米】strip light】電球を棒状に配列した照明器具のことで、フラットな明かりなので、影が目立たない。小型軽量で、持ち運びが容易である。床に置いたり、吊ったりして使用する。

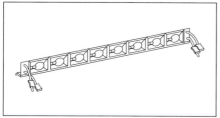

ストリップライト

ストリートパフォーマンス【英】street performance】街頭で演じられる演奏、演技など。

ストリーミング【英】streaming】主に音声や動画などのファイルを転送、再生する方式の一種。通常、これらのファイルはダウンロード完了後に再生させるが、動画のようなサイズの大きいファイルのダウンロードは非常に時間が掛かるので、ファイルをダウンロードしながら同時に再生して見ることをストリーミングという。

ストリングス【英】strings】弦楽器の総称、またはその演奏。管弦楽曲ではヴァイオリン、ヴィオラ、チェロ、コントラバスで構成される。16型の編成というと、第1ヴァイオリン16人、第2ヴァイオリン14人、ヴィオラ12人、チェロ10人、コントラバス8人のことで、これがストリングスの標準である。弦楽器の場合、2人で1つの譜面台を使用するので、譜面台（プルト）の台数で編成を表すこともある。8プルトという第1ヴァイオリンが16人となる。【参照】プルト

ストレート・アヘッド【英】straight ahead】語意は「真っすぐ」で、「メロディーを崩さずに」「几帳面に演奏する」こと。

ストレートプレイ【英】straight play】ミュージカルやオペラなどと区別して、歌の伴わない演劇のこと。

スニーク・アウト【英】sneak out】スニークは「こっそり」「ひそかに」という意。音量操作の手法。いつのまにか音が消えるように、音をゆっくりと絞って消すこと。S.O.と略して記す。

スニーク・イン【英】sneak in】音量操作の手法。いつのまにか音が聞こえてくるように、音をゆっくりと所定のレベルまで上げること。S.I.と略して記す。

スネークケーブル蛇のように太くて、くねくね曲がるマルチケーブルの別称。【参照】マルチケーブル

簀の子（すのこ）【英】grid /gridiron】細く割った竹をすだれ状に編んだ物。劇場では、簀の子状の舞台の天井のこと。通常、ここには吊りバトンの昇降装置などが設置してある。関西では、「ぶどうだな」と呼ぶ。

スーパーインポーズ【英】superimpose】画面に文字や絵、別な画像などを重ねて合成すること。または、映画やテレビの画面に表示する字幕。

スーパーカーディオイド【英】super-cardioid】マイクの指向性。単一指向性の一つで、一般的なカーディオイドよりも側面の感度を低くしてあるもので、背面の感度がやや上昇する。

スーパーセッション【英】super-session】ロック、ジャズなどのコンサートやレコーディングで、一流の演奏者や歌手が共演すること。

スーパーハイビジョン【英】Super Hi-vision】NHKが中心となって開発した超高精細画質テレビ（Ultra-high-definition-television）の方式で、8K（はちけー）ともいう。【参照】8K

素囃子（すばやし）能の公演で、舞の伴わない楽

66

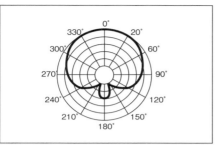
スーパーカーディオイド

器(囃子)だけの演奏。

スピーカ【(英) loudspeaker/speaker】 音の電気信号を音波に変換して放射する機器。コーン型、ドーム型、ホーン型などがある。一般的に、再生周波数帯域、ひずみ率、指向性、定格入力、能率、過渡特性などによって性能を評価する。略記号はSP。【参照】コーン型スピーカ、ホーン型スピーカ、ドーム型スピーカ

スピーカキャビネット【(英) loudspeaker cabinet】 スピーカユニットを組み込む箱。【参照】エンクロージャ

スピーカクラスタ【(英) loudspeaker cluster】 スピーカ群(集合体)といった意味で、数多くのスピーカシステムを集合させたもの。舞台の中央に吊り下げたものをセントラルクラスタと呼んでいる。【参照】セントラルクラスタ

スピーカクラスタ

スピーカシステム【(英) loudspeaker system】 スピーカユニットと、その他の部品を組み込んだもので、そのままパワーアンプに接続すれば音を出せる装置。一般的に、スピーカといえばスピーカシステムのことを指す。

スピーカボックス【(英) loudspeaker box】 スピーカユニットを組み込む箱。【同意】【参照】エンクロージャ

スピコン パワーアンプとスピーカシステムを接続するためのコネクタで、ノイトリック社の商品名「speakON」のこと。1回線用の2端子型、2回線用の4端子型、4回線用の8端子型がある。1回線の耐電流が40A、強力なロック、太いケーブルに対応などが特徴。

スピコン

スピッカート【(伊) spiccato】 「はっきり分離して」という意。弦楽器の特殊演奏法で、弓が弦の上を跳ねるように演奏する一種のスタッカート奏法。【参照】スタッカート

スプリアス発射(スプリアスはっしゃ)【(英) spurious emission】 無線装置において、必要周波数帯以外に発射される不要な電波のこと。高調波発射、低調波発射、寄生発射、相互変調積を含み、帯域外発射は含まない。帯域外発射とは、変調の過程で発生する必要周波数帯に近接する周波数。

スペアナ スペクトラムアナライザの略。【参照】スペクトラムアナライザ

スペクトラム【(英) spectrum】 スペクトルともいう。音の信号に含まれている周波数の成分と量は、音色を決定する要素の一つである。スペクトラムは、周波数の成分と量の関係をグラフで表したもので、横軸に周波数、縦軸に音のレベルをとり、周波数に対する音のレベルを示したもの。

スペクトラムアナライザ【(英) spectrum analyzer】 周波数成分の分布を知るための装置のこと。周波数に対する音量をグラフ化して、視覚的に表示する分析装置。

スペクトル【(仏) spector】【同意】【参照】スペクトラム

スポット残し(スポットのこし) 舞台照明の表現手法。幕切れや場面の途中で、全体の照明を消して、特定のところだけにスポットライトを当てておくこと。暗転するとき、ある人物に当てたスポットライトだけを消さずに残すこと。

スポットライト【(英) spot light】 光源から出た光を反射鏡とレンズで集光し、一点だけを明るく照らす照明器具。

スポンサード番組(スポンサードばんぐみ) 放送用語で、特定のスポンサが広告時間枠を買い

スポットライト

切った番組のこと。放送スポンサは大きく分けてTIMEとSPOTと呼び、番組を提供する形のスポンサがTIMEで、これがスポンサード番組。提供するスポンサが無く、その番組の広告時間枠を分割して売る形をSPOTという。

角切り（すみきり） 沖縄の舞踊で、踊り手が舞台の下手奥から上手前（上手先）に向かって、斜めに登場すること。

ズーミング【(英) zooming】 カメラの操作用語で、カメラと被写体の位置を変えずに、ズームレンズを操作し、被写体のサイズを連続的に変化させること。被写体に接近することをズームイン（ZI）、その逆をズームバック（ZB）という。

スラー【(英) slur】 2つ以上の異なる高さの音符にかけて記される、弓状の弧線のことをいう。「なめらかに演奏する」というレガートの意味である。同じ高さの隣の音にかけて記されたものはタイといい、意味が異なる。【参照】レガート、タイ

スラー

スライディングステージ【(英) sliding stage】 舞台床の一部を、左右または前後に移動させることで舞台転換を行う床機構。

スライドボリューム 直線型の可変抵抗器のことで、ツマミの位置によってレベルの変化が可視できる。縦型とも呼ばれ、調整卓の音量調整器やグラフィックイコライザに使用されている。【参照】フェーダ

スラストステージ【(英) thrust stage】 オープンステージ一種で、舞台の一部分が客席の中に突き出ている形。【参照】オープンステージ

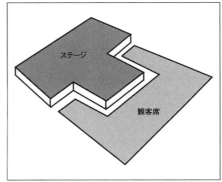

スラストステージ

スリーサイドステージ【(英) three sides stage】 オープンステージの一種で、正面と左右の三方向に客席を設けた形。【参照】オープンステージ

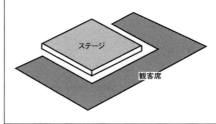

スリーサイドステージ

3D映像（スリーディーえいぞう） Dはdimensionの略で「次元」の意。三次元の映像のことで、画面を立体的に見せる映画やテレビの映像。

3Dオーディオ（スリーディー・オーディオ） 三次元音響、立体音響。【参照】イマーシブオーディオ

3リズム（スリーリズム）【(英) three rhythm】 ポップス系やビッグバンドなどのリズム系の構成が、ドラム、ベース、ピアノ（またはギター）のこと。

スレッショルド【(英) threshold】 出発点、発端という意味。コンプレッサやリミッタ、ノイズゲートなどの機器の入力信号が、あるレベルに達して目的の動作を開始するレベルのこと。または、その開始点をいう。

スレーブ機器（スレーブきき）【(英) slave system】 スレーブとは「奴隷」という意味。タイムコードを基準として、いくつもの機器がコントロールされるシステムで、おおもととなるマスタ機器（親機）に従ってコントロールされる機器（子機）のことをいう。

スロート【(英) throat】 スピーカシステムのドラ

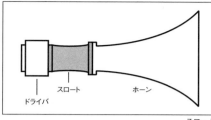

スロート

イバユニットとホーンを結合する部品で、相互のマッチングをとるためのもの。この性能は、スピーカの能率と周波数特性に影響を与える。

寸角（すんかく） 切り口の四角い木材で、1辺が1寸（3cm）のもの。この1寸角の木材を略して寸角と呼んでいる。

寸劇（すんげき） ごく短い演劇。

セ

制作/製作 (せいさく) 【(英) produce】　映画、演劇、放送番組、音楽などの作品を企画して作ること。

制作者/製作者 (せいさくしゃ) 【(英) producer】　映画、演劇、放送、音楽などを制作する責任者。【参照】制作

セカンダリーポート 【(英) secondary port】　リダンダント方式のIPオーディオ伝送で予備回線としての第2回線。【参照】プライマリーポート、リダンダント

セキュリティ 【(英) security】　①安全、防犯、安全保障。　②コンピュータを利用する上での安全性のことで、コンピュータへの不正アクセスやデータの改ざんなどに対する安全性 (computer security)。

セクション 【(英) section】　オーケストラ編成で、同機能の楽器、同一または同系統の楽器のグループをいう。サックスセクション、トランペットセクション、リズムセクションなどと呼ぶ。

セクステット 【(独) Sextett】　六重奏(唱)のこと。

雪洲 (せっしゅう)　台に乗せて物の位置を高くすること。早川雪洲という俳優がアメリカで映画の撮影をしたとき、背が低いので台を用いて高くしたのが由来。「ふかす」ともいう。

絶対音感 (ぜったいおんかん) 【(英) absolute hearing】　任意の音の高さを、他の音と比較せずに知覚できる能力。【反対】相対音感

セット 【(英) set】　映画撮影やテレビ番組を撮影するときに、演技する場所として作る建造物(大道具)。

セットアップ 【(英) set up】　設定、準備をすること。舞台装置の組み立て、照明器具や音響機器の配置、配線、設定。

セノグラフィ 【(仏) sceno-graphie】　舞台と演劇空間全体を構成する造形的な舞台美術をいう。戯曲が指定する舞台空間を作るだけでなく、演出家と舞台美術家が共同で、新しい意味を発生させる役割を持った舞台美術。

セパレーション 【(英) separation】　分離度のこと。ステレオの左右の音が混じり合わないで、分離していること。セパレーションが良いと、音像の位置が明確になる。

セプテット 【(独) Septett】　七重奏(唱)のこと。

迫り (せり) 【(英) riser /scenery elevator】　舞台の床面の一部を四角に切り抜き、それを手動または電動で、上げ下げできるようにした舞台転換の機構。この上に、出演者や舞台装置などを乗せて、出演者の登場や退場、舞台転換などをする。

台詞/科白 (せりふ) 【(英) dialogue】　一般的に、演劇や放送ドラマなどで俳優がしゃべる言葉。形式によって長台詞、渡り台詞、割り台詞、捨て台詞などがある。狭義には、台詞は対話のときの言葉のことで、登場人物が一人で自問自答または物語をするのはモノローグあるいは独白(どくはく)という。また、観客には聞こえるが相手役には聞こえていない台詞として、脇を向いて言う台詞を脇台詞または傍白(ぼうはく)という。

台詞回し (せりふまわし) 【(英) elocution】　台詞の言い方で、朗読法ともいう。その場面に合わせてゆっくりと、あるいは速く、また高低、強弱、間隔を適度に変化させること。

セレナーデ 【(独) Serenade、(仏) sérénade】　恋人や女性を称えるために演奏される楽曲、あるいはそのような情景のこと。フランス語ではセレナード。

線音源 (せんおんげん) 【line sound source】　スピーカユニットを一列にたくさん並べた場合のことで、縦に並べたときの音波は縦に拡散しないようになり、横に並べれば横に拡散しない。これを線音源と称し、この音波を円筒波(えんとうは)という。【参照】円筒波

センサ 【(英) sensor】　感知器のこと。音、熱、光などに反応する装置。または温度、湿度、圧力、ガス濃度などの状態の変化を検出し、電気信号に変換する装置。

全指向性 (ぜんしこうせい) 【同意】【参照】無指向性

千秋楽 (せんしゅうらく)　演劇、相撲などの興業の最終日のこと。昔は劇場の火災が多かったので縁起をかつぎ「秋」という字を「穐」に変えて千穐楽と書くようになった。

センターステージ 【(英) center stage】　オープンステージ形式の一種で、客席の中央に舞台がある形。　【参照】オープンステージ

セント 【(英) cent】　平均律の半音を100等分した理論上の微分音程。

セントラルクラスタ 【(英) central cluster】　舞台の中心部分や体育館の中央などに、スピーカを集合させて設置したシステムのこと。【参照】サテライト・スピーカ

1080i (せんはちじゅうアイ)　デジタルテレビ放送の映像信号形式の一つで、有効走査線1080本(総走査線1125本)、フレーム周波数29.97Hzの飛び越し走査(インターレーススキ

セントラルクラスタ

ャン）方式の映像のこと。画素数は1920×1080のアスペクト比16：9で、HDTVの映像形式の一種。

占有帯域幅【(英) occupied band width】 情報を送るための電波が占める周波数の範囲で、占有周波数帯幅や単に帯域幅と呼ぶこともある。単位はHz（ヘルツ）。OBWと略して用いることもある。

ソ

箏（そう/こと）　日本や中国のチター属の撥弦（はつげん）楽器のひとつ。桐製で長方形の胴の上に弦を張り、それぞれの弦を柱（じ）と呼ぶ駒で調律して、右手の指にはめた義爪（ぎそう＝ピック）ではじいて鳴らす。日本では13弦の箏が一般的で、低音を出すための17弦箏などもある。【参照】箏曲、駒、第2部・日本の楽器

雑踊（ぞうおどり）　琉球王国時代の古典舞踊に対し、明治時代中ごろ以降に創作された沖縄の舞踊。古典舞踊よりも軽快なリズムが特徴で、女性の踊り手も加わる。

騒音計（そうおんけい）【英】sound level meter　騒音の大きさを測定するための計器。単位はホンまたはデシベルを用いる。通常、マイクと測定値表示部が一体となっている。

箏曲（そうきょく）　箏の器楽曲と箏の伴奏による声楽曲の両方をいう。生田流と山田流の二流派に大別される。箏は声楽の伴奏に使うことが多いが、器楽曲も多く、三味線、尺八、胡弓、またヴァイオリン、フルートなどの洋楽器が加わる場合も箏曲と呼ぶことがある。箏と三味線に、尺八または胡弓が加わった合奏を、三曲（さんきょく）と呼ぶ。【参照】三曲

総稽古（そうげいこ）　動作のともなった立ち稽古の次に、音楽や効果音を入れて総合的に行われる、稽古場での最終稽古のこと。総稽古の次に舞台稽古が行われる。総浚い（そうざらい）ともいう。

総浚い（そうざらい）　【同意】【参照】総稽古

双耳効果（そうじこうか）【英】binaural effect　【同意】【参照】両耳効果

双指向性（そうしこうせい）【英】figure of eight　マイクの指向性の一つで、マイクの正面と背面の音を平等に収音し、側面の感度を低くしたもの。両指向性（りょうしこうせい）ともいう。【参照】指向性

相対音感（そうたいおんかん）　ある音を基準として、他の音の音高を区別判断する能力。【反対】【参照】絶対音感

増幅度（ぞうふくど）【英】gain　アンプの増幅能力を表わすもので、アンプの入力と出力の大きさの比をデシベル（dB）で表す。入力が1Vで出力が10Vであれば、10倍に増幅されているので増幅度は20dB。【同意】利得

ソウルミュージック【英】soul music　1960年代、リズム・アンド・ブルースを基盤に、ゴスペルの影響を受けて発展した黒人の大衆音楽。【参照】ゴスペル

素材（そざい）　もとになる材料。芸術作品を作るときのおおもとになるもの。録音した音を加工して効果音を製作する場合は、加工する前の音のこと。

ソース【英】source　源、根源、情報源、出所（でどころ）の意。音源（sound source）のこと。コンピュータでは、プログラム言語で記述された状態のプログラム（source code）のこと。

ソステヌート・ペダル【英】sostenuto pedal　グランド・ピアノにあるペダルのうち、中央のペダルのこと。踏んだときに押していた鍵盤の音だけが長く引き延ばされる機能を持つ。アップライト・ピアノの中央のペダルとは機能が異なる。

袖幕（そでまく）【英】leg　舞台の脇に設置した照明器具やスピーカシステム、または出番を待つ俳優たちが観客席から見えないようにするための黒い幕。大道具の端をこの幕でさえぎることで、道具が舞台の脇の奥まで続いているように想像させる効果もある。【参照】第2部・舞台立体図

ソフトウエア【英】software　①コンピュータに関係するプログラムのことで、システム運用に関する文書化された情報のこともいう。通常は「ソフト」と呼んでいる。　②映像、音楽、マルチメディアなどの作品。　③ハードウエアに対して、知識や思考による産物を集積したもの。【参照】ハードウエア

ソプラノ【英】【伊】【独】soprano　①女声の最高音域、また、その歌手。②同一種の管楽器のうち高音部を奏するもの。ソプラノサックスなど。

ソリ【伊】soli　①ソロパートを数人で演奏すること。　②各セクションのハーモニーを伴う合奏の部分。サックス・ソリ、トローンボーン・ソリという。

ソリスト【英】soloist　【仏】soliste　一人で歌う人（独唱者）。一人で演奏する人（独奏者）のこと。バレエのソロを踊る人。【参照】ソロ

ソロ【伊】solo　「単独に」という意。独りで演奏する独奏、または独りで歌う独唱のこと。バレエの独りで踊る部分。

ソワレ【仏】soirée　夜間の公演。【反対】【参照】マチネ

タ

タイ【(英) tie】 二つの同じ高さの音符の上、または下に付けられる弧線のこと。二つの音は、切れ目なく連続した一つの音として演奏する。

ダイアフラム【(英) diaphragm】 振動板のこと。音波を電気信号に変換するマイクの振動板、または電気信号を音波に変換するスピーカの振動板をいう。

ダイアローグ【(英) dialogue】 問答、対話、対話劇。登場人物が対話をする演劇のこと。【参照】モノローグ、台詞

太鼓（たいこ） 打楽器。筒状の胴の両側、または片側に革を張った楽器で、さまざまな種類があって、桴（ばち）または手で打ち鳴らす。和楽器で、胴を紐で締めるものは締め太鼓（しめだいこ）と呼び、歌舞伎や能楽で太鼓といえば「締め太鼓（しめたいこ）」のことを指す。

大小（だいしょう） ①能楽で用いる大鼓（おおつづみ）と小鼓（こつづみ）のこと。【参照】第2部・日本の楽器 ②大刀と小刀（脇差）のこと。

大臣柱（だいじんばしら） ①能舞台で、向かって右手前にある脇柱（わきばしら）の別称。この柱の近くに、大臣の役が座ることが多いのでこのように呼ぶ。 ②歌舞伎舞台は能舞台の模倣なので、江戸時代の歌舞伎舞台では上手の柱を大臣柱と呼んでいたが、後に下手の柱も大臣柱と呼ぶようになった。【参照】第2部・歌舞伎舞台

大団円（だいだんえん） 演劇などの最後の場面。

タイト【(英) tight】 ①ドラムやリズムセクションの緊張した演奏状況をいう。 ②隙間なく詰まっている様子。

ダイナミック型スピーカ【(英) dynamic speaker】 永久磁石とコイルによって、フレミング左手の法則を応用し、パワーアンプからコイルに電流を流すと、電流の変化に応じてコイルが動き、コイルに付けた振動板が振動して音を出す構造のスピーカのこと。このコイルをボイスコイルという。振動板の形や構造で、コーン型、ホーン型、ドーム型に分けられる。【参照】エンクロージャ、コーン型スピーカ、ホーン型スピーカ、フレミング左手の法則

ダイナミック型マイク【(英) dynamic microphone】 フレミング右手の法則を応用したもので、磁界の中に置いた導体（振動板）を音波で振動させて、導体に電流を発生させる構造のマイク。銅線などをコイル状に巻いたものを導体にしたムービングコイル型と、薄いアルミニウム箔を導体にしたリボン型がある。

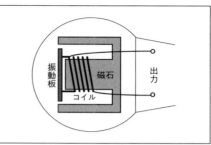

ダイナミック型マイク（ムービングコイル型マイク）

ダイナミックマージン【(英) dynamic margin】 定格入力と最大許容入力の比で、入力レベルの余裕の度合いを示す。デシベル（dB）表示する。【同意】【参照】ピークファクタ、ヘッドルーム

ダイナミックレンジ【(英) dynamic range】 最強音（最大音圧レベル）と最弱音（最小音圧レベル）との比のことで、通常は音圧比をデシベル（dB）で表示して、ダイナミックレンジが広い、狭いと表現する。アンプでは最大出力レベルと雑音レベルとの比、あるいは最大許容入力と換算雑音レベルとの比をいう。

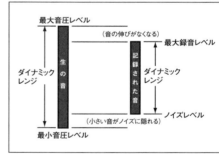

ダイナミックレンジ

ダイバシティ方式（ダイバシティほうしき）【(英) diversity receiver unit】 ワイヤレスマイクの受信機（チューナ）に2系統のアンテナと受信機能を持たせ、電界強度の強い方の出力を自動的に選択する方式のこと。【参照】電界強度

タイピンマイク ネクタイピン形のクリップに取付けた、超小型のマイクのこと。通常、ピンマイクと呼んでいる。【参照】ピンマイク

台本（だいほん）【(英) script、scenario、libretto】 演劇、映画、放送などで、演出の基本となる本のこと。映画ではシナリオ、オペラではリブレットという。台詞の他に、登場人物、大道具、

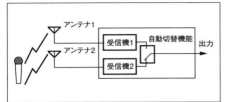

ダイバシティ方式の概略図

照明などについての演出上の注意が書き込まれている。

タイミング【(英) timing】 物事をするのにちょうどよい瞬間。

タイムアライメント【time alignment】 複数のスピーカからの音の、到達時間を揃えること。マルチスピーカシステムにおいて、それぞれの(高音域用、中音域用、低音域用など)スピーカの取り付け位置を調節して、聴取点への到達時間を揃えて、クロスオーバ周波数でのキャンセレーション(特性変化)を改善する。また、複数個所にスピーカシステムを設置したとき、先に到達した音をディレイ装置で遅らせて到達時間を揃える。【参照】キャンセレーション、クロスオーバ周波数、マルチスピーカシステム

タイムキーパ【(英) timekeeper】 時間を計る人。放送番組の制作現場で、ラップタイムやカットのつながりなどを詳細に記録する係。この記録を参考に編集作業や本番を進行する。生番組では、進行時間を計算しながら予定時間どおり番組が進行するようにディレクタを補佐する。TKと略記する。

タイムコード【(英) time cord】 ビデオ編集のために規格化されたタイミング信号。ビデオ画面の各フレームに付けた符号(アドレス)のことで、この符号は時間に似た信号なのでタイムコードと呼ばれる。【参照】SMPTEコード

タイムコンプレッション／エクスパンション【(英) time compression/expansion】 録音された元のピッチのままで、再生時間(曲のテンポ)だけを任意の値にコンプレッション(圧縮)、またはエクスパンション(伸長)する機能。時間があらかじめ制限されている放送番組やCMなどで使用することが多い。テンポを変えずにピッチだけを変更する機能はピッチ・コンバージョンと呼び、カラオケなどで利用されている。【参照】

タイムテーブル【(英) time table】 時間割、時刻表、予定表、番組表のこと。

タイムラグ【(英) time lag】 時間のずれ、時間差。

タイムリミット【(英) time limit】 制限時間、時間切れ。

ダイヤフラム【(英) diaphragm】 マイクやスピーカの振動板のこと。【参照】ドライバユニット

ダイレクトピックアップ【(英) direct pickup】 エレクトリックギターやキーボードなどの電子楽器の音を、マイクを使わずに直接、電気回路から取り出す方法。これに用いるアダプタをダイレクトボックスという。【参照】ダイレクトボックス

ダイレクトボックス【(英) direct injection box】 電子楽器の出力信号を、直接取り出すためのアダプタ。トランスを用いたパッシブ方式と、アンプを用いたアクティブ方式とがある。DIと略記する。

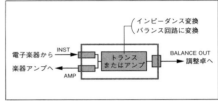

ダイレクトボックスの概略図

ダウンコンバータ【(英) down converter】 ダウンコンバートのための装置。ワイヤレスマイク装置では、受信信号の周波数が高いとケーブル伝送による損失が大きくなるので、アンテナと受信機を接続するケーブルが長い場合に、ダウンコンバータを用いて受信信号の周波数を低く変換することがある。【参照】ダウンコンバート

ダウンコンバート【(英) down convert】 ①上位画像(HD)を下位画像(SD)に変換すること。【参照】HD、SD ②高い周波数の電波信号を低い周波数に変換すること。

高足(たかあし) 大道具の標準寸法の一つ。高さが2尺8寸(約85cm)のこと、またはその高さの台。舞台装置の御殿や寺院など、格の高い家の床を高足にすることが多い。

打楽器(だがっき)【(英) percussion instrument】 打ち鳴らす楽器の総称。単に叩くだけではなく、マラカスのように振ったり、拍子木などに打ち合わせたり、いろいろな奏法がある。種類は多く音色も様々で、音の立ち上がりが非常に鋭いことが特徴の一つである。一般的に、パーカッションと呼ぶときは、ドラムセット以外の打楽器を指す。【参照】立ち上がり

ダ・カーポ【(伊) da capo】 楽譜の始めから繰り返して演奏すること。略号はD.C.で、楽譜の複縦線の下部(または上部)に記される。ダ・カーポ・アル・フィーネ(da capo al Fine)とは、始めに戻り「Fine」記号までを演奏するという意。

薪能(たきぎのう) 篝火(かがりび)を燃やして

74

行う野外の能。

竹本（たけもと） ①義太夫節、またはその演奏者のこと。「竹本連中」などと呼ばれる。 ②義太夫節の語り手である太夫の姓。他に「豊竹」姓がある。【参照】義太夫節

立ち上がり（たちあがり） ①マイク回線やスピーカ回線の端末。 ②音が出始めて、一定の音量に達するまでのこと。この時間を立ち上がり時間といい、この時間が短いほど「立ち上がりがよい」という。

立ち上げコード（たちあげコード） コネクタ盤やコネクタボックスと音響調整卓の入出力コネクタを接続するためのコード。

立ち位置（たちいち） 舞台やテレビ放送で、出演者の定位置のこと。

立ち稽古（たちげいこ） 稽古の段階で、台詞だけの稽古「読み合わせ」の次に行われるもので、舞台装置などの配置を仮定して身振りが伴う稽古。

立廻り（たちまわり） ①能の場合は、舞台を静かに動き回る動作。 ②映画、テレビ、舞台で演じられる喧嘩や斬り合いなど、格闘の演技。殺陣（たて／さつじん）ともいう。立廻りの型を考えたり俳優に指導したりするのが殺陣師（たてし）で、歌舞伎では立師と書く。 ③歌舞伎舞踊の中で立廻りをするのを「所作立て（しょさだて）」という。

タッチ【（英）touch】 ピアノなどの音を出すときの指づかい。絵画などの筆づかい。

タッチノイズ 接触雑音。マイクに手を触れたときに出るノイズなど。

立端（たっぱ） 建築用語で「高さ」のことで、建端とも書く。大道具などの高さなどをいう。

タップ床（タップゆか） タップダンスに使用する敷物。硬質で、タップの靴音が大きく美しく鳴る仮設の床。運搬の都合、または舞台の広さに合わせて敷くために分割式になっている。

立（たて） 邦楽の用語で、首席演奏者のこと。「立唄（たてうた）」「立三味線（たてじゃみせん）」などと呼ぶ。常磐津節（ときわづぶし）と清元節（きよもとぶし）は、五行（ごぎょう）といって、三味線2人と太夫（語り手）3人が一般的で、2丁3枚（にちょうさんまい）と数える。長唄は唄と三味線が同数。唄と三味線の境目に座る奏者が「立」となる。【参照】常磐津節、清元節

殺陣（たて） 【同意】【参照】立廻り

建て込み（たてこみ） 大道具を組み立てること。飾り込み（かざりこみ）ともいう。

ダビング【（英）dubbing】 ①すでに録音、録画されているものを、新たな記録媒体（メディア）に再録音、再録画をすること。 ②映画や放送などで、別々に録音した台詞や音楽などを一つにまとめること。【参照】デュープ

ダビング10（ダビングてん） 日本のデジタルテレビ放送の著作権保護のための規定。ハードディスクを内蔵する録画機やパソコンにデジタルテレビ放送を録画した後、DVDなどに「9回のコピー」と「1回のムーブ」を許可する規定。ムーブとは、コピーしながら元の映像を消去すること。【参照】ムーブ

ダブリング【（英）doubling】 マルチトラック録音のトラックダウンの段階で、同じフレーズを別トラックにコピーして、それにディレイを掛けて合成し、音に厚み付ける手法。通常、元の信号より20〜50ミリ秒遅らせる。1つの楽器を、複数の楽器のように聞かせる方法。【参照】マルチトラック録音、トラックダウン、ディレイ

ダブルキャスト【（英）double cast】 1つの役を2人の俳優にさせ、上演各回を交代して出演させること。

ダブルバー【（英）double bar】 楽譜に書かれる複縦線。譜表に垂直に引かれた2本の線のこと。調子や拍子の変わり目、楽曲の段落などに用いられる。

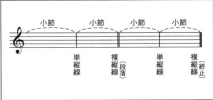

ダブルバー

ダミーヘッド【（英）dummy head/artificial head】 人間の頭の模型のこと。これの耳の位置に小型の無指向性マイクを取り付けて録音し、これをヘッドフォンで聞くと音源の方向、距離感がリアルに再現される。スピーカのステレオとは異なった立体感が得られる。（写真次ページ）

ダミーロード【（英）dummy load】 疑似負荷（ぎじふか）。機器の測定のときに用いる、実際に接続される機器の代用品のこと。パワーアンプの測定のときは、スピーカと同じインピーダンスの抵抗器を接続する。【参照】インピーダンス、抵抗器

駄目（だめ） 演劇などで、演技などの悪い点についての注意。

駄目出し（だめだし） 演出家が演技、演奏、音響、照明、美術などの悪い部分を注意すること。

多目的ホール（たもくてきホール）【（英）multi-purpose auditorium】 演劇、クラシック音楽、

75

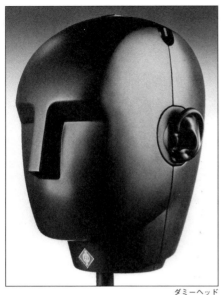

ダミーヘッド

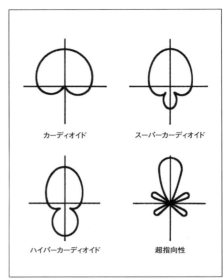

単一指向性の4つのパターン

ミュージカルなど多ジャンルの催し物を行うためのホール。多目的に使用するには、さまざまな舞台機構が必要で、可動型の音響反射板とオーケストラピットを有しているのが特徴。【参照】オーケストラピット

タリーランプ【(米) tally lamp、(英) cue light】何台ものテレビカメラを使う番組制作で、現在どのカメラの映像を使っているかを表示するランプのこと。出演者、スタッフ、カメラマンなどに知らせるためのものである。

垂木(たるき) 1.2寸(約36mm)×1.3寸(約39mm)角で、長さ2間(約360cm)の木材のこと。

ダル・セーニョ【(伊) dal segno】 楽譜の%の記号まで戻って反復演奏すること。略号はD.S.。

単一指向性マイク(たんいつしこうせいマイク)【(英) uni-directional microphone】 正面方向だけ(一方向)の音に対して感度が高いマイク。カーディオイド、スーパーカーディオイド、ハイパーカーディオイド、超指向性の4つのパターンがある。他の音源からの被り込み(かぶりこみ)が少ない反面、風や振動などによる雑音が発生しやすい。音源に近づけると低音が強調される近接効果も顕著に現われる。【参照】近接効果、吹かれ雑音、被り込み、指向性

タンゴ【(西) tango】 19世紀後半に、アルゼンチンのブエノスアイレスの下層民の間で流行した民俗音楽。1910年代に、バンドネオンを主楽器として発展したのがアルゼンチン・タンゴである。後にヨーロッパに伝わって、洗練されたものがコンチネンタル・タンゴ。

ダンパー【(英) damper】 ばねやゴムのような弾力性のあるものを用いて、衝撃を弱めたり、振動が伝わるのを止めたりする装置。 ①ピアノやチェンバロで、弦の振動を抑える装置。 ②コーン型スピーカの振動板を支えている部分で、振動板の固有振動を抑える役目もしていて、スピーカの性能を左右するものである。固有振動とは、外部から振動を与えると、その物体独特の別の振動を起こすこと。【参照】スピーカ

ダンピングファクタ【(英) dumping factor】 パワーアンプの音響信号に対して、スピーカが追従できる度合のこと。接続ケーブルの影響も受ける。[スピーカのインピーダンス]を[アンプの出力インピーダンス]で割るとダンピングファクタが求められる。

だんまり 「暗やみ」を表現する歌舞伎の演技。照明を明るいままにしておいて、スローモーションで演技することで「暗やみ」を表現する。「さぐり」といって、手探りをするように動き、見えていないようなしぐさをする。

チ

遅延時間（ちえんじかん） 遅延は、物事が予定より遅れること、遅れた時間を遅延時間という。①音源と聴取位置との距離に比例して、到達する時間は遅れる。スピーカに近い位置A点までの距離をAメートル、遠い位置Bまでの距離をBメートルとすると、距離差÷音の秒速＝（B－A）÷（331＋0.6t）で遅延時間を計算できる（t＝気温）。1メートルの遅延時間を約3ミリ秒と覚えておけば、おおよその遅延時間が計算できる。②光や電波が進む速さは、1秒間に約30万キロメートルである。超高速なので、日常の生活では遅れを感じないが、衛星を使用した通信やBS放送では伝搬距離が長いので、時間の遅れを感じる。

チェンジング・マーク 映画の上映フィルムの巻末に付けられた映写技師用の目印。通常、画面の右上に丸い印が2回出ることにより、映写技師はフィルムの切り替えのタイミングをはかる。

遅延装置（ちえんそうち）【（英）time delay system】 音響や映像の信号を遅らせる装置。ディレイマシン、ディレイ装置ともいう。

地上デジタル放送（ちじょうデジタルほうそう）【（英）digital terrestrial television broadcasting】 陸上のアンテナから送信されるデジタル方式のテレビ放送。従来のアナログ放送に比べて、電波障害に強く、高画質で高音質、データ放送や双方向性機能があるのが特徴。日本の方式はISDB-Tという形式で、同一チャンネルでテレビ向け放送と携帯端末向けワンセグ放送が可能。略して、地デジと呼ぶ。【参照】ワンセグ、マルチチャンネル編成

知的財産（ちてきざいさん） 人の知能によって作られた創作物や、営業上の信用を表示するための標識（商標）など、経済的な価値があるものの総称。創作者の権利を守る法律として著作権、特許権、意匠権、商標権などがある。また、広義ではインターネットのドメイン名、肖像権、著名標識、営業秘密なども含まれる。

知的財産権（ちてきざいさんけん） 知的財産を支配する権利のこと。工業所有権と著作権などを含み、知的所有権ともいう。【参照】知的財産

知的所有権（ちてきしょゆうけん）【同意】【参照】 知的財産権

地デジ（ちでじ） 地上デジタル放送の略。【参照】地上デジタル放送

着到（ちゃくとう） 到着と同意。歌舞伎劇場では、出演俳優が楽屋に到着して準備を始めること。

支度にかかる時刻を着到時間という。出演俳優、演奏者が全員揃った頃を見計らって演奏されるのが、着到太鼓。【参照】第2部・歌舞伎の下座音楽

チャリティショー【（英）charity show】 収入を慈善事業や福祉施設に寄付する目的で開催するショー。

チャンネルセパレーション【（英）channel separation】 複数のチャンネルで信号を伝送するとき、他のチャンネルから漏れる信号と自己チャンネルとのレベル比。ステレオの場合は、別チャンネルからの漏れ具合のことで、漏れてきた信号との比をdBで表す。【参照】クロストーク

チャンネルディバイダ【（英）channel divider】 可聴周波数帯域を、いくつかの帯域に分割する装置。チャンネルフィルタともいう。マルチアンプシステムは高音域、中音域、低音域用など、いくつかのスピーカをそれぞれ別々のパワーアンプで駆動する方式で、そのためにパワーアンプへ供給する信号の周波数帯域を分割するのがチャンネルディバイダである。各帯域が交差する境目の周波数（クロスオーバ周波数）の選択、帯域ごとのレベルを調整できる機能がある。【参照】マルチアンプシステム、クロスオーバ周波数

チャンネルバランス【（英）channel balance】 マルチアンプシステムで、音域ごとのアンプのレベルを調整して、全体のバランスをとることをいう。

チャンネルベース【（英）channel base】 機器ラック等を床に固定するベース枠。二重床でない場所にラックを設置する際にケーブルホールを確保するため、または水平に調節するために用いる。

チャンネルベース音響【（英）Channel-based Audio】 2チャンネルステレオまたは5.1chや7.1chサラウンドのように、従来のスピーカ配置に応じてミキシングを行い記録し、記録されたのと同様の再生を行う方式。

中足（ちゅうあし） 大道具の標準寸法の一つ。2尺1寸（約63cm）の高さのことで、武家屋敷や商家などの床の高さを中足にすることが多い。

中棹（ちゅうざお） 三味線の種別で、棹の太さと胴の大きさが中間のもの。常磐津節（ときわづぶし）、清元節（きよもとぶし）、地唄（じうた）などに用いられる。これより大きいものを太棹（ふとざお）、小さいものを細棹（ほそざお）と呼ぶ。【参照】太棹、細棹

宙乗り（ちゅうのり） 歌舞伎やミュージカルなどで、俳優がワイヤで宙吊りになって、空中で演技をすること。空を飛ぶ場面の演出手法。

チューナ【英）tuner】 無線機器の受信機で、選局や同調操作を行う部分。ラジオ、またはワイヤレスマイクの受信装置などのこと。レシーバともいう。

聴感補正（ちょうかんほせい）【英）weighting】
人間の耳は、音圧レベルが低いときには低音域や高音域の感度が低下する性質がある。そのため騒音、雑音、ワウ・フラッタなどを測定するとき、人間の聴感に合わせるために周波数成分を補正して測定値を得るようにする。これを聴感補正と呼び、このための周波数特性曲線を聴感補正曲線という。【参照】ウエイティング

調光操作卓

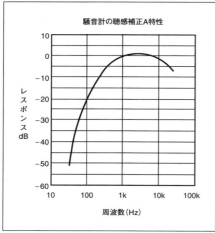
聴感補正曲線

調光器（ちょうこうき） 照明器具の明るさを調節する機器のこと。舞台で使用する調光器は、舞台の進行に合わせて調光操作室から遠隔操作して、一斉に多くの照明器具を複雑に操作できる。

調光操作室（ちょうこうそうさしつ） 調光器を遠隔操作する調光操作卓が設置してあって、オペレータが舞台の進行に合わせて照明を操作する部屋。単に調光室とも呼ぶ。

直接音（ちょくせつおん）【英）direct sound】 音源から発した音が、壁などで反射されることなく、直接、耳に到達する音のこと。【反対】間接音、反射音

直線性（ちょくせんせい）【英）linearity】 【参照】リニアリティ

直流（ちょくりゅう）【英）direct current】 流れる方向と大きさが一定の電流。乾電池などのバッテリーは直流である。DC（デーシー）とも呼ぶ。【参照】交流

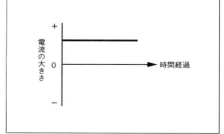
直流

直列（ちょくれつ）【英）series circuit】 【同意】【参照】シリーズ接続

著作権（ちょさくけん）【英）copyright】 文書、著述、図画、建築、彫刻、模型、写真、演奏、歌唱、文芸、学術、放送、音楽などの著作者に与えられた権利。著作物を出版、複製、演奏するときに発生する権利で、文芸と学術の場合は翻訳権を、脚本と楽譜の場合は興行権を含む。著作権の存続期間は、著作者の生存中と死後の50年間。また、著作権の存在するものは、著者の同意なく変更や改作をしてはならない。文芸や美術などについては、映画化や演劇化の権利も含む。

著作隣接権（ちょさくりんせつけん） 著作物の伝達に重要な役割を果たす実演家（演奏者や俳優など）、レコード製作者、放送事業者（放送局など）、有線放送事業者などに与えられた権利。

ちょぼ 歌舞伎で、義太夫節（ぎだゆうぶし）のこと。太夫（たゆう＝語り手）が、台本の自分が語る個所にチョボチョボと傍点を書いたのが由来。現在は、竹本（たけもと）と呼ぶことが多い。演奏する場所をチョボ床、または床という。【参照】義太夫節、竹本

チョンパ 歌舞伎の照明技法の一つ。舞台と客席を暗くしておいて幕を明け、拍子木のチョンと

いう音を合図に、舞台と客席の照明を一斉に明るくすること。チョンパアともいう。

チルト【(英)tilt】 カメラ操作の一種で、三脚に固定したカメラを垂直方向（上下）に動かしながら撮影すること。水平に動かしながら撮影することをパン（pan）というが、上に動かすことをパンアップ、下に動かすことをパンダウンとも呼んでいる。【参照】パン

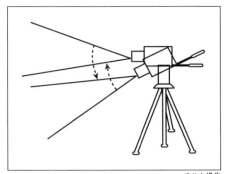

チルト操作

ツ

ツィータ【(英) tweeter】 語源は小鳥のさえずり。高音域用のスピーカのこと。マルチウェイ・スピーカシステムなどで、高音域用として用いられるスピーカユニット、または高音域用のスピーカシステム。振動板の形状などによってコーン型、ドーム型、ホーン型などがある。

ツイストペアケーブル【(英) twisted pair cable】 撚り対線（よりついせん）とも呼び、電線を2本対で撚り合わせたケーブルのこと。単なる平行線よりノイズの影響を受けにくく、外部へノイズを出しにくい。TPケーブルともいう。シールドされたSTP（shielded twisted pair）ケーブルとシールドされていないUTP（unshielded twisted pair）ケーブルがある。

通奏オペラ（つうそうオペラ）【参照】無限旋律

通奏低音（つうそうていおん） バロック・オペラやバロック音楽の伴奏方法。ロックやジャズのコード伴奏と同様に、数字で表記された和音を鍵盤楽器奏者および低音楽器奏者が即興的に演奏する。

使いまわし（つかいまわし） すでに使用した大道具、小道具、効果音などを、別の場面または別の演目に使うこと。

附直し（つきなおし） 歌舞伎の下座音楽の用語で、もう一度、演奏し直すこと。演奏していた音楽を一旦止めて、次のキッカケでもう一度、最初から演奏する。

作り物（つくりもの） ①ある物に似せて作った人工のもの。　②能楽で使用する舟、車、塚、岩、山、立木、鳥居、釣り鐘などの模造物。人物が携帯するものは手道具（てどうぐ）という。

附（つけ） 歌舞伎で、演技にアクセントをつける手法の一つ。立廻り、走って出入りするとき、強調したい演技のときに、床に置いた板を拍子木で打ち鳴らし演技を誇張すること。打つ人のことを「附け打ち」、打つ板を「附け板」という。【参照】立廻り

附師（つけし） 歌舞伎の下座音楽の音楽監督。劇中の音楽を選曲したり、作曲したりする人で、原則としては長唄の三味線奏者が担当するが、囃子方が担当することもある。【参照】下座音楽

付祝言（つけしゅうげん） 能楽の一日の番組の最後に、特別に演じられる祝福の曲のこと。地謡（じうたい）だけによる斉唱で、最後の演目によって、演じたり演じられなかったりする。【参照】地謡

附帳（つけちょう） 単に附（つけ）ともいう。①歌舞伎で演奏する下座音楽を演奏順に、きっか

附け打ち

けと曲目を記したメモ帳。　②演出家や出演者と打ち合わせて、使用する衣裳、小道具、カツラなどを詳細に記録したもの。この附帳によって、それぞれの部署が物品を調達し、舞台稽古に向けて準備する。

鼓（つづみ） 和楽器の小鼓と大鼓のこと。【参照】第2部・日本の楽器

繋ぎ幕（つなぎまく）【(英) bridge】 舞台転換のために幕を下ろすが、休憩にしないで、場面転換が終了するとすぐに開幕すること。転換中に、音楽や効果音を聞かせることが多い。【反対】本幕（ほんまく）

綱元（つなもと） 大道具や照明器具などを吊るバトンを昇降させるための引綱がまとめられている場所。ここで綱を操作して、バトンの高さを調節する。現在は電動になっているものが多い。綱場（つなば）ともいう。【参照】第2部・劇場の舞台機構図

常足（つねあし） 大道具の標準寸法の一つ。舞台床面から1尺4寸（42cm）高いこと。シャクヨンともいう。舞台で民家などの建物を組み立てるときの高さ。

ツーピース型ワイヤレスマイク マイクと送信機が別々になっているワイヤレスマイク送信機のこと。通常はピンマイクを接続して、送信機を身体に装着して使用するが、一般のマイクを接続しても使用できる。2Pと略記する。ベルトパック型、またはボディーパック型ともいう。

爪弾き（つまびき） 弦楽器を指先ではじいて鳴らすこと。

吊り枝（つりえだ） 歌舞伎の大道具の一つで、舞台の上に桜、梅、紅葉などの枝を吊り下げたもの。

吊りバトン（つりバトン）【(英) fly bar】 舞台で、大道具や照明器具などを吊るためのバトン。【参

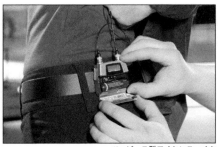

ツーピース型ワイヤレスマイク

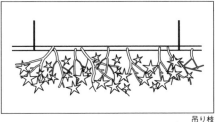

吊り枝

照】バトン
吊りマイク（つりマイク） 劇場で、舞台や客席の天井から吊り下げたマイク、またはそのための装置。クラシック音楽の録音や、演劇の台詞の収音などに用いられる。3個所から吊った3点吊り、2個所から吊った2点吊り、1個所から吊った1点吊りなどがある。
吊り物（つりもの）【(英) hanging piece】 舞台やスタジオの吊りバトンに吊るされる背景、幕、木の枝などの大道具の総称。
連弾き（つれびき） 邦楽用語。琴や三味線などを2人以上で演奏すること。

テ

定格出力（ていかくしゅつりょく）【英】rated power output、normal power】 実効出力と同意。パワーアンプに、規定のインピーダンスの負荷（ふか）をつないだとき、長時間連続して取り出せる出力レベルの最大値。負荷インピーダンスの値によって、出力の値が異なるので、負荷インピーダンス値を併せて表示する。【参照】インピーダンス、負荷

定格入力（ていかくにゅうりょく）【英】rated input】 許容入力と同意。スピーカに加えられる入力について規定したもので、連続して加えても異常音になったり、破損したりしない入力レベルのこと。JISの規定では、信号にホワイトノイズを用い、指定されたフィルタを通してからスピーカに加え、96時間以上作動させても異常音を発生しない入力レベル。

抵抗器（ていこうき） 回路に電気抵抗を与えるための素子、部品。

ディザ【英】dither】 AD変換のときの量子化の誤差を最小にするため、サンプルデータに意図的に加える誤った信号（データ）のこと。このようなノイズ的データを追加する作業をディザリング（dithering）という。ディザリングは、デジタル音響やデジタル動画のデータを処理するときに行う。

定在波（ていざいは）【英】standing wave/stationary wave】 波長、周期（振動数または周波数）、振幅、速さ（速度の絶対値）が同じで、進行方向が互いに逆向きの2つの波が重なり合ったとき、波形が進行せずその場に止まって振動しているようにみえる波動（はどう）のこと。定状波（ていじょうは）ともいう。スタジオや劇場などで、平行な壁面があると、その間を音が往復することで発生する。このことで、音圧の高くなる場所と低くなる場所が生じたり、低音域で不快な響になったりする。【参照】ブーミング、波動

定指向性ホーン（ていしこうせいホーン） ホーンスピーカから放射される音は、高音域になるにつれて指向角度が狭くなるので、正面から外れた場所では均一な周波数特性が得られない。そのため、ホーンの内側の形状を工夫して、周波数にかかわらず指向性が一定になるようにしたものが定指向性ホーンである。形状によりCDホーン、バイラジアルホーン、マンタレーホーンなどがある。

定常状態（ていじょうじょうたい）【英】steady state】 ある音を室内で出し続けると、室内の

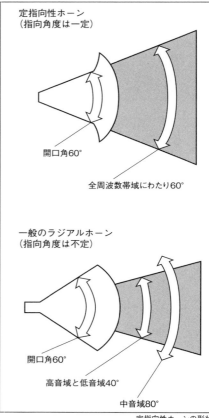

定指向性ホーンの形状

音圧は次第に上昇するが、やがて供給される音のエネルギーと失われるエネルギーが同じになり、室内の音圧が一定になる。この状態を定常状態という。伝送周波数特性や音圧分布などの測定は、定常状態で行うのが一般的である。

ディジーチェーン接続【英】daisy-chain connection】 IPオーディオの伝送で複数の機器を数珠つなぎ、あるいは全部まとめて1つの輪になるような接続方法。【参照】スター接続、第2部・ネットワークオーディオ

ディスカッション【英】discussion】 討論。討議。

ディスク【英】disk/disc】 CDやDVDのような円盤のこと。

ディストリビュータ【英】distributor】 ①配電

器、分電器、分配器のこと。 ②卸売業者、販売代理店、配給会社、分配、配布、配達、配信。

ディゾルブ【(英) dissolve】 テレビや映画の画面を、徐々に次の画面に替えること。オーバーラップと同意。【参照】オーバーラップ

ディバイディング・ネットワーク【(英)dividing network】 低音域と高音域を別々のスピーカで再生するマルチウェイ・スピーカシステムで、パワーアンプの出力を各スピーカユニットが受け持つ周波数帯域に分割する回路のこと。コイルとコンデンサを使っている回路が一般的で、これをLCネットワークと呼び、クロスオーバともいう。【参照】マルチウェイ・スピーカシステム、LCネットワーク

ディベート【(英) debate】 特定のテーマについて、肯定と否定の2組みに分かれて行う討論。

ディレイマシン【(英) delay machine】 音や映像の電気信号を遅らせる装置。遅延装置ともいう。

ディレイユニット【(英) delay unit】【同意】【参照】ディレイマシン

ディレクタ【(英) director】 演劇の演出家、映画の監督のこと。また、レコーディングディレクタは、レコーディング現場で進行の指示をする人。テレビ番組の制作関係には、プログラムディレクタ（PD）やテクニカルディレクタ（TD）など、各種のディレクタが存在する。英国ではダイレクタと発音する。

出語り（でがたり） 歌舞伎や文楽で、浄瑠璃（じょうるり）の演奏を舞台に出て行うこと。義太夫節（ぎだゆうぶし）は出語りと、姿を見せないで御簾（みす）の中で演奏する場合（御簾内）とがある。常磐津節（ときわづぶし）、清元節（きよもとぶし）、富本節（とみもとぶし）などは、出語りが原則。

できあき 舞台の転換のとき、幕を下ろしても休憩にしないで、次の舞台の準備ができ次第、すぐ開幕すること。

デキシーランド・ジャズ【(英) Dixieland jazz】 アメリカ南部のニューオーリンズで演奏されていたジャズを、白人が白人流に解釈して演奏したもの。オリジナル曲または黒人が演奏するジャズは、ニューオーリンズ・ジャズである。

テキストレジ【(仏) texte régie】 台本の台詞を、演出上の都合で訂正、追加、削除すること。

テキレジ テキストレジの略。【参照】テキストレジ

テクニカルディレクタ【(英) technical director】劇場やテレビ局で、技術スタッフを統括する技術部門の総責任者。TDと略記する。

手事（てごと） 邦楽の箏曲（そうきょく）や地唄（じうた）などの用語。唄の間に挿入される長い間奏で、器楽として鑑賞する部分。短い間奏は「合の手」という。手事は長唄の合方に相当するが、合方は意味を表現するものが多く、手事は意味がなく旋律の美しさとおもしろさを聞かせるものが多い。唄よりも手事を重視した曲を手事物という。【参照】合方、合の手

デジタル【(英) digital】 アラビア語で「指」のこと。物の量を表すときに連続した量ではなく、指で1・2・3……と数えるように、区切った数で表した量をデジタルという。それに対して、連続した量で表すのはアナログ。たとえば、計算尺や定規はアナログで、ソロバンはデジタルである。「時間」は代表的なアナログ量であるが、これを何時、何分、何秒という「数値」で表すのがデジタル量である。音もアナログであるが、これを近似的に数値化することを「デジタル化」と呼び、デジタル化した信号を記録することを「デジタル記録」、伝送することを「デジタル伝送」、加工することを「デジタル処理」という。【参照】PCM

デジタルシネマ【(英) digital cinema】 映画館などで35mmフィルム映写に代わるデジタルデータによる製作、上映方式。主にフィルムカメラを用いず、デジタル記録方式のカメラで撮影して製作を行う。デジタルシネマはDCIの仕様に準拠していなければならず、フィルムカメラを使用した場合にはフィルムスキャニング後にデジタルシネマにする。【参照】DCI、DCP

デジタルシネマプロジェクタ【(英) digital cinema projector】 映像媒体にデジタル信号を用い、デジタル信号をDLPチップや反射型液晶（パネル）などで画像に変換し、適切な照明による結像光学系を介してスクリーンに投影する映画館用の映写機のこと。光源には、主に高輝度で高演色性のキセノンランプが使われる。デジタルプロジェクタともいう。【参照】DLP

デジタル放送【(英) digital broadcast】 デジタル方式で伝送する放送。デジタル信号にすることで圧縮が可能となり、ハイビジョン映像を限られた周波数帯域で放送できる。また、チャンネル間の干渉が無く、ノイズに強く、高品位の映像と音声が伝送できる。【参照】ハイビジョン、データ圧縮

デジタル録音【(英) digital recording】 音の信号をデジタルに変換し、その信号を記録する方式。アナログ録音と比較すると次のような特長がある。
(1)ダイナミックレンジが広い。
(2)クロストークが少ない。

(3)周波数帯域が広く、安定している。

(4)変調歪みなどが発生しない。

(5)長期保存できる。

デシベル【(英) deci Bel】 大きさの相対値を表す単位。人間の聴覚は、音の強さの10倍〜100倍となっても、感覚的には数倍から10倍ほどにしか感じない。パワーアンプのレベルを2倍にしても、それほど音圧レベルが上がったように感じられないのはこのためである。この感覚はちょうど「対数」に比例するので、音の大きさを表現するのに対数の値が用いられている。元来デシベルは、電話回線で送信側から受信側に到達する間の電力損失を表すために考案された。送信側の電力をP1、受信側の電力をP2とするとき、P2/P1の常用対数をとったものをBel（ベル）という単位で呼ぶ。

$$Bel = \log_{10} \frac{P2}{P1}$$

ベルとは電話の発明者アレキサンダー・グラハム・ベルの名前からとったものである。しかし、ベルでは大き過ぎて使いにくいので、ベルの1/10を基準（デシ）とし、それをデシベル（dB）と呼ぶことにしたのである。

$$dB = 10 \log_{10} \frac{P2}{P1}$$

dBは元々、電力の比較から考案されたものだが、音圧や電圧、あるいは電流などの振幅量の比較にも用いることができる。この場合の計算式は、機器の入力電圧をV1、出力電圧をV2とし、これらの比較値の2乗が電力に比例するから、

$$dB = 10 \log_{10} \left(\frac{V2}{V1}\right)^2 = 20 \log_{10} \left(\frac{V2}{V1}\right)$$

となり、電力の2倍の値になる。つまり電力で10倍は10dBであるが、電圧で10倍は20dBになる。また、電圧を2倍にすることは電圧を6dB上げるのと同様である。dBは、基準値（0dB）に対して比較値が「3dB」とか「−10dB」などと表示されるが、この値がプラス（＋）であれば基準値より大きいことを、マイナス（−）であれば基準値より小さいことを示す。

(1) **dBm** 電力伝送における基準単位。インピーダンス600Ωにおける1mWの電力を0dBmとする。この場合の電圧値は、0.775Vとなる。

(2) **dBv、dBu、dBs** インピーダンスに関係なく、基準電圧を0.775Vとしたときの表示。v、u、sは小文字。

(3) **dBV** インピーダンスに関係なく、基準電圧を1Vとしたときの表示。dBVのVは大文字。

(4) **dBSPL** 音圧レベルをデシベルで表示する場合の表記で、人間の耳で聞くことができる1kHzにおける最小限の音の強さ0.00002Pa（パスカル）を基準（0dBSPL）としている。SPLはSound Pressure Levelの略。【参照】音圧レベル

(5) **dB（A）、dB（C）** 騒音計の聴感補整回路のA、C特性を通した場合の音圧レベル。本来は、耳の周波数特性が音圧レベルによって異なるため、それに合わせて各特性をレベルによって使い分けることになっていたが、現在は騒音レベルの測定をdB（A）、物理的な音圧レベルの測定をdB（C）と使い分けている。dB（A）はJISではホンというが、これは音の大きさのレベル（phone）とは異なる。【参照】聴感補正

dBFS デジタル音声信号の大きさの単位。FSは「Full Scale」の略で、0dBFSが最大値となり、これを超えると歪みになる。

dBTP トゥルーピークメータの表示単位。4倍オーバーサンプリング処理を行ってピークレベルを測定する。一般的なピークメータでは、デジタル信号化されたサンプルデータのピーク値を表示しているため、周波数が高くなるとサンプル間に「アナログ信号の真のピーク（True Peak）」が発生している場合がある。

比 （倍）	電圧・電流 (dB)	電力 (dB)
0.01 （1/100）	−40	−20
0.1 （1/10）	−20	−10
0.5 （1/2）	− 6	− 3
1	0	0
2	6	3
3	9.5	4.75
4	12	6
5	14	7
6	15.5	7.78
7	17	8.45
8	18	9
9	19	9.5
10	20	10
100	40	20
1000	60	30

物理量とデシベルの関係

データ圧縮（でーたあっしゅく） デジタル信号において、そのデータの実質的な性質を保ったまま、データ量を減らすこと。高効率符号化、情報源符号化とも呼ばれる。人間の感覚で判別しにくい部分の情報を削減し、判別しやすい部分の情報だけを残すようにして、情報量を少なくする手法。通信回線や記憶メディアなど、目的に応じて圧縮率を加減してデータの品質を

維持している。主な目的は、データ転送におけるトラフィック（伝送時間）や、データ蓄積に必要な記憶容量の削減である。データ圧縮には大きく分けて可逆圧縮（かぎゃくあっしゅく）と非可逆圧縮（ひかぎゃくあっしゅく）がある。【参照】可逆圧縮、非可逆圧縮

鉄管（てっかん）　舞台の上に設置してある吊りバトンの別称。【参照】吊りバトン

手付け（てつけ）　邦楽の器楽曲（器楽部分）を作曲すること。

デッド　デッドエンドのこと。【参照】デッドエンド

デッドエンド【(英) dead end】　室内の音響状態を表す言葉で、響きが極めて少ない状態。この場合、言葉は明瞭に聞こえるが、楽器音は豊かさに欠ける。【反対】ライブ

デッドポイント【(英) dead point】　①ワイヤレスマイクの電波が途切れる場所。　②劇場の客席などで、音が聴こえにくい場所。

テッパリ　俳優が他の番組（作品）に出演していて、こちらの番組に出演できないこと。

出道具（でどうぐ）　舞台装置の一部として飾っておく机、額、茶器などの小道具のこと。置き道具ともいう。【参照】持道具（もちどうぐ）

テノール【(伊・独・英) tenor】　①男声の高音部。バスとアルトの中間。また、その音域を持つ歌手。テナーともいう。　②四声の音楽の下から二番目の声部。中音域の管楽器の略称。

出端（では）　①能楽で、神仏や鬼畜などの後シテが登場する際に演奏する曲。大鼓、小鼓、笛、太鼓で演奏する。　②歌舞伎で、登場して花道の七三（しちさん）で演じる演技。または、そのときの演奏音曲。　③沖縄舞踊で、踊り手が登場すること。出羽と書いて「んじふぁ」という。沖縄舞踊に板付き（いたつき）はなく、演奏に乗って踊り手が登場する。登場して定位置に付くことを立羽（たちふぁ）という。【参照】板付き

出囃子（でばやし）　①歌舞伎舞踊などで、鳴物（なりもの）と呼ぶ打楽器奏者などが舞台上に出て演奏すること。【参照】鳴物　②寄席で、演者が登場するときに演奏する音楽。陰囃子（かげばやし）とも呼び、三味線と太鼓などを舞台裏で演奏する。【参照】陰囃子

デフォルト【(英) default】　標準の動作条件。基本的な状態または初期状態のこと。

デフォルメ【(仏) déformer】　①絵画や彫刻などで、モチーフ（主題）の特徴を変形させて特殊な芸術的効果を出すこと。　②原音を特殊な録音技術、またはシンセサイザなどを使って意図的にひずませたり、誇張させたりして、別の作品を創ること。

テープレコーダ【(英) tape recorder /reel to reel tape deck】　音を電気信号に変換して磁気テープに記録し、それを元の音に再生して聞く機器。一般的にオープンリールのテープを使用する機器を指す。記録はヘッドと磁気テープによ

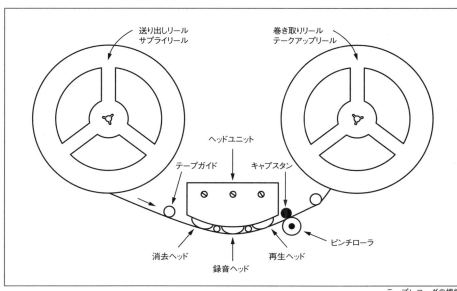

テープレコーダの機能

って行われる（図1、2）。ヘッドは磁性材料でできたコアにコイルが巻かれて、テープと触れる部分に狭い隙間（ギャップ）がある。ヘッドのコイルに電流を流すとヘッドは電磁石になり、ギャップから磁力線が外に出て、その磁界がギャップに密着したテープの磁性層を磁化する。録音は、テープをヘッドのギャップに密着させて一定の速度で走らせ、音の電気信号を録音ヘッドのコイルに流すと、信号電流に応じてヘッドから発生する磁束の強さが変化して、テープ上に磁気変化を連続的に記録できる（図3）。再生するときは、録音したテープを再生用ヘッドに密着させて、録音したスピードで走行させる。そのとき、再生ヘッドのコイルを通る磁束が、テープに記録されている磁気の強弱に応じて変化する。コイルには録音信号の変化に応じた電圧が発生する。この電圧は非常に小さいレベルなので、アンプを通して増幅し、音の電気信号として取り出す（図4）。

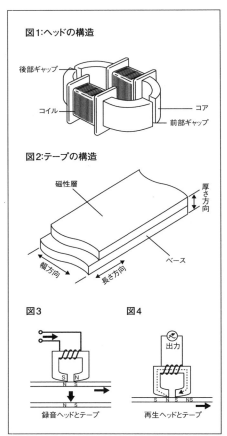

テープレコーダの構造

テーマ【(英) theme (独) Thema】 演奏される音楽の楽曲を支配する曲想のこと。主旋律、主題。

デモンストレーション【(英) demonstration】 宣伝するための実演。公開演技。

デュアルマイク【(英) dual microphone】 故障のための予備として、2本のマイクを並べて設置すること。

デュープ【(英) duplicate】 デュープリケートの略で、複写、複製の意。映画、ビデオ、録音の作品などを複製すること、または複製したもの。

てれこ 互い違いのこと、または交互に行うこと。左右を入れ替えたり、順序を逆にしたりすること。江戸時代の歌舞伎で、2つの違った筋を交互に展開させていくことを「てれこ」と呼んだのが由来。

テレシネ【(英) telecine】 映画フィルムの画像をテレビの映像信号に変換する装置。

テロップ【(英) telop/television opaque projector】 テレビカメラを用いずに、字幕、絵、写真などをビデオ画像にする装置。または、その装置で画面に表示された文字などのこと。

電圧伝送（でんあつでんそう） 「ロー送り、ハイ受け」とも呼ばれる方法で、現在の音響信号の受け渡しのほとんどが、この方法を用いている。送り出し側を低いインピーダンス（数100Ω以下）に、受け側を高いインピーダンス（数kΩ以上）にすることで、接続ケーブルが長くなって抵抗値が大きくなってもレベル減衰はなく、また受け側の機器が増えてもレベルの低下はしない。【参照】電力伝送

点音源（てんおんげん）【(英) point source/point sound source】 小型のスピーカなど、音を出す部分の面積が波長に対して小さい音源のこと。点音源の音は球面状に広がるので、そのエネルギーは音源から離れると距離の2乗に反比例して減衰する。【参照】球面波、距離減衰、コラムスピーカ、面音源

電界強度（でんかいきょうど）【(英) field strength】 送信アンテナから放射された電波は、距離が長くなるほど弱くなる。また、周波数が高くなると、地面や障害物で反射して乱れたり弱くなったりする。任意の地点の電波の強さを電界強度といい、実効長1メートルの導体に誘起する電圧で表す。単位は、1メートル当りの電圧で、1マイクロボルトを0dBとして表示する。

田楽（でんがく） ①田楽返しの略。【参照】田楽返し ②平安中期頃に流行した田楽踊りのこと。田遊び、田植え踊り、田植え音楽など、田に関する民俗芸能である。 ③豆腐などに練り味

噌を塗って焼いた料理。豆腐に串を差した形が、田楽を舞う姿に似ていたことが由来。【参照】田楽返し

田楽返し（でんがくがえし） 張物の一部を四角に切って、縦または横の中心を軸として裏返すことによって場面を替えたり、亡霊や忍者などを出没させたりする装置。豆腐の田楽に似ていることが由来。

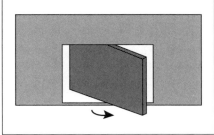

田楽返し

電源車（でんげんしゃ）【（英）power supply car】 発電機を搭載した車輌のこと。商用電源を利用できないときや、電力が不足するときに使用する。出力電圧を任意に設定できるので、外国の機材のためにも使用される。

電源（でんげん） 電力（電気エネルギー）を供給する源、またはそれから供給される電力のことである。大元の電源は、発電所や発電機、あるいは電池である。発電所から送られてくる電力は、商用電源（しょうようでんげん）と呼ばれる。【参照】第2部・商用電源（AC電源）の基礎知識

電子透かし【でんしすかし】 電子情報の著作権保護に用いられる技術。テキスト・音声・画像などのデジタルデータの中に特殊な処理をした情報を埋め込み、データの所有者を識別して、不正なコピーや加工などを検知する。ウォーターマークとも呼ばれる

電磁シールドマイクケーブル（でんじシールドマイクケーブル） 芯線（信号線）4本を撚ってあるマイクケーブルのこと。芯線2本の場合も撚ることで外部からのノイズを防御しているが、4本撚ることで更に防御度を高めている。4本の芯線は青または黒などの有色線2本と白色線2本で、有色線2本をXLRコネクタの2番ピン（ホット）、白色線2本を3番ピン（コールド）に、1番ピン（グラウンド）にはシールド線を接続する。4芯シールドマイクケーブルとも呼ばれる。

電磁誘導（でんじゆうどう）【electromagnetic induction】 磁石の力が作用している場所を磁界と呼び、磁界の中で電線を動かすと電線に

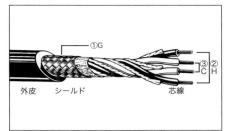

電磁シールドマイクケーブル

電流が流れる現象のこと。このとき発生した電流を誘導電流という。電磁誘導は発電機やモータ、変圧器などの動作原理となっている。【参照】ファラデーの法則、レンツの法則、フレミング左手の法則、トランス

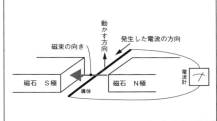

電磁誘導

電磁誘導ノイズ（でんじゆうどうノイズ） 電磁誘導によって発生する雑音のこと。電線に交流を流すと磁力が生じ、その近くの他の電線に電圧を発生させる。互いの電線が近いほど、隣接する距離が長いほど、電流が大きくその変化が激しいほど、隣接する電線に大きな電圧を発生させてノイズが発生する。これを防ぐには、電線をできるだけ離すか、ノイズを受ける側の電線に2本の線をねじり合わせた線（ツイストペア線）を使用するとよい。

伝送周波数特性（でんそうしゅうはすうとくせい）【（英）transfer frequency characteristic】 劇場やホールなどにおける音の伝搬状態を、周波数に対する音圧レベルの変化で測定し、それをグラフに表したもの。劇場やホールの電気音響特性と建築音響の特性を総合的に評価するための要素の一つ。

転送速度（てんそうそくど）【（英）byte per second】 コンピュータと周辺機器間でデータを転送するときの速度のこと。1秒間に何バイト転送できるかを（バイト/s）表示する。例えば、6MB/sは1秒間に6MB転送できることを表す。

伝送速度（でんそうそくど）【（英）transfer rate／bit per second】 LANやWANなどの通信回

87

線を通じてコンピュータ間でデータを伝送するときの速度のこと。1秒間に何ビット伝送できるかということで、bpsで表記し、1Mbpsなどと表示する。なお、8ビットは1バイト。

伝達関数（でんたつかんすう）【（英）transfer function】 スピーカシステムと部屋のあらゆる特性を含んだ周波数特性（位相と振幅の両者）である。スピーカシステムから放射された音は測定した地点で、部屋の特性に応じて周波数特性が変化する。スピーカシステムと部屋の特性をブラックボックスに見立てると、入力信号がブラックボックスによって、どのように変化したかが伝達関数であって、すなわちブラックボックスによるフィルタの特性である。【参照】逆畳み込み

転調（てんちょう）【（英）modulation】 楽曲が途中で別の調に移ること。例えばハ長調の楽曲が途中で、ト長調からホ短調を経て、ハ長調に戻って終わる。

電波（でんぱ）【（英）radio wave】 主として無線通信に用いられる電磁波の略称。30kHz〜300kHzの帯域を長波（LF）、300kHz〜3MHz を中波（MF）、3MHz〜30MHzを短波（HF）、30MHz〜300MHzを超短波（VHF）、300MHz〜3GHzを極超短波（UHF）、3GHz〜30GHzをマイクロ波、30GHz〜300GHzをミリ波（EHF）という。

10BASE－T（テンベース・ティー） イーサネットの規格の1つ。非シールドより対線（UTP）をケーブルに利用し、集線装置（ハブ）を介して各機器を接続するスター型LANのこと。通信速度は10Mbps、最大伝送距離は100mまで、ハブの多段接続は3段階まで可能。【参照】イーサネット、ハブ、LAN、100BASE-T

電力増幅器（でんりょくぞうふくき）【（英）power amplifier】 【同意】【参照】パワーアンプ

電力伝送（でんりょくでんそう） 600Ω受け渡しとも呼ばれ、接続した音響機器に電力（パワー）を供給する方式のことで、送り出し側と受け側の機器のインピーダンスを一致させて使用する。この場合、受け側の機器が複数になると負荷が大きくなってレベルが低下する。インピーダンス整合のため分岐回路が必要。【参照】電圧伝送

ト

透過損失（とうかそんしつ）【(英) transmission loss】 ある壁に入射する音の強さと、壁の反対側へ通過する音の強さとの比を透過率という。この透過率の逆数を対数表示したものを透過損失といい、遮音性能を表す。つまり、透過損失は入射音レベルと透過音レベルの差。例えば、90dBの音が壁に入射して、反対側に50dBの音が通過したなら、その壁の透過損失は40dBとなる。【参照】遮音

等感度曲線（とうかんどきょくせん）【(英) equal-loudness-level contours】 人間が聞き取れる音の周波数は、20～20,000Hzであるが、音圧レベルが等しい音であっても、周波数によっては音の大きさが異なって聞こえる。この関係を示したのが等感度曲線である。1kHzと同等の音量として聞こえるための音圧レベルを周波数ごとに示したもので、最も下に描かれている曲線は人間の最小可聴値である。この曲線によって、音圧レベルを下げると、特に低音域が聞こえにくくなることが理解できる。等ラウドネス曲線ともいう。

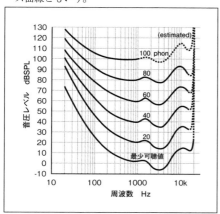

純音に対する等感度曲線（ISO 226:2003）

同期（どうき）【(英) synchronization】 時間的な一致。複数の機器の動作を時間的に一致させることで、シンクロともいう。

同期信号（どうきしんごう）【(英) synchronizing signal】 複数の機器を同じように動作させるために基準となる信号のこと。単に同期ともいう。

道具調べ（どうぐしらべ） 演劇などで、舞台稽古の前（前日）に各場面の大道具を設置して、不具合がないかを確認する作業。並行して、照明の明かり合わせを行うこともある。【参照】舞台稽古

道具帳（どうぐちょう） 舞台装置図のこと。客席から見た舞台装置の絵で、1/50の縮尺で描かれている。

道具幕（どうぐまく） 歌舞伎で、波、山、街道、塀などを描いた幕。繋ぎ幕のときに、舞台転換中の舞台を隠す幕で、この前で短い演技をすることもある。「振りかぶせ」や「振り落とし」などの手法で用いられる。【参照】繋ぎ幕、振りかぶせ、振り落とし

東西幕（とうざいまく） 舞台の左右の袖幕の奥に、袖幕と直角に吊った黒い幕。袖幕の奥の方が観客席から見えないようにするためのもの。昔の劇場は太陽光が当たるように南向きに作られていたので、舞台の左右が東と西であったことが名称の由来。【参照】袖幕

等ラウドネス曲線（とうラウドネスきょくせん）【(英) equal-loudness-level contours】【同意】【参照】等感度曲線

同録【どうろく】 同時録音の略。放送している内容を同時に録音・録画すること。放送法で3ヶ月の保存が義務づけられている。

通し稽古（とおしげいこ）【(英) full rehearsal / dress rehearsal /run-through】 途中を省略することなく、始めから終わりまで本番どおりに稽古すること。

遠見（とおみ）【(英) backdrop】 遠くの風景を描いた「張物（はりもの）」や幕。風景の内容によって、野遠見、山遠見、町家遠見、浪遠見、宮遠見、庭遠見などがある。あまり遠くない風景を描いたものは「中遠見」と呼び、舞台の半分だけが遠見になっているものは「片遠見」という。【参照】張物

ト書（トがき）【(英) stage directions】 台本で、登場人物の出入りや動き、場面の状況や道具配置、衣裳や照明のこと、音楽の指定や説明などを台詞の間に記したもの。語源は台本に「‥ト由良之助急いで奥へ入る」というように、始めに「ト」を付けて書いたことによる。

ドキュメンタリー【(英) documentary】 記録映画など、事実の記録に基づく作品。ドキュメンタリー映画、ドキュメンタリードラマなどという。

ドキュメント【(英) document】 記録、文書、書類、証拠資料。

常磐津節（ときわづぶし） 浄瑠璃（じょうるり）の一つで、歌舞伎舞踊の伴奏音楽。語りの部分

と歌の部分のバランスは、他の浄瑠璃(清元節、新内節、義太夫節など)に比べて中庸。三味線は中棹(ちゅうざお)を用いる。標準の編成は三味線2人と語り3人で、これを二挺三枚(にちょうさんまい)という。舞台が大きい場合、演奏者が増えることもある。プロの演奏家は、常磐津または岸澤(きしざわ)の姓を名乗る。【参照】浄瑠璃

トーク【(英) talk】 おしゃべり。気楽な話をする番組。

特殊効果(とくしゅこうか) 舞台美術や照明技術に含まれない、特殊な視覚効果のこと。煙や火炎、爆発などの効果を扱うことが多い。略して「特効」と呼ぶ。

トークショー【(英) talk show】 対談、座談会、インタビューなどのテレビ番組。トーク番組ともいう。

独白(どくはく)【(英) monologue】 演劇などで、登場人物が心に思っていることを相手役なしに独りで言うこと。独り言。

トークバック【(英) talk back】 ①録音スタジオで、調整室から演奏者などへの指令システム。②テレビスタジオで、副調整室から出演者やスタッフなどへの指令システム。③テレビやラジオの番組で、視聴者が電話で参加する番組。【参照】副調整室

トークンリング【(英) Token Ring】 IBM社によって提唱され、IEEE 802.5委員会によって標準化されたLANの規格。通信速度は4Mbpsまたは16Mbps。通信を行う機器を環状に接続したリング型のLANで、ケーブルには「撚り対線(ツイストペアケーブル)」を用いる。転送効率はイーサネットよりも高い。【参照】イーサネット、LAN

床山(とこやま) 演劇の興業中、俳優が着けるかつらの髪の毛を調えたり(結髪=けっぱつ)、修理したり、保管をする担当者。

トスリンク【TOS Link】 民生用のCDプレーヤやDVDプレーヤなどに広く採用されているデジタル音響の光伝送方式。角型のF05コネクタと丸型ミニジャック型がある。オーディオ用は短距離用で、単方向に15Mb/s伝送できる。他にデータ用、映像用などがある。EIAJオプチカルともいう。

とちる/とちり【(英) mistake】 ①俳優が台詞や演技を間違えたり、まごついたりすることをいう。②スタッフがキッカケを間違えること。

特効(とっこう) 【同意】【参照】特殊効果

ドット【(英) dot】 ①点またはそれに近い円のこと。単に「ドット」と言う場合には中黒(・)や、ピリオド(.)などを指す。②ディスプレーや

プリンタでは、文字や図形などを表現できる最小単位をドットと呼び、1インチ当たりの表現単位(dpi)として用いている。【参照】dpi

ドップラ効果(ドップラこうか)【(英) Doppler effect】 猛スピードで近づいてくるパトカーのサイレンの音は、停車しているときよりも高く聞こえ、通過した瞬間から低く聞こえる。このような現象をドップラ効果という。これは、音源が音波を追いかけるので音波が圧縮され、空気振動の回数が増加して周波数が高くなるためで、遠ざかるときは伸張されて、空気の振動回数が少なくなって周波数が低くなるからである。このときの音圧は、正面を通過するときは急激に大きくなり、去っていくときは急激に小さくなる。

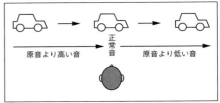

ドップラ効果

トップライト【(英) top light】 ①上方から照らす照明のこと。 ②採光のために屋根にあけられた天窓からの光。

飛ばす(とばす) ①舞台装置や幕、照明器具、スピーカを取り付けたバトンなどを吊り上げること。 ②リハーサルで、途中を抜いて先へ進めること。

トポロジー【(英) topology】 ネットワークの接続形態のこと。【参照】第2部・ネットワークオーディオ

ドーム型スピーカ ダイナミック型のスピーカで、振動板がドーム状に丸く盛り上がった形。振動面積が小さいので球面波(きゅうめんは)のように放射され、主に高音域用として用いられる。振動板の種類は、樹脂系を使用したソフトドームと、軽金属を使用したハードドームとがある。【参照】スピーカ、球面波

トーメンタ【(英) tormentor】 舞台両サイドに設置される縦長の幕または張物(はりもの)。緞帳(どんちょう)の背後に設置され、舞台袖(ぶたいそで)の目隠しと舞台枠の装飾を兼ねている。通常、目立たないように中立的な色にする。【参照】緞帳、舞台袖、張物

トーメンタ・スポットライト【(英) tormentor spot light】 トーメンタの裏に設置された照明器具のこと。略して、トーメンタと呼んでいる。

ドライバユニット【(英) driver unit】 ホーン型スピーカの駆動部のことで、コーン型スピーカの

ドーム型スピーカ概略図

ドーム型スピーカ

マグネット、センターポール、ヨーク、ボイスコイルの部分に相当する。ホーン型は振動板（ダイヤフラム）は小さくて済むので、硬質ジュラルミンなどのドーム型振動板が使われ、これにボイスコイルが巻かれている。【参照】コーン型スピーカ

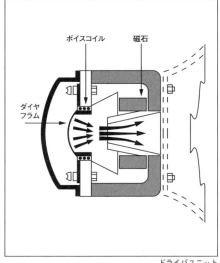

ドライバユニット

ドライブ【(英) drive】 ジャズの演奏家の間で使用される言葉で、少し速いテンポで人間を鼓舞させる躍動感のある演奏のこと。スイング感、ノリともいう。

ドライリハーサル【(英) dry rehearsal】 テレビ番組の製作で、大道具や小道具などをすべてセットして、カメラなしで行う本番どおりの稽古のこと。

トラス【(英) truss】 架設舞台などで使用する、トラス構造の橋に似ている架設バトンのこと。建築物を補強するために柱の間などに斜めに交差させて取り付けた筋交いの建材をトラスという。

トラス

トラッキング【(英) tracking】 ①追尾という意で、被写体の移動とともにカメラを移動させて撮影する動画の撮影手法。 ②プラグとコンセントの接触部分にほこりが付着し、湿気を帯びて漏電・発火すること。 ③ビデオテープなどの再生時に、ヘッドが正確にトラックをなぞること。また、その調整機構。

トラック【(英) track】 録音、録画するディスクや、映画フィルムなどのデータを読み書き、または信号を記録する軌道のこと。この軌道に音や映像を記録する。【参照】サウンドトラック

トラックアップ【(英) track up】【同意】【参照】ドリーイン

トラックダウン【(英) track down】 複数のトラックに録音した音を調えて合成し、2チャンネルのステレオなどにする作業のこと。ミックスダウンもいう。

トラックバック【(英) track back】【同意】【参照】ドリーバック

トラフィック【(英) traffic】 ネットワークを通過する情報の流れ、または情報量のこと。情報の流れによってネットワークや通信機器を占有する延べ時間をトラフィック量という。トラヒックともいう。

ドラマチック【(英) dramatic】 劇的という意。ドラマのような出来事。

ドラマツルギー【(独) Dramaturgie】 演劇や戯曲に関する理論。劇作法、演出法のこと。広い意味で、演劇論、演出観を指す。

トランジェント【(英) transient phenomena】 電

91

気回路や機械的な動作が、静止状態から正常な動作状態になるまでの過程を指す。過渡（かと）現象ともいう。

トランス【英）transformer】 交流電力の電圧の高さを、電磁誘導を利用して変換する機器。変圧器（へんあつき）または変成器（へんせいき）とも呼ぶ。鉄枠（鉄心）の一方に電線を巻き付けて（一次巻線）電圧を加えると電流が流れて周囲に磁界が発生し、鉄枠のもう一方に電線に巻いた電線（二次巻線）に電圧が発生する。電線の巻数の違いで、二次側に発生する電圧が異なる。インピーダンスのマッチングや、バランス回路とアンバランス回路の変換などにも用いられている。【参照】インピーダンス、アンバランス回路、バランス回路

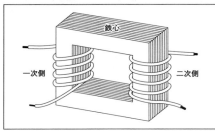

トランスの構造

トランスデューサ【英）transducer】 変換器のこと。あるエネルギーを受けて作動し、それを異なるエネルギーに変換する装置。空気振動（音波）のエネルギーを電気エネルギー（信号）に変換するマイクなど。

トランスミッタ【英）transmitter】 送信機または送話器。【参照】チューナ

とり【英）last performer】 演芸や歌謡ショーなどで、最後に出演する人。「とりをつとめる」という。

ドリーイン【英）dolly in】 映画やテレビのカメラの操作の方法。カメラを被写体に近づけながら撮影すること。DIと略して記す。カメラを載せる車の付いた台をドリーと呼ぶ。トラックアップともいう。【反対】【参照】ドリーバック、トラックバック

鳥の子（とりのこ） 鶏の卵のことで、その色を鳥の子色という。ごく淡い黄褐色、あるいは黄色がかった白で、この色の屏風を鳥の子屏風と呼ぶ。

ドリーバック【英）dolly back】 映画やテレビのカメラを被写体から遠ざけながら移動して撮影する手法。DBと略して記す。ドリーアウト、トラックバックともいう。【反対】【参照】ドリーイン

トリム【英）trim】 整頓、準備の意。音響調整卓の入力レベルの微調整ツマミのこと。適切な入力信号レベルになるように調整するもの。GAINと表示することもある。

トリル【英）trill】 よく使われる装飾音で、音譜上に書かれた音と、その2度上の音を、急速に交互に演奏すること。tr.と略して記す。

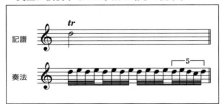

トリル

取る（とる） 舞台では「終わる」「止める」ことをいう。「これで舞台稽古を取ります」などと用いる。

ドルビーアトモス【Dolby Atmos】 米国のドルビー研究所が開発した立体音響方式。この方式では、ミキシング時に、音声の定位を決める座標情報を含めて作成する。再生する劇場等の容積やスピーカの数に応じて再生側でレンダリング（生成）することで、柔軟に最適な立体音響を再現する。天井にスピーカが配置されるため、前後左右の平面だけでなく、上下も含めた立体音響を形成できる。【参照】DTS：X、オブジェクトベース音響

ドルビーサラウンド・プロロジック【Dolby Surround Pro Logic】 ドルビー研究所が開発したもので、2チャンネルで録音したものを前方3チャンネル、後方1チャンネルで再生するサラウンド方式。後方の帯域は7kHzまで再生。ドルビーサラウンドの改良型。

ドルビーシネマ【英）Dolby Cinema】 米国のドルビー社が提案する方式でドルビービジョンというカラーリング（彩色）技術を使い、高輝度・高解像度・高コントラスト・広色域のレーザプロジェクタを用いて、これに高音質のDolby Atmosを組み合わせている。

ドルビー 3D（ドルビー・スリーディー）【英）Dolby 3D】 ドルビー社のデジタル3D映像システムで、特殊なフィルタを用いてR・G・Bのそれぞれを、左目用と右目用に異なる波長を使うことが特徴である。

ドルビーデジタル【英）Dolby Digital】 米国のドルビー社が開発したオーディオ圧縮技術の名称。劇場用映画、テレビ放送、衛星を介したラジオ放送、デジタルビデオストリーミング、DVD、ブルーレイディスク、ゲーム機などに使

用されている。

ドルビーデジタル5.1【Dolby Digital 5.1】 米国ドルビー研究所が開発したデジタルサラウンドの方式。映画やDVDビデオで利用されている。前方左右、正面、後方左右の5系統のスピーカと、1系統の重低音用スピーカを用いて臨場感のある音を再生する。重低音用スピーカを「.1」として、5.1chと表記し「ごーてんいち」と呼ぶ。

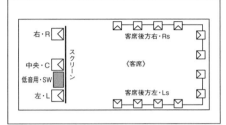

ドルビーデジタル5.1

ドルビーデジタル5.1クリエーター【Dolby Digital 5.1-creator】 ドルビーデジタル5.1を簡易に記録できるフォーマットで、DVDオーサリングソフト、DVDレコーダ、5.1chサラウンド記録対応ビデオカメラなどに採用されている。

ドルビーデジタルサラウンドEX【Dolby Digital Surround EX】 5.1chサラウンドに、後部を1系統にまとめて加えた6.1chサラウンド形式。ドルビーデジタルと互換性があり、EX非対応の環境で使用すると5.1chサラウンドで再生される。SRD-EXまたはD-EX、EXと略記する。

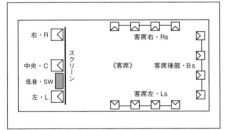

ドルビーデジタルサラウンドEX

ドルビーデジタルサラウンド7.1【Dolby Digital Surround 7.1】 5.1chサラウンドに後部左・後部右の2系統を加え、重低音用スピーカを含めて合計8系統によるサラウンド方式。

トレブルコントロール【(英) treble control】 音質調整装置(トーンコントロール)の高音域の調整ツマミのこと、または高音域部分を操作すること。低音域用はベースコントロールという。

トレモロ【(伊) tremolo】 同じ音、または、ある音とある音を急速に反復して演奏すること。

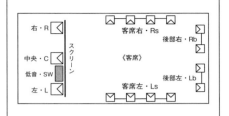

ドルビーサラウンド7.1

トレモロ

とれる 舞台で、終演すること。

ドロップ【(英) drop curtain /backdrop】 演劇や舞踊の場面に必要な背景が描かれている幕で、舞台後部のバトンに吊って使用する。背景幕ともいう。

ドロンコーン【(英) drone cone】【同意】【参照】パッシブラジエータ

ドンカマ 京王技術研究所(現コルグ)が開発した、国産初の円盤回転式電気自動リズム演奏装置「ドンカマチック／DONCAMATIC」のこと。スタジオではテンポをキープするために、メトロノームでは実音が出てしまって使えないので、ヘッドフォンに送る電子機器として「ドンカマチック」を多用した。現在は、他のリズムマシンも使っているが、テンポガイドの音をドンカマと呼んでいる。【参照】クリック

トーン・クラスタ【(英) tone cluster】 現代音楽で使われる演奏方法。クラスターは房の意。ピアノでは、指定された音高と音高の間の全ての鍵盤を同時に鳴らす演奏。指だけでは演奏できないので、腕などを使って演奏する。管弦楽曲では多くの楽器を動員して、指定された範囲の音階を同時に演奏することをいう。

トーンコントロール【(英) tone control】 音質調整器(回路)のこと。高音域と低音域を別々に変化させるものや、高音域・中音域・低音域と3つに分けて調整するものなどがある。

トーンゾイレ【(独) Tonesaule】 音の柱という意で、コラム型スピーカの商品名。【参照】コラムスピーカ

緞帳(どんちょう)【(英) act drop /curtain】 プロセニアム形式の劇場で、舞台と客席とを仕切

93

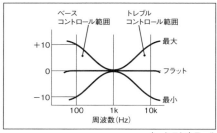

トーンコントロール

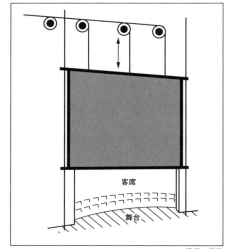

緞帳の構造

る、上下に開閉する幕。プロセニアムアーチの
すぐ後ろに吊ってあって昇降させる。左右に引
くものは引幕(ひきまく)という。【参照】引割幕
(ひきわりまく)、割緞(わりどん)

ナ

長唄（ながうた） 歌舞伎舞踊の伴奏音楽として発展した三味線音楽。三味線は細棹（ほそざお）を用い、テンポが早いのが特徴。柔らかで優雅な舞踊伴奏の「所作（しょさ）もの」、語り物のような情緒をもつ「めりやす」、物語的な内容の「段もの」などがある。また伴奏音楽でなく演奏会用に作られた曲などもある。基本的に唄の人数と三味線の人数は同数で演奏し、それぞれ1人の1挺1枚（いっちょういちまい）から、それぞれ10人の10挺10枚まで、組み合わせは自在。囃子（はやし）も加わり、華やかな大合奏も可能である。プロの演奏家は、杵屋、稀音屋、松島、柏、吉住、芳村、富士田、和歌山、岡安などの姓を名乗る。【参照】三味線、囃子

中抜き（なかぬき） 中間を省略することで、稽古の途中を省略することなどをいう。

中日（なかび） 演劇や相撲の興行（公演）期間の、真ん中にあたる日。

中割幕（なかわりまく） 舞台の中ほどに吊ってあって、左右に開閉する幕。この幕を閉めて場面転換をしたり、開けた状態で袖幕として使用したりする。昇降も可能なので、広く活用できる。

なぐり 大道具係が使用する金槌（かなづち）の名称。釘などを打ちつける道具で、釘抜きも付いている。

名題（なだい） 歌舞伎の脚本や浄瑠璃などの題名。外題（げだい）ともいう。

720P（ななひゃくにじゅうピー） デジタルテレビ放送の映像信号形式の一つで、有効走査線720本（総走査線750本）、フレーム周波数59.94Hzの順次走査（プログレッシブスキャン）方式の映像のこと。画素数は1280×720のアスペクト比16：9で、HDTVの映像形式の一種。【参照】ハイビジョン

生（なま）【（英）live /real time】 ①録音や録画をしたものでなく、実際にスタジオから放送したり、現場から直接、放送したりすること。生放送の略。

生演奏（なまえんそう） 録音した音楽を再生するのではなく、実際に演奏すること。

生音（なまおと） 録音した効果音を再生するのでなく、実際に擬音道具を用いて効果音を出すこと。映画界ではフォーリーという。

生ギター（なまギター） エレクトリックギターに対して用いられる名称で、アコースティックギターのこと。

奈落（ならく）【（英）trap cellar】 舞台と花道（はなみち）の床下のこと。回り舞台や迫り（せり）の機構などが収納されている地階。迫りに乗る場所、花道の揚幕（あげまく）への通路としても利用される。【参照】回り舞台、迫り、花道、揚幕

鳴物（なりもの） 歌舞伎の下座音楽に用いる三味線以外の楽器。または、その演奏、演奏者のこと。主奏楽器は太鼓、大鼓、小鼓、笛、大太鼓。助奏楽器として桶胴（おけどう）、楽太鼓（がくだいこ）、本釣鐘（ほんつりがね）、銅鑼（どら）、当たり鉦（あたりがね）など多種ある。

鳴子廻し（なるこまわし） 歌舞伎で、通常は回り舞台を回す合図に拍子木を用いているが、拍子木を打たないで廻すことを鳴子回しという。昔、回り舞台を廻す合図として鳴子を用いていたことが由来。

ナレーション【（英）narration】 テレビ番組、映画、演劇などの中の、言葉による解説。歴史的背景や状況、登場人物の心情などを説明する。

ナレータ【（英）narrator】 ナレーションをする人。解説者。【参照】ナレーション

ナンバーオペラ 【同意】【参照】番号オペラ

二

二上がり（にあがり） 三味線の基本的な調弦法の一つ。絶対音高は決められていないが、1の糸と2の糸が完全5度、2の糸と3の糸とが完全4度の音程関係にある。他に、本調子（ほんちょうし）、三下がり（さんさがり）の調弦がある。【参照】三下がり、本調子

二管編成（にかんへんせい） 18世紀後半、ハイドン、モーツァルト、ベートーヴェンの時代のオーケストラ編成。オーボエとファゴットを主要楽器とし、フルートを使用することもあった。ホルンは2本セットが定番で、4本にもなる。また、トランペットは1対のティンパニとセットで使われることもある。トロンボーンは宗教音楽専用として用いられていた。弦楽器の数は、昔は王侯貴族の資力次第で第1ヴァイオリンが5名〜10名、全体で20名〜40名程度であったが、現代では第1ヴァイオリン14名、第2ヴァイオリン12名、ヴィオラ10名、チェロ8名、コントラバス6名が一般的。ベートーヴェンの中期以降になって、フルートとクラリネットが加わって、ホルンが4本になり、トロンボーンも使われている。

二才踊（にさいおどり） 沖縄の踊り。二才とは結婚前の成人した男子のことで、彼らに扮して踊る踊りをいう。

西もの（にしもの） 日本の民謡を大別すると、「西もの」と「津軽もの」になる。「津軽もの」は津軽三味線の伴奏による民謡のことで、それ以外の民謡を「西もの」と呼んでいる。

22.2マルチチャンネル音響（22.2マルチチャンネルおんきょう） 8K放送の立体音響方式。上層9ch、中層11ch、下層3ch、LFE2chの三層配置したスピーカ22本による三次元音響により、高い臨場感を実現する音響技術。【参照】チャンネルベース、LFE

2.5次元（2.5じげん） 漫画やアニメ、ゲームを原作とした2次元（平面）作品を3次元（立体）化した舞台芸術作品の総称。2.5次元ミュージカルと呼ぶことも多いが、これは日本2.5次元ミュージカル協会の登録商標である。

二重舞台（にじゅうぶたい） 舞台の床よりも高い床が必要なとき、規定の高さの台を作り、その上に作った家屋などの舞台装置。舞台床と舞台装置の床が二重になっているので、このように呼ぶ。規定の高さに、常足（つねあし）の1尺4寸（約42cm）、中足（ちゅうあし）の2尺1寸（約63cm）、高足（たかあし）の2尺8寸（約84cm）がある。

二重舞台

二段（にだん） 2段に作られた階段のこと。一段の高さが7寸（約21cm）、踏板の幅が8寸（約24cm）、幅が3尺（約90m）の標準規格の大道具。

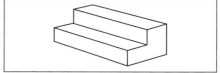

二段

二ベル（にべる） 開演ベル。通常、このベルが入って幕が開いて、演劇やコンサートが開始される。本ベルともいう。【参照】一ベル

入力（にゅうりょく）【(英) input】 機械や電気回路などに与えられる力、エネルギー、信号のこと。単に信号を受けるコネクタや接続することもいう。

入力インピーダンス（にゅうりょくインピーダンス）【(英) input impedance】 音響機器や映像機器の入力端子のインピーダンス。基本的に、接続する機器の出力インピーダンスと同じインピーダンスにする方法（電力伝送）と、出力インピーダンスよりも高い入力インピーダンスで接続する方法（電圧伝送）とがある【参照】電圧伝送、電力伝送

入力感度（にゅうりょくかんど）【(英) input sensitivity】 アンプで、規定の出力を得るために必要な入力レベルのこと。電圧値（V）で表示、またはdBm（0dBm＝0.775V）で表示する。数値が小さいほど感度が高い。

ニュースキャスター【(英) newscaster】 テレビ番組で、解説や評論をしながらニュースを伝える出演者。キャスターともいう。

人形浄瑠璃（にんぎょうじょうるり） 浄瑠璃と呼ぶ三味線音楽に合わせて人形を操る人形劇。江戸時代の初期に生まれ、現在の文楽（ぶんらく）に発展した。

人形立て（にんぎょうたて） 舞台で、張物（はりもの）や切出し（きりだし）などの大道具を、舞

台床に立てるために支える木製の直角三角形の器具。床に釘を打つことのできない舞台では、鎮（しず）を乗せて固定する。略して「人形」とも呼ぶ。【参照】張物、切り出し、鎮

人形立て

ヌ

貫（ぬき） 5分（約15mm）×3寸（約90mm）角で、長さ2間（約360cm）の木材のこと。5分×1.5寸（約45mm）、×2寸（60mm）、×4寸（120mm）のものもある。

抜き稽古（ぬきげいこ） 必要な個所だけを稽古すること。

盗む／盗み（ぬすむ／ぬすみ） ①ひそかに物事を行うこと。定位置からスタートしたのでは間に合わないときに、途中まで進めておくこと。②他人の芸や技能、また考え方などをひそかに真似て学ぶこと。

濡れ場（ぬれば） 濃厚なラブシーン。

ネ

音色（ねいろ）【(英) timbre】 音の三要素の一つ。音の「大きさ（音量）」と「高さ（周波数）」が等しくても、違った音に聞こえる要素のこと。【参照】音の三要素

ネタ（ねた） ①原料または材料。②証拠または証拠品。③手品の仕掛け。

ネットワーク【(英) network】 ①テレビやラジオで、番組を製作する局と、それを放送する全国各地の局とを結ぶ組織。放送網。②ある目的で連携をする人や組織。③コンピュータネットワークのこと。【参照】コンピュータネットワーク

ネットワークスイッチ【(英) network switch】 複数のコンピュータをネットワーク接続する際に使用されるケーブルの集線・中継装置。【参照】スイッチングハブ

ノイズ【(英) noise】 雑音のことで、必要とされる音以外の不要な音のこと。

ノイズゲート【(英) noise gate】 設定したレベル以上の音響信号が入ったときだけ、信号を通過させる装置。収音目的の音源(楽器)から音が出ていないときは、その回路を自動的に切断し、他の音源からの「被り音(かぶりおん)」や小さいノイズを聞かせないようにする。この機能を応用し、様々な特殊効果も得られる。ゲートとも呼ぶ。【参照】被り音

ノイズシェイピング【(英) noise shaping】 ダウンコンバートやAD変換のときに発生する耳触りな量子化ノイズを緩和するための技術。量子化ノイズの成分を、人間の耳の感度が低い高音域へ追いやる方法。

ノイズマイク ライブ録音や中継放送のとき、会場のノイズ(グランドノイズ)を収音するマイクのこと。いくつものマイクの信号をミックスするとき、フェーダの上げ下げでグランドノイズのレベルの変化が目立つことがある。このとき、ノイズマイクの音を加えてノイズを一定レベルに保ち、フェーダ操作によるグランドノイズの変化を目立たなくするのが目的。現在は、観客席の雰囲気を収録するものとして、オーディエンスマイクと呼ぶことが多い。

能楽(のうがく) 能と狂言の総称。能は、謡(うたい=歌唱)と舞を主にした悲劇である。能の主人公のほとんどが亡霊(仮面を装着)であって、この世に現れて、すでに完結した自分の人生を語るのが定番。シテと呼ばれる主役を中心に、唱歌を担当する8人の地謡(じうたい)と、4人あるいは3人の囃子方(はやしかた)が登場して演じるのが基本。狂言はユーモラスな会話劇で、勘違い、いたずら、悪巧み、懲らしめなどを題材にしている。【参照】地謡、シテ、囃子方

能楽堂(のうがくどう) 能と狂言のための専用劇場。【参照】能舞台

能楽堂

能舞台(のうぶたい) 能と狂言を演ずる専門の舞台。一辺が約6メートルの正方形の舞台で、前後への動作を強調して演技の幅を広げるため、角にある柱によって立体感のある表現を可

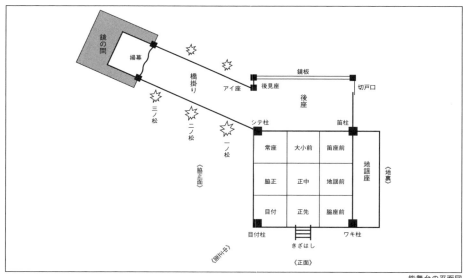

能舞台の平面図

能にしている。観客席は正面と左脇（脇正面）に
ある。地謡座（じうたいざ）は、能のときに地謡
が座る位置。舞台の後方には後座（あとざ）が
あり、囃子（はやし）や後見（こうけん）などが座
る。また、演者（シテやワキ）がこの場所に行っ
て座ると、舞台から姿を消したという約束があ
るので、衣裳を変化させるときなどに使用する。
後座から鏡の間につながる橋掛かりは、演者の
登場や退場に用いられるが、場面を変化させる
ときや舞台と別な場所を想定するときに用い
られる。鏡の間は、大きな鏡のある板敷きの部
屋で、面（おもて＝仮面）を用いる役は、ここで
着ける。【参照】後見、地謡、橋掛り、シテ、ワキ、
囃子

能率 (のうりつ)【(英) efficiency】　スピーカから
出力されたすべての音響出力に対し、スピーカ
に入力された電力との比率で、次の計算式で
求める。

能率［%］＝ 100 ×（音響出力／スピーカ入力）

乗り打ち (のりうち)　各地を移動して公演する
巡業（じゅんぎょう）で、公演が終了すると次の
公演地に移動して、その地で公演をする形態。

乗り日 (のりび)　巡業で次の公演地に移動する
ための日のこと。

ノンフィクション【(英) nonfiction】　事実に基づ
いた映画や放送番組など。

ノンミニマムフェーズ　複数の信号の伝達時間
の差で生じた周波数特性の変化に伴う位相特
性のこと。この特性をイコライザで補正するこ
とは避けるべきである。【参照】ミニマムフェー
ズ

ノンリニア編集 (ノンリニアへんしゅう)　デジタ
ル信号によって録画し、コンピュータを使って
編集作業を行うこと。録画テープのように巻き
戻しや早送りの必要はなく、瞬時に希望する個
所が呼び出せ、編集点の記憶をする方法なので、
何度でも繰り返せるし、元に戻すことも可能。
割り込みや削除も簡単。

ハ

ハイインピーダンス接続（ハイインピーダンスせつぞく） スピーカシステムにトランスを取り付けてインピーダンスを数百Ωから数kΩに上げてパワーアンプに接続する方法。このように接続すると、少ない電流で複数のスピーカを鳴らすことができ、細い接続ケーブルを遠距離配線してもケーブルで消費される電力が少なく、レベル低下は僅かになるので、非常放送や業務（案内）放送用設備に用いられている。この場合のパワーアンプ側の出力電圧は、100Vまたは70Vで動作させるのが一般的。

バイオリン族（バイオリンぞく）【参照】ヴァイオリン族

倍音（ばいおん）【英】harmonics 音源から発生する音で、振動数（周波数）の最も少ない音が基音で、その整数倍の振動数の音を倍音という。ピアノのハ音を鳴らしたとき、それに伴って響くホ音、ト音などのこと。音響学では上音という。

ハイカットフィルタ【英】high cut filter 設定した周波数より高い周波数の信号の通過を阻止して、それより低い周波数の信号だけを通過させる電気回路。【参照】フィルタ

背景（はいけい）【英】scenery 広義の舞台装置。舞台の最後部に設置して使用する風景や情景が描かれた幕または張物。【参照】張物、ドロップ

背景幕（はいけいまく）【英】drop curtain / backdrop 風景などが描かれた幕。ドロップと同意語。【参照】ドロップ

バイト【英】byte コンピュータで扱う情報容量は8ビット単位で表され、これを1バイトという。メモリの容量を表す単位として、1メガバイト（MB）、1ギガバイト（GB）などと表記する。【参照】ビット

ハイ・ノート【英】 トランペットを高音で演奏する奏法。これに似せて、トランペットに弱音器を付けて、高音で独特の音色にさせるミュートという奏法がある。

バイノーラルステレオ【英】binauralstereo バイノーラルとは「両耳の」という意味。バイノーラルステレオとは、2本のマイクを人間の両耳の間隔程度に離してセットして収音したステレオ録音、またはその方式。人間が音源方向や距離を知ることができる要因は、左右の耳の音圧レベル差、時間差（位相差）、音源の周波数特性などによる（両耳効果）。このような人間の聴覚能力にできるだけ近づけて収音しようとして考えられたのがバイノーラルステレオ方式。実際の人間の耳やダミーヘッドにマイクロホンを取り付けて収音し、その音をヘッドフォンで再生すると、音源の方向や距離感がリアルに再現できる。この再生には、オープンエア型のヘッドフォンが適している。【参照】両耳効果、ダミーヘッド

ハイパーカーディオイド【英】hyper cardioid マイクの単一指向性の一つで、スーパーカーディオイドよりもさらに側面の感度を下げたもの。しかし、正面と背面の感度差が少なく、背面からの被り込みが多くなる。【参照】マイクの指向性、スーパーカーディオイド、被り込み

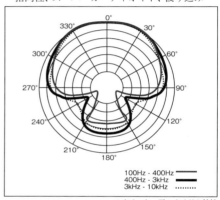

ハイパーカーディオイドの特性

ハイパスフィルタ【英】high pass filter 設定した周波数よりも高い周波数の信号を通過させるが、それより低い周波数の信号の通過を阻止する電気回路。【参照】フィルタ

ハイパボリックホーン【英】hyperbolic horn ホーンスピーカのホーンの形状。【参照】ホーン型スピーカ

ハイビジョン 日本国内における高精細度テレビ放送（High Resolution Television/HDTV）の愛称で、走査線数1,125本、画面の横縦比16：9と、NTSC方式テレビ（SDTV）などに比べ、高画質、大画面のテレビ放送方式のこと。解像度が1920×1080ピクセルで、横方向が約2000ピクセルなので2Kとも呼ばれている。

ハイレゾ【英】High-Resolution Audio ハイレゾリューション音源の略。従来のCDに比べ多くの情報を持った解像度の高い音源データ。CDのサンプリング周波数、量子化ビット数を上回る性能で、デジタル化して20kHz以上の

100

帯域も再生可能である。

ハウス送り(ハウスおくり) ハウスは劇場または観客席のこと。音響機器一式を持ち込んで観客席でミクシングするとき、調整卓の出力を劇場の設備に送ること。小屋送りともいう。

ハウスPA(ハウスピーエー) 出演者のためのモニタに対して、観客のためのPAのことをいう。

パウゼ【独】pause】 休止および休符のことであるが、劇場では休憩の意味もある。

ハウリング【英】howling /acoustic feedback】 スピーカから出た音がマイクで収音され、増幅されて再びスピーカから送出され、これが繰り返されて生じる発振現象のこと。

バウンダリーレイヤ・マイク【英】boundary layer microphone】 【参照】BLM

パーカッション【英】percussion】 打楽器の総称、またはその演奏のこと。

バグ【英】bug】 コンピュータのプログラムの不具合の個所。昆虫の意で、創成期のコンピュータ回路に虫が挟まって動作不良を起こしたことが由来。

パケット【英】packet】 パケットは「小包、小箱」の意。データ通信で、データを一定の単位に分割したもの。それぞれに、伝送するのに必要な情報(記号)を付けている。

パケット通信(パケットつうしん) データ通信方式の一つ。データをパケットという単位に分割して送受信をする方法のこと。特定の通信によって伝送路が独占されないので、通信回線を効率よく利用できる。インターネットはこの方式。

箱足(はこあし) 二重舞台(にじゅうぶたい)を組むときに平台を乗せる箱型の台。高さ4寸(約12cm)の平台と組み合わせるのに便利なように、6寸(約18cm)×1尺(約30cm)×1尺7寸(約51cm)の寸法のものが一般的。足または箱馬ともいう。【参照】二重舞台

箱馬(はこうま) 【同意】【参照】箱足

橋掛かり(はしがかり) 能楽を演じる舞台で、舞台の左側にある「鏡の間(かがみのま)」と舞台とをつなぐ通路のこと。演者の登退場だけでなく、舞台とは異なる場所として演じるにも使用される。【参照】鏡の間、能舞台

端折る(はしょる) 演奏や演技の途中を省略して短くすること。

ハース効果(ハースこうか)【英】Hass effect】 複数のスピーカから同一信号の音を出した場合、先に聞こえてきたスピーカの方向から音が出ているように感じる現象をいう。この効果は、到達時間差が1〜30ミリ秒の範囲で生じ、時間差50ミリ秒以上になると互いに分離して聞こえる。

バスレフレックス型エンクロージャ【英】bass-reflex enclosure】 コーン型スピーカユニットの背面から出る音は、前面から出る音とは逆位相になる。そこで、スピーカユニットを箱(エンクロージャ)に取り付けて、背面と前面の音が合成されないようにする。さらに低音域を豊かにするために、ポートというダクト(管)を設け、スピーカユニット背面から出た低音の位相を反転させ、スピーカユニット前面の音と同位相にしてポートから出す方式をバスレフレックス型という。略してバスレフ型ともいう。

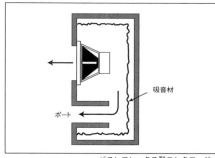

バスレフレックス型エンクロージャ

パソコン パーソナルコンピュータの略称。【参照】パーソナルコンピュータ

パーソナルコンピュータ【英】personal computer】 事務所や家庭などで、個人が使用するコンピュータのこと。パソコンまたはPCともいう。

8K (はちけー) ハイビジョンの16倍の画素数で、高精細、立体感もあり、4Kよりもさらに臨場感のある超高画質な映像規格。スーパーハイビジョンとも呼ばれる。解像度が7680×4320ピクセルで、横方向が約8000ピクセルであることから8Kと称している。

1/8出力(はちぶんのいちしゅつりょく) パワーアンプの消費電力値の測定用信号にクレストファクタ12dBのピンクノイズを使用したときの表記で、1/8出力時(最大出力より9dB低い出力)の消費電力であることを示す。通常の音楽信号で時々クリップする程度の出力を想定したものである。ただし、アンプをクリップさせ続けたり、コンプレッションさせたりしてダイナミックレンジが狭い場合は、この2倍程度の電源容量を必要とする。【参照】クレストファクタ

ハチマチ 沖縄芸能の組踊などで、演奏者が被る冠り物。

波長(はちょう)【英】wave length】 音波が1回の振動(1周期)する間に進む距離をいう。音は

毎秒約340m進むので、20Hzの波長は340÷20で計算し17m、20kHzの波長は1.7cmとなる。【参照】周波数、ヘルツ

バック・キュー【(英) back cue】 アナウンサや出演者から出されるキュー（合図）。アナウンスの最後の言葉、動作（目や手の動き、うなずき）などをキッカケにする。

バックローデットホーン【(英) back loaded horn enclosure】 スピーカユニットの背面にホーンを付けて、背面に放射された低音がホーンを通って前面に出てくるようにしたもの。低音域の補強を主目的としている。【参照】バスレフレックス型エンクロージャ

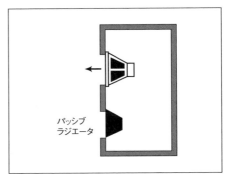

パッシブラジエータ

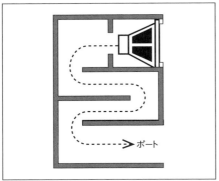

バックローデットホーン

パッシブイコライザ【(英) passive equalizer】 アンプ機能を持たないイコライザのこと。作動させるために電源が不要なのが利点であるが、信号経路に挿入するとレベルが低下するのが欠点。【参照】アクティブイコライザ

パッシブラジエータ【(英) passive radiator】 バスレフレックス型キャビネットのポートに相当するもので、コーン型スピーカユニットの振動板だけのもの。スピーカユニットの裏側に放射された低音に共鳴して位相を逆転させ、スピーカユニットの前面に放射された音と同位相にして放射し、低音を増強させる。別名ドロンコーンともいう。【参照】バスレフレックス型キャビネット

パッチコード パッチベイの端子間を接続するコード。110号プラグ、XLRプラグ、バンタムプラグなどを用いている。【参照】パッチベイ

パッチ盤（パッチばん） 【参照】パッチベイ

パッチベイ【(英) patch bay】 機器や装置の入出力の端子、または回線の末端を一個所に集合させたパネル。目的に応じて機器をつなぎ合わせたり、故障の際に別の回路へ乗り換えたりするためのもの。パッチ盤、入出力分電盤とも

パッチベイとパッチコード

いう。

パッチング【(英) patching】 パッチベイなどの端子間を接続すること。【参照】パッチベイ

パッド【(英) pad】 回路の途中に挿入して通過する信号を減衰させる部品。通常、減衰量を可変できないものをパッドと呼び、可変できるものをアッテネータと呼んでいる。

バッファアンプ【(英) buffer amplifier】 二つの回路を結合する場合、互いに影響しないように挿入するアンプのこと。

波動（はどう） 物質のある点での振動が、それに隣接する部分の運動を引き起こし、その振動が次々に伝えられていく現象。その振動する物質を媒質という。例えば、水面に起こる水波や、音波・地震波などの弾性波など。また、電磁波は電場および磁場の振動が空間を伝わる現象。

ハードウエア【(英) hardware】 コンピュータを構成する機器の総称。【参照】ソフトウエア

ハードディスク【(英) hard disk】 コンピュータの記録媒体として、ランダムアクセスを目的に開発された磁気ディスク。記憶容量が大きく、読み書きの速度も速い。HDと略記する。

パート譜（パートふ）【(英) part】 オーケストラや

アンサンブルの、一人ひとりの演奏する部分だけが書かれた楽譜。【参照】スコア

バトン【(英) batten /fly-bar /pipe batten】 劇場やテレビスタジオなどで、大道具や照明器具などを吊るための鉄のパイプをいう。バトンはワイヤで吊られていて、ワイヤの片側に重り（カウンターウエイト）を付け、バトンに吊った物の重量とバランスをとって、手動または電動で昇降させる。鉄管、パイプとも呼ぶ。

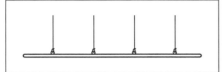

バトン

花道（はなみち） 歌舞伎の劇場で、観客席を通って舞台に登退場する通路のこと。舞台の一部としても使用され、下手（しもて）に常設してあるものを本花道、上手（かみて）に仮設するものを仮花道という。観客が俳優に「花」と呼ぶ祝儀を渡すために設けられたことから付いた名称。【参照】第2部・歌舞伎舞台

花道

はね返り（はねかえり）【(英) foldback /stage monitor speaker】 舞台上の演奏者や歌手などに、望む音を聞かせるためのスピーカ。略して「返し」「返り」ともいう。ステージモニタ、フォールドバックなどとも呼び、FBと略記することもある。舞台の脇に設置するものをサイドフィル、演奏者の足元に置くものをフットモニタという。

はね返りスピーカ（はねかえりスピーカ） はね返り用のスピーカのこと。【参照】はね返り

はね返りスピーカ

はね太鼓（はねたいこ） 相撲の本場所中または演芸場で、一日のすべての取組（演目）が終わると打ち鳴らされる太鼓。一日の興行の終わりを告げるとともに、「明日の興行にもお出でください」という意味も込められている。したがって、千秋楽や一日限りの興行では打たない。歌舞伎では「打ち出しの太鼓」と呼ぶ。

跳ねる（はねる） その日の公演が終了すること。「9時にはねる」などと使う。昔、芝居が終わると外囲いのムシロを跳ね上げたことが由来。略して「はね」ともいう。

ハブ【(英) hub】 拠点という意。スター型LANで使われる集線装置のこと。各機器に接続されたケーブルはいったんハブに接続され、ハブを介して相互に通信する。

パフォーマンス【(英) performance】 演技、演奏、上演などの意。

パフォーミングアーツ【(英) performing arts】 演劇、舞踊、オペラ、ミュージカルなど、舞台で演じられる舞台芸術のこと。

パブリシティ【(英) publicity】 演劇や映画の作品などに関するさまざまな情報を、テレビ局や新聞社などに提供して、報道してもらう広報活動のこと。略して「パブ」という。

パブリックアドレス【(英) public address】 音声を拡大して、大勢の人に一斉に情報を伝達すること、またはその方法。通常、PAと呼ばれる。

ハーペー【(独) Hauptprobe】 ドイツ語のハウプトプローベの略。重要な稽古という意味で、ゲネプロほど完全ではないが本番に近い状態で行われる稽古。主にオペラ公演で使われる用語で、オーケストラの伴奏ではなく、ピアノの伴奏で行われることが多い。HPと略記する。【参照】ゲネプロ

ばみる／ばみり【(英) mark】 演技者の立つ位置やマイクを立てる位置などの目印として、床にビニールテープなどを貼ること。この目印をバミリという。

ハミング【(英) humming】 言葉ではなく、口を閉じ、声を鼻から出してメロディーを歌うこと。

ハム雑音（ハムざつおん）【(英) hum noise】 交流電源の周波数（50Hzまたは60Hz）成分とその高調波成分が信号に混入して発生する「ブーン」という連続的な雑音のこと。交流が流れている電線や電源トランスなどからの電磁誘導による。

場面転換（ばめんてんかん）【(英) scene change】 次の場面の舞台装置に入れ替えること。

ハーモナイザ【(英) harmonizer】 声や楽器などの信号を、テンポを変えずに音程を変化させる装置。ピッチの異なる楽器の音を合わせたり、またわずかにピッチをずらした音と元の音を合成して合唱している効果を出したりできる。ハーモナイザは商品名で、一般名はピッチトランスポーザ。

ハーモニー【(英) harmony】 二つ以上の音が調和（協和）した心地よい音のこと。この状態を「ハモる」という。

ハモる ハーモニーの状態にすること。

端役（はやく） 主要でない役、またはその役を演じる俳優。

囃子（はやし） 日本の各種の芸能で、演技や舞踊などを楽器や声で伴奏する音楽。①能では、笛、小鼓、大鼓、太鼓の4種の楽器を用いる。これを四拍子（しびょうし）と呼び、これらの演奏者を囃子方（はやしかた）と呼ぶ。②歌舞伎では、四拍子を中心に多くの打楽器を補助的に加えて演奏する。この音楽、またはこの演奏者を鳴物（なりもの）と呼ぶ。また、唄と三味線も含めて囃子ということもある。【参照】下座音楽 ③寄席では三味線が中心で、大太鼓と太鼓が加わるのが定番。演者が登場するときに演奏するものを出囃子（でばやし）という。④祭り囃子や神楽囃子など民俗芸能の場合は、笛と各種の打楽器が用いられる。

囃子方（はやしかた） 囃子の演奏者。能では笛、小鼓、大鼓、太鼓の演奏者を、歌舞伎では三味線以外の演奏者を指す。

囃子詞（はやしことば） 日本の民謡などで、歌詞の本文とは関係なく、歌い出しの部分や途中、または終わりなどに入れる掛け声。歌の調子を整えたり、唄をひきたてたりするためで、特別な意味をもたない詞。「どっこい」「こりゃ、こりゃ」「ちょいな、ちょいな」「ハイ、ハイ」など。

早トチリ（はやとちり） 正しく理解しないで、間

能の囃子

違って行動すること（早合点）。間違って、所定のタイミングよりも早くやってしまうこと。

パラう 乾電池、スピーカなどを、パラレル（並列）に結線すること。「パラる」ともいう。【参照】パラレル接続

バラエティ【(英) variety】 多種多様、または変化に富むこと。さまざまな要素を盛り込んだ番組。

バラエティショー【(英) variety show】 歌、踊り、寸劇など、さまざまな芸能を組み合わせたショーのこと。

パラ出し（パラだし） 1つの音源（信号）を、同時に複数個所に送出すること。

パラどり 同時に複数台の録音装置で録音すること。

パラメトリックイコライザ【(英) parametric equalizer】 音質調整装置の一つ。調整する個所の中心周波数、帯域幅（Q）、振幅（レベル）を可変できる周波数特性補正装置。略記号はPEQ。

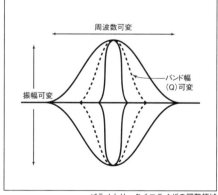

パラメトリックイコライザの調整領域

パラメトリックイコライザ

パラレル接続（パラレルせつぞく）【(英) parallel connection】　複数個の電池、スピーカ、抵抗器などを、同じ極（プラスまたはマイナス）同士を接続して使用すること。並列接続ともいう。このときの全体の電圧またはインピーダンス値は、それぞれの値の逆数を加えた値を、逆数にすれば求められる。

パラレル伝送方式【(英) parallel communication】　複数の通信回線を用いることで、データを一度に複数ビット伝送する方式のこと。シリアル伝送方式に比べて回路数が多く、高コストになるが、より高速な転送速度となる。並列伝送方式ともいう。

パーランク　沖縄舞踊で、手に持って踊りながら打ち鳴らす、小さい片面の太鼓。

バランス型回路（バランスがたかいろ）【(英) balanced circuit】　電気信号を送るための2本の電線を、外部からの雑音を阻止するシールド線で覆っている回路のこと。2本の電線は、互いに逆位相の電圧を伝送していて、伝送途中で誘導された雑音は2本の電線に同相で入るため、機器の入力トランスで打ち消される。したがって、アンバランス型回路よりも外部からの雑音が侵入しにくく、ケーブルを長くすることが可能である。【参照】アンバランス型回路

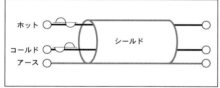

バランス型回路

バリエーション【(英) variation】　変形。変奏曲。

張りぼて（はりぼて）　岩や石燈篭（いしどうろう）など、竹や木で骨を組んで形を作り、そこに紙や布を貼って彩色した大道具や小道具のこと。現在では、発泡スチロールやウレタンなどで製作したものが多い。

張物（はりもの）【(英) flat／scenery panel】　舞台装置の基本的な大道具で、細い木材（小割り）などで骨組みをした枠に、ベニヤ板や布、紙などを張り付けたパネルのこと。これに絵を描いて、背景や家屋の壁などに用いる。パネルとも呼ばれる。【参照】小割り

張物の裏側（左側の支えは人形立て、右側は棒支木）

バリライト【VALI LITE】　コンピュータ制御で遠隔操作して、色変換や灯体を任意に回転させることが可能な照明器具の商品名。120の色相の変換が可能で、ビーム角も任意に調節でき、複数のライトをコンピュータで一斉に操ることもできる。

パルス【(英) pulse】　脈拍、鼓動の意。電気の分野では、極めて微少な時間だけ、繰り返し電流が流れること。

バレエ【(仏) ballet】　中世イタリアの宮廷で生まれた舞踊形式。踊りや身振りで感情を表現し、歌詞が伴わない音楽による舞踊劇。16世紀後半以降、フランスの宮廷で発展して、17〜18世紀にクラシックバレエの様式が確立した。

バレエ床（ばれえゆか）　バレエ公演に使用する敷物。踊り手の膝にかかる衝撃を緩和するために、クッション材を挟み込んだ多層構造になっている。運搬の都合や、舞台の広さに合わせて敷くために分割式になっている。バレエマットとも呼ぶ。

バレエマット　【参照】バレエ床

バーレスク【(英) burlesqe】　19世紀にイギリ

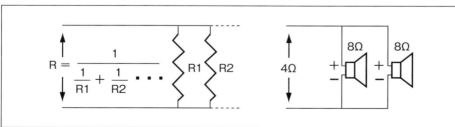

抵抗器（左）とスピーカのパラレル接続

スで発生した歌芝居、または音楽劇。イタリア語の「ふざけた」という意味のブルレスカ（burlesca）が語源。これが後にミュージカル・コメディ・レビューになった。

パレード【(英) parade】　祭礼のとき、また祝賀などで、多くの人が市街をはなやかに行進すること。または、その行列。

パロディ【(英) parody】　有名な作品の一部を採り入れて、内容を滑稽化、または風刺すること。

パワーアンプ【(英) power amplifier】　スピーカを鳴らす電力を供給するためのアンプのこと。プリアンプまたは音響調整卓の出力信号を電力増幅してスピーカを駆動するもので、通常は8Ω程度の低い出力インピーダンスになっている。PAと略して書く。電力増幅器、メインアンプとも呼ぶ。

ハワイアン【(英) Hawaiian】　ハワイや南太平洋の島々に伝わる民族音楽が、西欧音楽やジャズの影響を受けて近代的に編曲された音楽。スチールギターとウクレレを用いるのが特徴である。

パワコン【powerCON】　大容量のロック機構を備えた3極電源用のコネクタで、ノイトリック社の商品名。

パワコン

パワードスピーカ【(英) powered speaker】　パワーアンプを内蔵したスピーカシステム。アンプとスピーカを接続するコードが短いので、コードによるパワー損失と音質劣化がない。

パン【(英) pan】　テレビ、映画などの撮影のとき、カメラの位置は動かさずに、カメラを水平方向（左右）に回転して撮影することをパンという。垂直方向（上下）に動かすことをチルトというが、通常はチルトを含めてパンという。

反響板（はんきょうばん）　多目的に使用される劇場で室内楽やオーケストラのコンサートを行うとき、残響特性を補正するために用いる音響を反射させる仮設壁のこと。一般的に、背面、天井面、側壁面に設置してコンサートホールの音響条件に近づける。音響反射板とも呼ぶ。音

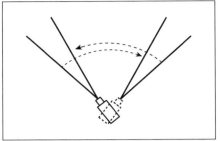

パン操作

楽堂では、固定の反響壁を設けている。

番号オペラ（ばんごうおぺら）　伝統的なイタリアオペラの様式で、アリアや合唱などの歌唱曲が必ず終止形で終わり、それぞれが独立している形式。レチタティーボを含め、通し番号が付けられているため、このように呼ばれる。舞台の場面転換は曲と曲の間に行われるため、転換終了を待って次の音楽が演奏される場合が多い。【反対】無限旋律、通奏オペラ【同意】ナンバーオペラ

反射音（はんしゃおん）【(英) reflect sound】　壁や天井、床などで反射された音のこと。間接音ともいう。音源から直接、耳やマイクに到達する音は「直接音」と呼び、反射音は直接音よりも遅れて到達する。【参照】間接音　【反対】直接音

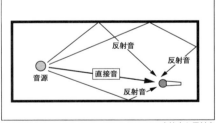

直接音と反射音

搬送波（はんそうは）【(英) carrier wave】　情報（信号）を搬送する（送る）ための電波や光のこと。

バンダ【(伊) banda】　バンドの意味で、オーケストラの別働隊のこと。特殊な効果を出すため、舞台裏やバルコニーなどで演奏するように、演奏場所が譜面上に指示されている演奏隊。

ハンドサイン【(英) hand sign】　ハンドシグナル、ハンドキューともいう。言葉を使わずに、手や指の形や動きで示す各種の合図。【参照】第2部・ハンドサイン

バンドパスフィルタ【(英) band-pass filter】　定

めた周波数の帯域だけを通過させ、それ以外の帯域は阻止する電気回路。

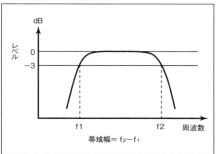
バンドパスフィルタ

ハンドマイク【(英) handheld microphone】　手に持って使用するためのマイクで、インタビューやヴォーカルに用いられる。この種のマイクは、握ったときのタッチノイズ(グリップノイズ)や吹かれ雑音(ポップノイズ)の対策が施されている。

パントマイム【(英) pantomime】　無言劇。身振りと表情だけで表現する劇。

半能(はんのう)　能楽において、一曲の能を後場(のちば=後半)に焦点をあて、前場(まえば=前半)を大幅に略して演じる形態のこと。

パンポット【(英) pan-pot】　2チャンネルのステレオでは、右と左のチャンネルに送られる音量の差、または位相の差によって音像の位置が決まる。パンポットは一つの音信号を左右に分配して、左右に送り出す音量の差を変えて音像の位置を決める装置である。送り出す音量の調整器は、右の音量を大きくすると左の音量が小さくなり、またはその逆にもなって、音量は連続的に変化できる。通常は音響調整卓に組み込まれていて、入力信号ごとに音像の位置を決めることや、音像を連続的に移動することができる。音像の位置は、図のツマミを中央(Cの位置)にすると、左右の音量は等しくなるので中央になる。ツマミをL方向に回すと音像は左側に移動し、R方向に回すと右側に移動する。【参照】音像、音像移動、音像定位

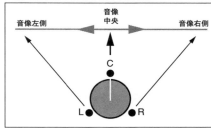
パンポット

半丸(はんまる)　客席から見える部分だけを立体的に製作した大道具。丸い柱や岩石の半分ほどを写実的に作ること。【参照】平目、丸物

半回し(はんまわし)　回り舞台を使用するとき、通常は180度回転して裏と表を入れ替えるが、半回しは90度程度回転して舞台装置の角度を変えて見せる演出法。【参照】回り舞台

ヒ

ピア・ツー・ピア 【参照】P2P

灯入れ（ひいれ） 舞台装置の灯台、行灯（あんどん）、燈篭（とうろう）、提灯（ちょうちん）などに、照明器具を仕込み点灯させること。

非可逆圧縮（ひかぎゃくあっしゅく） デジタルデータにおいて、圧縮前のデータと圧縮後のデータとが完全には一致しないデータ圧縮方式のこと。不可逆圧縮とも呼ばれる。静止画像ではJPEG、動画像ではMPEG-1、MPEG-2、MPEG-4、MPEG-4 AVC/H.264、WMV9、VP8、音声ではVorbis、WMA、AAC、MP3、ATRAC、Dolby Digital、DTS Digital Surround、Dolby Digital Plus、DTS-HD High Resolutionなどが非可逆圧縮。【反対】可逆圧縮

光磁気ディスク（ひかりじきディスク）【（英）magneto optical disk】 レーザによって磁気粒子を温めて情報を記録する円盤で、デジタル録音機器に使用されている。録音、再生を繰り返し行なうこともできるが、磁気粒子が冷えて固定されると外部磁気からの影響を受けないので、磁気機器に近づけても情報が消えることはない。

光ファイバ（ひかりファイバ）【（英）optical fiber cable】 大容量の情報を光に変換して送る伝送路。ケーブルは屈折率の異なる二層構造になっていて、光は中心層を伝搬する。電磁誘導などの影響を受けず、ロスが少ないなどが特長。

弾き歌い（ひきうたい） 同一人物が、楽器を演奏しながら歌うこと。弾き語りともいう。【参照】弾き語り

弾き語り（ひきがたり） ①浄瑠璃（じょうるり）などで、三味線を弾きながら、自分で語ること。②吟遊詩人などのように、朗読や吟詠の合間に、自分で楽器を奏でること。 ③楽器を演奏しながら、歌ったり語ったりすること。

引雑用（ひきぞうよう/ひきぞうよ） 演劇などの地方巡業中、スタッフや出演者にそれぞれ支給される食事代と宿泊費のこと。通常は引雑と言っている。

引抜き（ひきぬき） 歌舞伎の衣裳の早変わりの手法で、観客に強い印象を与える演出様式。数枚の衣裳を前もって着込んでいて、舞台上で演技をしながら、後見（こうけん）が衣裳を素早くはぎとり、一瞬のうちに別の衣裳に替えること。【参照】後見

引き幕（ひきまく）【（英）tab curtain】 左右に開閉する舞台用の幕。歌舞伎の定式幕（じょうしきまく）が代表的。【参照】定式幕

引き幕

引枠（ひきわく）【（英）wagon /truck】 平台（ひらだい）などにキャスタ（車）をつけた可動式の台。この上に舞台装置などを組み立てておいて、場面転換を敏速に行う。【参照】平台

引枠

引割（ひきわり） ①場面転換の手法。背景が中央で割れていて、これを左右に引くと、後に次の場面が現れてくる仕掛け。場面転換が早くできる。 ②引割幕、中割幕の略称。

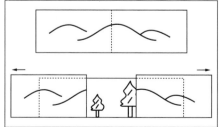

引割

引割幕（ひきわりまく）【（英）draw curtain /traveler curtain】 中央から割れて、左右に開ける

幕のこと。緞帳の代わりに用いることもあるが、通常は舞台の中間に設置して、舞台の進行中に引割幕を閉め、その前で演技をしている間に後ろで場面転換をすることが多い。中割幕（なかわりまく）とも呼ぶ。【参照】割緞

ピーキングタイプ【(英) peaking type】　イコライザのレベル変化の形で、特定の周波数帯域だけを上げたり下げたりできるもの。【参照】シェルビングタイプ、イコライザ

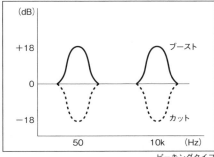

ピーキングタイプ

ピクセル【(英) pixel】　画像を構成する最小の単位要素のこと。色情報（色調や階調）が含まれている。

ピクチャー・イン・ピクチャー【(英) Picture In Picture】　表示されている画面の一部に、小さい別の画面を表示する機能。略してPIPと表記。パソコンの画面の中にテレビやビデオの映像を表示したり、Webカメラなどの映像を表示したりすることもある。

ピークレベルメータ【(英) peak level meter】　入力信号の実際の大きさを表示するメータ。打楽器など立ち上がりの速い音の場合、VUメータでは一瞬のピーク値を表示できないが、ピークレベルメータは常にピーク値が読め、電気的に無理のないレベル設定ができる。【参照】VUメータ

美術バトン（びじゅつバトン）　大道具類を吊るためのバトンのこと。【参照】バトン

ひずみ【(英) distortion】　アンプなどを通過することで信号が変形すること、または複数の信号を合成したときに生じる変形のこと。もとの波形に対する変化の度合いを％で表したものを「ひずみ率」という。高調波ひずみ、混変調ひずみなどがある。

皮相電力（ひそうでんりょく）【(英) apparent power】　交流における見かけ上の消費電力のこと。単位はVA（ボルトアンペア）である。直流の電力は［電圧V×電流A］で計算されW（ワット）で表示され、これを有効電力という。交流で

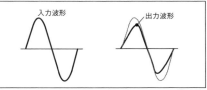

ひずみ波形

も一般の電気製品の消費電力は有効電力で表示される。装置にコイル成分（インダクタンス）やコンデンサ成分（静電容量／キャパシタンス）を持つ、コンピュータや電子機器などでは電圧波形より電流波形が遅れ［電圧の実効値×電流の実効値］の値が真の有効電力にならないことがあるので、［皮相電力≧有効電力］の関係になる。皮相電力は有効電力より大きく表記される。皮相電力と有効電力の割合を「力率（power factor）」という。力率＝有効電力÷皮相電力で求められる。

ピチカート【(伊) pizzicato】　ヴァイオリンなどの弦楽器で、弓を使わず、指で弦をはじいて演奏すること。pizzと略記する。

ピックアップ【(英) pick up】　楽器に接着させて、楽器自体の振動を電気信号にして収音する機器。楽器に取り付けて、空気の振動音を収音するものはコンタクトマイクと呼ぶ。

ピックアップカートリッジ【(英) pickup cartridge】　レコード盤に刻まれた溝から音信号を取り出す装置。カートリッジと略すこともある。MC型（ムービングコイル型）、MM型（ムービングマグネット型）などがある。

ビッグバンド【(英) big band】　10人以上の編成のジャズバンドをビッグバンドという。標準編成は、トランペット3〜5人、トロンボーン3〜4人、サックス4〜5人、リズム（ピアノ、ギター、ベース、ドラムス）である。

ピッチシフタ【(英) pitch shifter】　テンポを変えずにピッチを変換する装置。デジタルディレイの応用で、音の信号を記憶するスピードと、記憶された信号を読み出すスピードを変えることで、ピッチを変化させる。

ビット【(英) bit】　デジタルの信号を表すときの最小単位で、1ビットは「0と1」というふたつの値を持っている。つまり、1ビットでは2つの状態を表現でき、2ビットでは4つ、3ビットでは8つ、4ビットでは16、5ビットでは32……という具合に、1ビット増えるごとに表現できる値は倍々となり、CD（コンパクトディスク）やデジタルレコーダなどで採用されている16ビットの機器では65,536通りの状態を表現できる。例えば同じ1ボルトの信号を扱う場合に、8ビ

ットなら、1÷256＝0.00390625となり、表現できる最小値は約0.004ボルトとなる。また16ビットでは、1÷65536＝0.0000152587で、最小値としては約0.000015ボルトとなる。この最小値より小さい信号は表現できずに雑音となってしまうため、音響的に見たＳ／Ｎがこのビット数によって決まる。基本的なＳ／Ｎはおよそ次の式で計算できる。

Ｓ／Ｎ＝ビット数×6　（dB）

ちなみに16ビットでは16×6＝96でＳ／Ｎは約96dBとなる。

ビットエラー【英】bit error　デジタル記録において、符号を構成するビットが伝送、再生などの過程で損傷を受け、信号の一部が変化すること。

ビットストリーム【英】bit stream　デジタル信号のまま伝送または記録すること。例えば、DVDプレーヤとデジタルサラウンドプロセッサを接続するとき、光ケーブルによってデジタル信号をそのまま伝達すること。

ビデオフォーマット　【参照】DVD-Video

ビデオモード　【参照】DVD-Video

一人芝居（ひとりしばい）【英】monodrama　一人で演じる劇のこと。共演者なしで、一人の俳優の個人的力量を全面に展開する演劇。

ビバップ【bebop】　1940年代に起こったジャズの新たな流れ。従来のスイングジャズより小人数編成で演奏され、アドリブを重んじ高い音楽性を持つ。【参照】クールジャズ

110号プラグ／ジャック（ひゃくとうごうプラグ／ジャック）　110号とは型番で、本来は電話局で用いられていたプラグジャックである。音響用設備では、パッチング用として使われている。110（ひゃくとう）と略して呼ぶことが多い。

100BASE-T（ひゃくベース・ティー）　Fast Ethernet規格の一つで、非シールド撚り対線（UTP）を伝送媒体に使う規格のこと。この規格には100BASE-T2、100BASE-T4、100BASE-TXの3種類がある。IEEE 802.3uとして標準化されていて、集線装置（ハブ）を介して各機器を接続するスター型LANであって、最高通信速度は100Mbps、最大伝送距離は100mまで。100BASE-T用の機器は10BASE-Tと互換性のあるものが多く、1つのネットワークに混在させることができる。【参照】ハブ、LAN、10BASE-T

白緑（びゃくろく）　高さ7寸（約21cm）、踏板の幅が8寸（約24cm）、長さ3尺（約90cm）または6尺（約180cm）の白緑色の台。一段ともいう。

ピュアトーン【英】pure tone　純音。単一サイン波のこと。

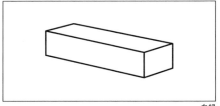

白緑

ビューワー【英】viewer　さまざまな画像、動画を表示するアプリケーションソフト、または表示機能。確認用の映像を表示する装置。

標本化定理（ひょうほんかていり）　アナログ信号をデジタル信号に変換するとき、アナログ音声信号が持つ最も高い周波数の2倍以上の周波数でサンプリング（標本化）すれば、元の音声信号の波形を再現が可能という定理。

開き足／開き脚（ひらきあし）　二重舞台（にじゅうぶたい）を組み立てるときに、平台（ひらだい）をのせる折畳み式の台。高さが1尺7寸（約51cm）のものと2尺4寸（約72cm）のものがある。【参照】足、二重舞台、平台

開き足

平台（ひらだい）　舞台装置を組み立てるときや、演奏者が乗る台を作るときに用いる台。高さは4寸（約12cm）。大きさはサンサンと呼ぶ3尺（約90cm）×3尺、ヨンヨンと呼ぶ4尺（約120cm）×4尺、サブロクと呼ぶ3尺×6尺（約180cm）、ヨンロクと呼ぶ4尺×6尺のものがあり、サブロクがもっとも多く使われる。三角形の「あぶらげ」と呼ばれるものは、3尺×3尺を対角線で切ったものと、3尺×6尺を対角線で切ったものもある。【参照】あぶらげ

平土間（ひらどま）【英】stalls /orchestra　劇場で、舞台正面の1階席のこと。

平目（ひらめ）【英】flat　丸物（まるもの）の対語で、張物（はりもの）や切出し（きりだし）のような平面的な大道具のこと。【参照】丸物、半丸、張物、切出し

紅型（びんがた）　15世紀頃から行われている沖縄の型染で、多色を用いたもののこと。鮮やかな色彩が特徴で、黄色地に大模様を染めたも

開き足にのせた平台

のは王家のみ着用が許されていた。紬（つむぎ）や芭蕉布（ばしょうふ）に染めるのが一般的。

紅型幕（びんがたまく） 沖縄の型染「紅型」で作った舞台用の幕で、沖縄の古典舞踊の背景幕として使用する。

ピンクノイズ【（英）pink noise】 オクターブ単位ごとに－3dBのローパスフィルタを通して、聴感上、平坦にした音響特性を測定するための信号。【参照】ホワイトノイズ

ピンスポットライト 出演者の動きを追って照らし、出演者を引き立たせるための照明器具。他のスポットライトよりも明るく、輪郭をはっきりさせることができる。略してピンスポまたはピンと呼び、英語ではフォロースポットという。

ピンポン録音【（英）ping-pong recording】 マルチトラックで録音した複数のトラックの音をミックスして、空いている他のトラックに録音すること。マルチトラック・レコーダのトラック数が足りなくなったときに、この手法を使用する。通常はコーラスやギターなど、同種類の楽器をミックスすることが多い。

ピンマイク タイピンマイクの略。ネクタイピンのようなクリップに取り付けて使用する超小型のマイクのことで、衣服の襟やネクタイ、または頭部に付けて収音する。ラペルマイク、ラベリアマイクともいう。

ピンマイク

フ

ファイアワイヤ【FireWire】 アップル社が提唱したデジタルネットワークの規格で、IEEE1394として標準化された。高速、汎用性などの優れた特徴を持っている。【参照】IEEE1394

ファイナライズ【(英) finalize】 CD-RやDVD-Rなどに、音楽や映像の信号を書き込んだとき、再生機器と互換性を持たせるための最終処理を行うこと。

ファイルフォーマット【(英) file format】 コンピュータなどで使用するファイルの保存形式。コンピュータで扱う文書、音声、画像、動画など、さまざまなコンテンツのファイルを、特定の利用方法またはアプリケーション・ソフトウエアで共通に扱うための形式や規格のこと。

ファームウエア【firmware】 コンピュータのマイクロプログラムや機器の内蔵ROMに書き込まれたプログラムなど、ハードウエアに組み込まれたプログラム。

ファラデーの電磁誘導の法則（ファラデーのでんじゆうどうのほうそく）【Faraday's law of induction】 電磁誘導において、1つの回路に生じる起電力の大きさは、その回路を貫く磁界の変化の割合に比例するというもの。【参照】電磁誘導

ファラデーの法則（ファラデーのほうそく）【Faraday's law】 英国の科学者、マイケル・ファラデーによって発見された物理法則で、電磁誘導の法則と電気分解の法則とがある。【参照】ファラデーの電磁誘導の法則

ファルセット【(伊) falsetto】 男性の裏声、仮声。

ファンタスティック【(英) fantastic】 幻想的、空想的、とても素晴らしい、の意。

ファンタム電源方式（ファンタムでんげんほうしき）【(英) phantom powering】 コンデンサマイクを作動させるための電源を供給する方法の一つ。マイクケーブルに電流を乗せて供給する方式で、音響調整卓の内蔵電源から直流48Vを供給するのが一般的。

ファンファーレ【(英) fanfare】 儀式や祭典の合図として用いられる三和音の音だけを使ったトランペットの演奏。または、それを模した楽曲。

フィーチャー【(英) feature】 ある楽器や、あるプレーヤに注目させる演奏の形態のこと。「○○をフィーチャーした」「○○をフィーチャリングした」などという。

フィードバック【(英) feedback】 戻すこと、戻ってくること。①ハウリング現象を起こす原因。【参照】ハウリング ②エレキギターなどで、自分のスピーカから出た音でギターの弦を振動させ、音を長引かせる手法をフィードバック奏法という。

フィナーレ【(伊) finale】 演劇などの最後の場面、音楽の最終楽章、オペラの最終場面などのこと。大団円（だいだいえん）ともいう。

フィルイン【(英) fill in】 穴埋めという意味。ソロ演奏の隙間を埋めるような形で、ドラムやピアノを演奏をすること。日本では「オカズ」ともいう。

フィルタ【(英) filter】 周波数帯域の必要な部分だけを通過させ、他の部分は阻止する回路のこと。フィルタは大きく分けて、ある周波数より高い周波数だけを通過させるハイパスフィルタ（ローカットフィルタ）、逆に低い周波数だけを通過させるローパスフィルタ（ハイカットフィルタ）、必要な帯域だけを通過させるバンドパスフィルタ、不必要な帯域を阻止するものをバンドストップフィルタまたはバンドリジェクションフィルタという。

フィルハーモニー【(独) Philharmonie】 「音楽を愛好する」の意。ベルリン・フィルハーモニーやウィーン・フィルハーモニー管弦楽団などと、オーケストラの名称に用いられている。略して「フィル」と呼ぶ。

フィルハーモニック【(英) philharmonic】 音楽愛好の、交響楽団の、音楽協会の、という意。ニューヨーク・フィルハーモニックなどと、オーケストラの名称に用いられている。

ブーイング【(英) booing】 観客が不平不満を表す行為。また、そのときに発する声。

封切り（ふうきり）【(英) first run】 新作映画を初めて一般に公開すること。

フェイク【(英) fake】 メロディーを譜面どおりに演奏しないで、そのメロディーの持つ基本的な雰囲気を維持しながら、装飾的な変化をつけて演奏すること。

フェイザ【(英) phaser】 【同意】【参照】フェイズシフタ、位相

フェイズ【(英) phase】 位相（いそう）のこと。【参照】位相

フェイズシフタ【(英) phase shifter】 楽器音の位相（フェイズ）を変化させて、音が揺れ動いている感じや、回転している感じを作る装置。時間を遅らせて位相を変化させた音と基の音を合成すると、合成音が増強しあったり、打ち消しあったりする現象を応用している。

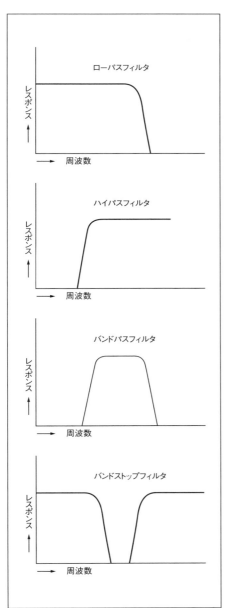

各種フィルタ

音響調整卓のフェーダ

フェスティバル【(英) festival】 祭り。祭典。

フェーダ【(英) fader】 連続的に音量(電気信号)を変化させる装置。一般的に、音響調整卓の音量調整器のことをいう。【参照】アッテネータ

フェード・アウト【(英) fade out】 音量調整の手法の一つで、音量を少しずつ連続的に絞って、次第に音を消すこと。略してF.O.と記す。【参照】第2部・フェーダテクニック

フェード・イン【(英) fade in】 音量調整の手法の一つで、音量をゼロから少しずつ連続的に大きくして、規定のレベルにすること。略してF.I.と記す。【参照】第2部・フェーダテクニック

フェルマータ【(伊) fermata】 音をのばして演奏する記号「⌒」。この記号をつけられた音符または休止符は、演奏者が任意に音をのばすことができる。

フォーカシング【(英) focusing】 舞台やテレビスタジオで、照明器具を調節して、照らす位置と範囲を決める作業。

フォーマット【(英) format】 コンピュータのデータの形式や規格のこと。または記憶装置固有の形式や、その規格に合うような状態にすることで、初期化ともいう。未使用の記録媒体(メディア)を、使用可能な状態にすることでもある。【参照】初期化

4リズム(フォーリズム)【(英) four rhythm】 リズムセクションの基本となるピアノ、ギター、ドラムス、ベースの総称。フルバンド(管楽器を中心とするジャズオーケストラ)におけるリズムセクションの基本単位であり、ギターかピアノのいずれかが抜けて3リズムになることもある。

4D映画(フォーディーえいが) 映画劇場用の体感型環境効果技術。体感できる効果は、座席の前後上下左右への動き・背中への衝撃・風・水しぶき・霧・雨・嵐・雪・匂い・煙などで、上映するには専用の技術装置の設置が必要となる。ユナイテッド系列の「4DX」と東宝系列の「MX4D」がある。

フォルクローレ【(西) folklore】 南米のアンデス地方のインディオたちの民俗音楽。縦笛のケーナやチャランゴなどを用いた、素朴な哀愁味が

113

特徴。

フォールドバック・スピーカ【英】fold back speaker】　はね返りスピーカと同意。【参照】はね返り

負荷 (ふか)【英】load】　力学的または電気的なエネルギーを受け取って、作動するもの。エネルギー源につなぐことを「負荷をかける」という。電池につなぐ電球、パワーアンプにつなぐスピーカなどが負荷である。

負荷インピーダンス (ふかインピーダンス)【英】load impedance】　アンプにスピーカ (負荷) を接続したとき、そこに電流が流れて、スピーカは抵抗と同じ動作をする。このように、負荷には必ず抵抗値が存在する。この抵抗値は周波数によって変化するもので、負荷に存在する抵抗成分を負荷インピーダンスという。インピーダンスは交流を流したときの抵抗値。【参照】インピーダンス

ふかす　大道具の位置を高くすること。または、台に乗せて人物や物体を高くすること。雪洲 (せっしゅう) するともいう。【参照】雪洲

吹かれ雑音 (ふかれざつおん)　マイクに風や息などが当たって発生する「ボコボコ」という雑音。屋外で使用したり、マイクに接近して発声したりすると発生しやすい。これを防止するにはウインドスクリーンまたはポップスクリーンと呼ばれる器具を装着する。【参照】ウインドスクリーン

吹き替え (ふきかえ)【英】stand in】　①映画の撮影などで、危険な場面を主演俳優に代って演じる俳優のこと。　②外国映画の俳優の声を日本語に入れ替えること。

副指揮者 (ふくしきしゃ)　指揮者の助手。モニタテレビを見ながら、舞台袖で演奏されるバンダやカゲ歌、カゲコーラスなどの指揮をする。【参照】バンダ

副調整室 (ふくちょうせいしつ)【英】sub control room】　テレビ局のスタジオで、番組を収録するための機器が設備されている部屋。この部屋で、映像や音声を調整して番組を製作し、主調整室 (しゅちょうせいしつ) へ送出して放送したり、録画したりする。副調、サブと呼ばれる。【参照】主調整室

副舞台 (ふくぶたい)　演技をする主舞台に対して、主舞台の左右と奥に設けたスペースのことで、次の場面の舞台装置を準備しておく舞台。側舞台、後舞台ともいう。

節付け (ふしづけ)　邦楽の声楽部分 (唄または浄瑠璃) を作曲すること。

舞台 (ぶたい)【英】stage】　演技または演奏をする場所。大勢の民衆に見せるための工夫、複雑な演出や演技を可能にする工夫がされて発達した。観客席と隔離したもの、観客席の中に設置したものなどがある。【参照】劇場

舞台裏 (ぶたいうら)【英】back stage /rear stage】　観客席からは見えない舞台の裏側。スタッフの控室、または大道具、照明器具、音響機器などの格納室がある。

舞台奥 (ぶたいおく)【英】up stage】　舞台の後部。欧米ではアップステージというが、これはヨーロッパの旧い劇場の舞台は傾斜していて、奥の方に行くにしたがって床が高くなっていたため。

舞台監督 (ぶたいかんとく)【英】stage manager】　舞台上のすべてを統括する責任者。歌舞伎では狂言作者の仕事であって、現代劇では演出部あるいは文芸部の仕事に属する。「ブカン」と略して呼ぶことが多い。クラシック音楽では、ステージマネージャと呼ぶ。

舞台監督卓 (ぶたいかんとくたく)　舞台監督が扱う装置の操作部分を集合させた卓。開演ベル、休憩表示灯、モニタテレビ、モニタスピーカ、楽屋呼び出し装置、インターカム、時計、ストップウオッチなどが装備されていて、舞台が見通せる舞台袖に設置してある。

舞台機構 (ぶたいきこう)　迫り、回り舞台、スライディング装置、バトン、緞帳など、舞台上または舞台床下などに装備してある設備の総称。演出効果を高め、場面転換を省力化し迅速にする目的で使用される劇場の基本的な設備。

舞台稽古 (ぶたいげいこ)【英】dress rehearsal、(独) Generalprobe】　実際の舞台で、衣裳、化粧、小道具、かつら、音楽、音響、照明、大道具など、一切の条件を本番と同じにして行われる稽古。現代劇、オペラ、バレエなどではゲネプロと呼んでいる。【参照】ゲネプロ

舞台操作室 (ぶたいそうさしつ)　舞台機構を操作するためのスイッチが集合している舞台操作盤が設置された部屋。

舞台操作盤 (ぶたいそうさばん)　舞台機構を操作するためのスイッチを集合させた操作卓。

舞台袖 (ぶたいそで)【英】side stage /bay area /wing stage】　舞台両面の奥のスペース。ここに、上演するための大道具、小道具、照明器具、音響機器、楽器などが準備されている。「ふところ」とも呼ばれる。

舞台転換 (ぶたいてんかん)【英】scene change】　次の演目または場面に変更すること。大道具、小道具、照明器具、音響機器などを入れ替える作業。

舞台端 (ぶたいばな)【英】lip of stage】　舞台の最前部。【参照】舞台奥

舞台美術 (ぶたいびじゅつ)　大道具、小道具、衣

裳、かつら、メークアップ、舞台照明など舞台の視覚的な演出要素の総称。

舞台前（ぶたいまえ）【英】down stage】 舞台の前方のこと。【反対】【参照】舞台奥

ぶっつけ 放送や舞台などで、リハーサルなどをしないでいきなり撮影、収録、上演すること。「ぶっつけ本番」などという。

フットモニタ 足元に置いて使用する演奏者のためのモニタスピーカのこと。

フットモニタ用スピーカシステム

フットライト【英】footlights】 舞台の最前部の床、または花道の床に設置して、演者を足下から照らす照明器具。仮設型と埋込型がある。

フットライト

葡萄棚（ぶどうだな） 舞台の天井に設けてある簀の子（すのこ）のこと。葡萄棚に似ているので付いた名称。【参照】簀の子

太棹（ふとざお） 三味線の種類。三味線は棹の太さによって三種に分けられている。最も太いものを太棹と呼び、義太夫節や地唄などに用いられている。棹が太いだけでなく、胴や駒、撥の大きさと重さ、弦の太さなども異なる。

不平衡型回路（ふへいこうがたかいろ）【同意】【参照】アンバランス型回路

不平衡型接続（ふへいこうがたせつぞく）【同意】【参照】アンバランス型接続

ブーミング【英】booming】 室内で音を聴いたとき、低音域が必要以上に響いて不快な感じになることがある。この状態のことをブーミングという。ブーミングの主な原因は、低音域の残響時間が長く、低音が減衰しないで定在波（ていざいは）が発生していることである。【参照】定在波

ブームマイクスタンド【英】boom microphone stand】 折り曲げる棒が付いたスタンドで、伸縮が可能で、マイクと音源の距離、角度を自在に調節できる。

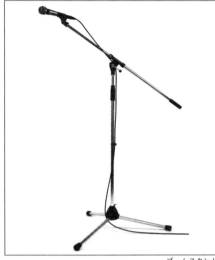

ブームスタンド

不滅電源（ふめつでんげん） 常に通電していて、いつでも使用できる電源。単に不滅ともいう。

フライブリッジ【英】fly bridge /lighting bridge】 舞台の上部のバトンの間に吊ってある照明設備で、人が乗って歩けるようになっている橋のようなもの。スポットライトやボーダライトが取り付けられていて、ここから照明器具のフォーカシングなどを行う。花びらや落ち葉を散らす場所としても使用される。略してブリッジともいう。

プライマリーポート【英】primary port】 リダンダント方式のIPオーディオ伝送で優先度の高い第1のポートを示す。【参照】セカンダリーポート、リダンダント

フライングスピーカ【英】flying speaker】 ステージ上部に吊り上げて使用するスピーカのこと。観客との距離を比較的均等にできるため、均一な音圧と音質を得ることができ、床などによる反射音の弊害も少ない。

プラグ【英】plug】 機器を接続するためのコー

115

フライングスピーカ

ドの先端に取り付ける、差し込み器具。機器本体に取り付けてある差し込み口（ジャック）に差し込んで使用する。

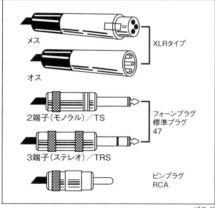
プラグ

プラグイン【(英) plug-in】 ①電子機器において機能拡張、仕様変更を行うために規格化された差し替え可能なモジュール（部品）。②アプリケーションソフトウェアの機能を拡張するために追加するプログラムの一種。

ブラス【(英) brass】 金管楽器、brass wind instrumentの略。

ブラスバンド【(英) brass band】 金管楽器を中心に、ドラムなどを加えた小規模の楽団。吹奏楽団。

ブラックライト【(英) black light】 紫外線を発光させる蛍光灯で、蛍光物質を塗った被写体に当てると被写体が発光して特殊な効果が得られる。

フラッシュメモリ【(英) flash memory】 コンピュータのデータなどの書き込みと消去を繰り返し行うことができ、電源を切っても内容が消えない半導体メモリ。フラッシュメモリをカード型にパッケージしたものをメモリカードと呼び、デジタルカメラや携帯音楽プレーヤなどデジタル機器の記憶媒体として用いられている。フラッシュメモリのパッケージにUSBコネクタを付けた「USBメモリ」などがある。【参照】USB

フラッタエコー【(英) flutter echo】 音をよく反射する天井と床、あるいは壁と壁が互いに平行な部屋で手を叩いたりすると、音が何度も反射して往復し、断続的に聴こえる現象をいう。鳴き竜現象（なきりゅうげんしょう）ともいう。

フラメンコ【(西) flamenco】 スペイン南部のアンダルシア地方で生まれた、舞踊と歌とギターが一体となった音楽。

フランジャ【(英) flanger】 ディレイ回路を通して遅延時間を連続的に変化させた音と、基の音を合成し、ジェット機の離着陸の音が刻々と変化するのに似た音を作りだす装置。ジェットマシンともいう。

プランナ【(英) planner】 立案者のこと。作品または番組を企画する人。音響プランナや照明プランナは、脚本や演出意図に基づいて、音響または照明を総合的に立案する。

プランニング【(英) planning】 計画をすること。立案。企画。

振り（ふり） ある事をするときの態度や表情のこと。俳優の動き、または舞踊の動作など。

プリアンプ【(英) preamplifier】 メインアンプ（パワーアンプ）の前に設置し、弱小の信号を扱いやすいレベルまで増幅する。プリアンプには、イコライザやトーンコントロールなどの音質調整の回路が付属していることが多い。前置増幅器ともいう。

振り落とし（ふりおとし） 歌舞伎で、バトンに吊った浅葱幕（あさぎまく）や道具幕などを素早く落として、一瞬に次の場面にすること。【参照】バトン、浅葱幕、道具幕、

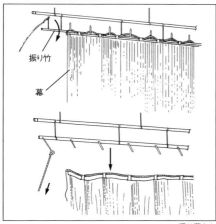

振り落とし

振り被せ（ふりかぶせ） 歌舞伎の幕切れのとき、バトンに束ねて吊っておいた浅葱幕（あさぎまく）や道具幕などを一瞬のうちに広げて、その場面を隠すこと。振り被せた幕の前で演技をしている間に、裏で舞台装置の転換を行い、「振り落とし」をして次の場面にする。【参照】振り落とし、バトン、浅葱幕、道具幕

ブリッジ【(英) bridge】 ①演劇で、場面転換をしている間に流す音楽や効果音のこと。ブリッジ音楽、ブリッジ音、つなぎの音楽、つなぎの音という。 ②音楽のサビという部分。曲の印象を一転させるもので、メロディーも調も変わる。 ③劇場の照明設備のフライブリッジの略称。【参照】フライブリッジ ④弦楽器で、弦を支えている駒。弦楽器において弦を楽器本体に接触しない位置で保持し、弦の振動を効率よく共鳴胴または響板に伝える部品。【参照】駒

ブリッジ接続（ブリッジせつぞく） 2チャンネル組み込まれたパワーアンプで、一方のアンプを逆極性で作動させ、双方のアンプ出力の＋側にスピーカを接続して、モノラルアンプとして使用する方法。出力電圧が2倍になり、理論上は4倍のパワーが得られるが、現実的には3倍程度である。業務用のパワーアンプには、ブリッジに切り替えるスイッチが付く機種があり、入力信号は入力1側（またはL側）の端子に接続する。【同意】BTL

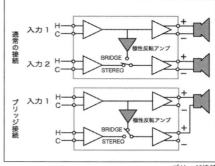

ブリッジ接続

プリフェーダ【(英) pre-fader】 音響調整卓の信号経路で、入力フェーダよりも前の部分をプリフェーダ、後ろの部分をポストフェーダと呼ぶ。プリフェーダの位置から信号を取り出すと入力フェーダ操作の影響を受けない。【参照】ポストフェーダ

プリマ・ドンナ【(伊) prima donna】 オペラで、主役をつとめる女性歌手。【参照】プリモ・ウォーモ

プリミックス【(英) pre mixing】 トラックダウンやMAなどの作業をする前に、仕上がりを想定するラフなミキシング作業。仮ミックスともいう。【参照】トラックダウン、MA

プリモ・ウォーモ【(伊) primo uomo】 オペラで、主役をつとめる男性歌手。【参照】プリマ・ドンナ

ブルース【(英) blues】 1863年の奴隷解放後、アメリカ南部の黒人たちの間で生まれた音楽。主に、ギターの弾き語りの形で発展した。

プルト【(独) pult】 譜面台のこと。オーケストラは、第1ヴァイオリンの人数で他の弦楽器奏者や全体の構成数が決まるため、総人数を第1ヴァイオリンのプルト数でいうことが多い。弦楽器は2名で1台の譜面台を使うため、8プルトと表記した場合は奏者が16人ということになる。また弦楽器奏者は客席側の奏者が上位の演奏者であるため、客席側の奏者をプルト表（おもて）、舞台奥側の奏者をプルト裏（うら）と呼ぶ。なお、弦楽器に限らず各パートの主席演奏家は

トッププルトと呼ばれる。

ブルーレイ・ディスク【Blu-ray disc】 青紫色半導体レーザを使用した光ディスク。記憶容量がDVDの5倍あり、2層ディスクでは50GBになる。BDと略記する。2層のディスクはBD DLと表記。大きさは従来のCDやDVDと同じで、BDプレーヤで従来のCDやDVDを再生できるが、BDを従来のDVDプレーヤで再生することはできない。

フルレンジスピーカ【(英) full range speaker】 1個のスピーカユニットで、低音域から高音域まで全帯域を再生するスピーカ。全帯域スピーカともいう。

フルレンジスピーカ

プレイバック【(英) playback】 録音した音を再現すること。再生ともいう。略してPBと記す。

フレーズ【(英) phrase】 メロディーの一区切りを指し、4小節単位で、1つのメロディーを構成するもの。楽節(がくせつ)ともいう。

プレスコ【(英) prescoring】 プレスコアリングの略。舞台や映画撮影などで、歌や台詞をあらかじめ録音しておいて、歌手や俳優はその音に合わせて演じ、実際の声は収音しないこと。「口ぱく」ともいう。【反対】アフレコ

プレゼンス【(英) presence】 存在感、臨場感のこと。【参照】臨場感

プレゼンテーション【(英) presentation】 公開、公表、説明。計画案や企画案などを公表、提案すること。

フレット【(英) fret】 ギターなどの弦楽器の指板に付いている、弦を押さえる場所を示す突起した線。

ギターのフレット

プレビュー【(英) preview】 ①映画や演劇の一般公開に先立つ試写、試演。 ②コンピュータで、文書などの印刷をする前に、仕上がりイメージを画面上で確かめること、またはその機能。

フレミング左手の法則(フレミングひだりてのほうそく) 電気技術者のジョン・フレミングが考案した、「電流が流れる電気伝導体(導体)にかかる力」と「磁界」の関係を手の指で示すもの。略して左手の法則、またはフレミングの法則と呼ぶ。磁界の中に導体を設置して、そこに電流を流すと導体がある方向へ動く力が発生する。この原理を説明するために、左手の親指・人差指・中指がそれぞれ直角になるように開いて、人差指を磁束の方向、中指を電流の流れる方向にすると、親指の方向が導体が動く方向になる。この原理を応用して導体を回転式にしたものが電動機(モータ)である。同じように右手の指で示すのは発電機の原理で、人差指を磁束の方向、親指を導体の動く方向にすると、中指は導体に流れる電流の方向になる。

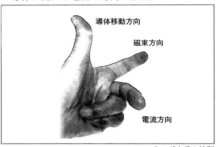

フレミング左手の法則

フレミング右手の法則(フレミングみぎてのほうそく) 【参照】フレミング左手の法則

フレーム【(英) frame】 額縁。①テレビ画面を構成する最小単位の1枚の画像。 ②枠の意味。テレビや映画の画面の枠。

フレームアウト【(英) frame out】 映画やテレビで、カメラを固定して撮影している画面から、出演者が出ていくこと。【反対】フレームイン 【参照】板付き

フレームイン【(英) frame in】 映画やテレビで、カメラを固定して撮影している画面に、出演者が入ってくること。【反対】フレームアウト 【参照】板付き

フロアディレクタ【(英) floor director】 プログラムディレクタの補佐をする演出助手。スタジオフロアにいて、副調整室内と緊密な連絡をとり、出演者やスタッフへの指示をして、番組を円滑に進行させる役目の人。FDと略称する。

プログラムチェンジ【(英) program change】 シ

ンセサイザなどで、音色プログラムを切り替えるMIDI信号。エフェクタや音響調整卓などの状態を、一括して切り替えるのにも使用される。

プログラムディレクタ【(英) program director】 テレビ番組の制作で、演出担当の責任者のこと。番組の制作現場で、自らスタッフを指揮して製作する人。PDと略称する。

プロセッサ【(英) processor】 処理装置。①電気音響信号を加工する機器の総称。ディレイマシン、ノイズゲート、リミッタ、コンプレッサなどのこと。現在は、幾つかの機能が搭載されていて多目的に使用できるものが多い。エフェクタともいう。 ②コンピュータの中で最も重要な機能で、命令を解読し実行する装置。

プロセニアムアーチ【(英) proscenium arch】 舞台の開口部。劇場の舞台と客席とを区分する額縁状の枠。略してプロセニアム、またはプロセと呼んでいる。

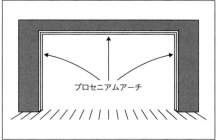

プロセニアムアーチ

プロセニアム劇場【(英) proscenium stage】 プロセニアムアーチ形式の劇場。プロセニアムアーチによって、舞台と観客席が区分されている劇場のことで、プロセニアムステージともいう。舞台と観客席が同一空間になっている形式のものはオープンステージと呼ぶ。【参照】オープンステージ

プロセニアムステージ【(英) proscenium stage】 【参照】プロセニアム劇場

プロセニアムスピーカ【(英) proscenium loudspeaker】 劇場のプロセニアムアーチ(舞台の額縁)に設置したスピーカシステムのこと。プロセニアムの両サイド(プロセニアムカラム)に取り付けられたものは、カラムスピーカと呼ばれる。【参照】カラムスピーカ

プロダクション【(英) production】 制作会社。映画製作会社、テレビ番組制作会社、演劇制作会社。日本では芸能人斡旋会社のことも指す。

フローチャート【(英) flow chart】 仕事の流れや処理の手順を図式化したもの。作業管理やコンピュータ用のプログラムの設計に用いられる。

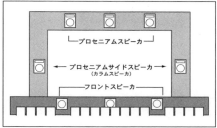

プロセニアムスピーカ

【参照】ワークフロー

フロッピーディスク【(英) floppy disk】 薄い円盤状のプラスチックに磁性体を付着させた記録媒体。

ブロックダイヤグラム【(英) block diagram】 音響調整卓の複雑な回路を、それぞれ機能の異なる部分ごとにブロック化し、回路構成が簡単に理解できるように図式化したもの。または、各種機器を接続するための回路図。(図は前ページ)

プロデューサ【(英) producer】 ①演劇、音楽、イベントなどの作品を作るために、立案して、予算を立て、スタッフやスケジュールの編成を行い、宣伝や営業までのすべてを統括する人。製作者、制作者ともいう。 ②放送では演出部門の総責任者。

プロデューサ・システム プロデューサが中心になり、個々の作品に応じて脚本家、演出家、俳優、スタッフを選定して舞台作品を製作する形式のこと。

ブロードウェイ【(英) Broadway】 ニューヨーク市の通りの名称で、商業劇場が密集する劇場街。アメリカのショービジネスの中心地で、ミュージカルをロングランする劇場が軒を並べている。

プロトコル【(英) protocol】 約束事という意。インターネットではIP(Internet Protocol)と称し、データ通信を行うために、あらかじめ定めておく規則のことをいう。【参照】IP

ブロードバンド【(英) broadband】 広帯域という意。高速大容量の通信回線を用いたコンピュータネットワーク。または、そのサービスのこと。映像や音声などの大容量データをネットワーク経由で送ることができる。光ファイバやCATV、ADSLなどの有線や、FWA(Fixed Wireless Access、無線アクセスシステム)などの無線通信技術によって実現。一般的に、500kbps以上の通信回線をブロードバンドといい、従来の電話回線やISDN回線をナローバンドと呼ぶ。

119

プロセニアム劇場

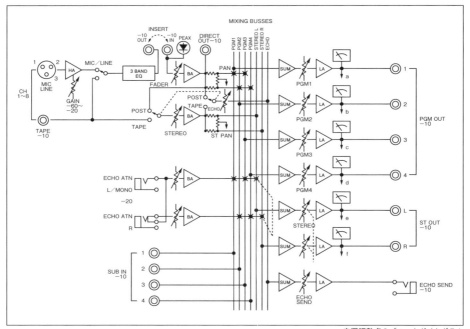

音響調整卓のブロックダイヤグラム

プロポーザル【(英) proposal】 提案、計画、申し出
プロローグ【(英) prologue】 序幕、序曲のこと。音楽や演劇で、作品の意図などを暗示する前置きの部分。【反対】【参照】エピローグ
フロントサイド・スポットライト 観客席の前方、両壁の上部に設置して、舞台上を照らすスポットライトのこと。
フロントスピーカ 舞台床の最前部の壁面に、客席を向けて設置されたスピーカシステム。【参照】プロセニアムスピーカ

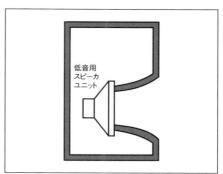
フロントローデットホーン

フロントスピーカ

フロントローデットホーン【(英) front loaded horn enclosure】 取り付けたコーン型スピーカの前面がホーンの形状になっているスピーカボックスのこと。低音域の後方への回り込みを制限するのが目的で、主として低音用スピーカシステムに用いる。

プロンプタ【(英) prompter】 ①演劇やオペラなどで、観客には見えないところにいて、演技中の俳優に台詞や歌詞を教える役目の人。 ②スピーチや放送などで、演者のために原稿を表示する装置。
分岐ボックス(ぶんきボックス) 信号を二つ以上に分ける回路を収容した箱。
文楽(ぶんらく) 義太夫節(ぎだゆうぶし)という音楽に合わせて演じる人形浄瑠璃(にんぎょうじょうるり)と呼ぶ人形劇。3人で1つの人形を操るのが特徴。明治末期になって、唯一の人形浄瑠璃専門の劇場が文楽座だったので、このように呼ぶようになった。【参照】浄瑠璃、義太夫節

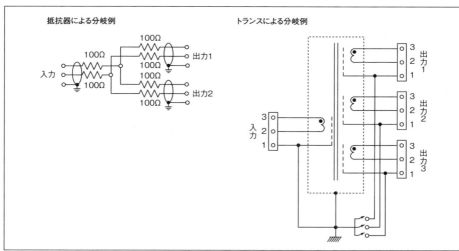
分岐ボックスの回路図

へ

ペアマイク方式（ペアマイクほうしき）【英】pair microphone technique】 最も基本的なステレオ収音方法で、同じ特性の２つのマイクを適切な間隔で左右に配置し収音する方法。

平均吸音率（へいきんきゅうおんりつ） 部屋のすべての壁面で音を吸収する度合。部屋の響き具合を判断する値になる。部屋のすべての壁面の吸音力を合計して、全表面積で割れば平均吸音率が求められる。【参照】吸音力、吸音率

平衡型回路（へいこうがたかいろ）【同意】【参照】 バランス型回路

平衡型接続（へいこうがたせつぞく）【参照】 バランス型回路

平面波（へいめんは） スピーカを複数個、縦と横に並べて設置すると、縦と横の指向角度が狭まった形で音が放射される。この音波を平面波と呼び、このような音源を面音源という。音は拡散せずに伝搬されるので、距離による音圧の減衰は少ない。【参照】点音源、円筒波

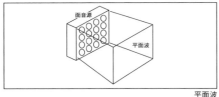

平面波

並列（へいれつ）【英】parallel circuit】【同意】【参照】 パラレル接続

べか 一文字幕の別称。【同意】【参照】一文字幕

ページェント【英】pageant】 野外劇、仮装行列、大規模ショーのこと。元は、中世ヨーロッパで祝祭日に演じられた宗教劇。

ベースコントロール【英】bass control】 低音域の音質調整器、または、低音の音質を変化させること。【反対】【参照】トレブルコントロール

ヘッドアンプ【英】head amplifier】 マイクからの弱い信号（−60dB 〜 −40dB程度）を、処理しやすいラインレベル（−20dB 〜 ＋4dB程度）まで増幅するためのアンプ。HAと略して記す。プリアンプともいう。

ヘッドセット【英】headset】 マイクを一体化したヘッドフォン。

ヘッドフォン【英】headphone】 耳に当てて、個人で聴くための小型スピーカ。耳に差し込むものはイヤホンという。

ヘッドルーム【英】head room】「上部の余裕」という意味で、人間の頭と部屋の天井との間隔のこと。　①音響機器では、実際に作動させている入力レベルに対して、更にどのくらいまで大きな信号を入力させても問題ないという「余裕の度合い」。規定入力レベルと、最大入力レベルの差で、デシベルで表す。ヘッドルームが低いと、突然の大きな信号の入力でひずみを起こしやすい。　②撮影している画面の枠内で、人物の頭の上の間隔。

ペー・パー・ビュー【英】pay-per-view】 ケーブルテレビやインターネットで、視聴した番組単位で料金を課すこと。または、そのサービスのこと。PPVと略記。

ヘルツ【独】hertz】 周波数の単位。音波が１秒間に振動する回数のこと。記号はHz。

ヘルムホルツ共鳴器（ヘルムホルツきょうめいき）【英】Helmholtz resonator】 首のついた壺のような形状で、特定の周波数の音に対して共鳴する。首の長さで共鳴する周波数が異なり、容器内の空気が作用して共鳴する周波数のエネルギーを減衰（吸音）させる。録音スタジオなど室内音響の改善に利用されている。ドイツの科学者、ヘルマン・ルートヴィヒ・フェルディナント・フォン・ヘルムホルツが解明した原理。【参照】共鳴

ベロシティマイクロホン【英】velocity microphone】 リボンマイクロホンとも呼ばれ、電気エネルギー変換の原理はムービングコイル型と同じだが、振動板に薄いアルミ箔をリボン状にしたものを使用。音波によってアルミ箔が振動し、それに応じてアルミ箔の両端に電圧が生じる。【参照】マイクロホン、ダイナミックマイクロホン

変圧器（へんあつき）【英】transformer】【同意】【参照】 トランス

編集（へんしゅう）【英】editing】 録音または録画したものの不要部分を削除したり、順序を入れ替えたり、他の素材を挿入したり、使用目的に合うように仕上げること。デジタル信号で記録した場合は、実際に切ったり削いだりしないで、編集点を記憶させることで編集できる。【参照】ノンリニア編集

ベンダー【英】vendor /vender】 売り手、販売店、販売会社。自動販売機。

変調（へんちょう）【英】modulation】 ①高周波電流の振幅、周波数、位相などをある信号の変化に応じて変えること。音声や映像信号を電波に乗せて送信するとき、これらの信号で電波の振幅、周波数、位相、パルスなどを変化させる振幅変調、周波数変調、位相変調、パルス変調などがある。②音楽の移調のこと。【参照】移調

ホ

ボイスコイル【(英) voice coil】 スピーカやマイクの振動板に取り付けられたコイル。スピーカではボイスコイルに音声電流を与えて音を出す。マイクでは振動板が動くとボイスコイルに音声電流が発生する。

ポイントソース【(英) point source】 【参照】点音源。

ボウイング【(英) bowing】 ヴァイオリンなどの弦楽器の弓の使い方。弓の先から使う上げ弓（up bow）と、その逆の下げ弓（down bow）などがある。

　　　　⊓ 下げ弓の記号　v 上げ弓の記号

邦楽（ほうがく）　明治時代に輸入された欧米の音楽に対し、日本の音楽という意味。広義には歌謡曲やニューミュージックを含めた、日本で作られた音楽の全体を指すが、狭義には三味線音楽や箏曲などを指す。

邦楽器（ほうがっき）　邦楽で使用する楽器の総称。和楽器ともいう。

保護回路（ほごかいろ）【(英) protection circuit】 アンプやスピーカなどを、万一の事故から守るために設けてある回路のこと。トランジスタを用いたアンプは、出力インピーダンスを低く設定してあるため、スピーカ端子がショートすると出力トランジスタに過電流が流れ破壊する恐れがある。またOCL回路（アンプとスピーカとの間に、直流を遮断するためのコンデンサを使用していない回路）を採用しているアンプが壊れると、直流電流がスピーカに流れ、スピーカを破壊することがある。この予防のために保護回路を設ける。保護回路には、放熱器の過熱を検出するものと、出力トランジスタに流れる過電流を検出するものとがある。

干す（ほす）　出している音を消して、しばらく音を出さないこと。

ポーズ【(英) pause】 一時停止。休止。①録音再生機の一時停止スイッチ。②音楽で、休止符のこと。③舞踊、演劇で動きを静止すること。

ポストフェーダ【(英) post-fader】 音響調整卓の信号経路で、入力フェーダよりも前の部分をプリフェーダ、後ろの部分をポストフェーダと呼ぶ。ポストフェーダの位置から信号を取り出すと、その信号は入力フェーダの操作の影響を受ける。【参照】プリフェーダ

ポストプロダクション【(英) post production】 収録したビデオ素材を、整音、編集などの加工をして完成させる工程。または、その作業を行う会社。

ポストレコーディング【(英) post recording】 アニメ映画などで、完成した映像に合わせて、台詞や音楽などを録音する作業のこと。日本ではアフレコと呼ぶことが多い。このスタジオをポストレコーディングスタジオという。【参照】アフレコ

細棹（ほそざお）　三味線の種類。太棹（ふとざお）、中棹（ちゅうざお）に次ぐもので、棹が最も細く胴も小さく、繊細な音がする。長唄（ながうた）、小唄（こうた）、端唄（はうた）などに用いられる。

ボーダ【(英) border】 ①一文字幕やカットクロスなど、舞台の上部を観客の視線から遮る物のこと。②ボーダライトの略称。【参照】ボーダライト

ボーダライト【(英) batten light】 舞台の上部に吊って、舞台全体を均等に照らす照明機具。舞台照明のベースとなる。

ボーダライト

ポータル【(英) portal】 入口または扉の意。①プロセニアムの開口部の内側にあって、舞台の額縁を形成するもの。通常は移動させて舞台枠の大きさを調整でき、板製のものをハード、布製のものをソフトという。②プロセニアムアーチに付いているドア、または出入口のこと。

ポータルサイト【(英) portal site】 ポータルは入口、サイトは場所の意。インターネットを利用するときの入口となる巨大なWebサイト。検索エンジンやリンク集を核として、情報提供サービス、ブラウザから利用できるWebメールサービス、電子掲示板、チャットなど、ユーザがインターネットで必要とする機能をすべて無料で提供して利用者数を増やし、広告や電子商取引仲介サービスなどで収入を得ているサイト。GoogleやYahooなどのサイトのこと。

ホットジャズ【hot jazz】 即興演奏を主体とし、観客を熱狂させるようなジャズ。【参照】クールジャズ

ポップス【(英) pops】 大衆的な流行音楽。ポピュラーミュージックの略。

ポップスクリーン【(英) pop screen /pop filter】 録音スタジオなどで、歌手のポップノイズを避けるために、マイクの前に取り付けるアダプタのこと。ウインドスクリーンの一種。

ポップノイズ【(英) pop noise】 歌やスピーチなどの子音の発音時に、強く短い息がマイクに当たり、「ボコ」「ボン」という雑音を発生することがある。これをポップノイズと呼ぶ。「吹かれ雑音」ともいう。【参照】風雑音

ぼて 舞台衣装や小道具などの運搬に使われる箱。

ボードビル 【参照】ヴォードビル

ポピュラー【(英) popular】 ポピュラーミュージック、ポピュラーソングの略。

ポピュラーソング【(英) popular song】 流行歌。

ポピュラーミュージック【(英) popular music】 クラシック音楽以外の大衆音楽。広く一般に親しまれている欧米の音楽など。それに相当する日本製音楽をJ-POP（ジェイポップ）と呼ぶ。

ポーラパターン【(英) polar pattern/polar response】 マイクやスピーカの指向性を360°にわたって示した図。ポーラレスポンスともいう。

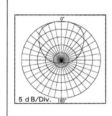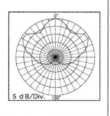

スピーカのポーラパターン

ホリゾント【(独) Rundhorizont、(英) cyclorama】 舞台やテレビスタジオの後方一面に設けられた幕または壁で、照明によって空や無限の空間などを表現する。また照明効果器で雲や雪などを投影することもある。

ポリフォニー【(英) polyphony】 多声音楽、多くの旋律を組み合わせた和声音楽。【反対】【参照】モノフォニー

ホール【(英) hall】 会館、講堂、公会堂、音楽堂（コンサートホール）。

ポルタメント【(伊) portamento】 ある音から他の音に移るとき、音の高さを連続的にずらしながら移行する奏法。または唱法。

ボー・レイト【(英) baud rate】 デジタル信号の伝送能力のことで、1秒間に伝送できるビット数。1ボーは「1秒に1bit」伝送すること。

ホワイエ【(仏) foyer】 英語のロビーと同意。【参照】ロビー

ホワイトスペース 隣り合った周波数帯の通信（放送）で排他的に割り当てられた帯域で利用されていない帯域や、干渉や混信を防ぐために、それぞれの間に設けた空白の領域のこと。

ホワイトノイズ【(英) white noise】 あらゆる周波数成分を含んだ雑音のこと。オクターブ単位ごとに3dBの割合で上昇しているので、聴感上は高音域が強く聞こえる。【参照】ピンクノイズ

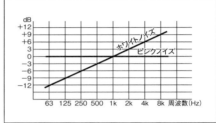

ホワイトノイズ

ホーン【(英) horn】 原語は角笛。スピーカの振動板から放射された音を拡散させないで、所定の指向性を持たせるためのもので、角笛の形状になっている。【参照】能率、ホーン型スピーカ

盆（ぼん） 回り舞台のこと。【参照】回り舞台

ホーン型スピーカ（ホーンがたスピーカ）【(英) horn type speaker】 スピーカのドライバユニットの振動板から出た音を、ホーンを通して空間に放射するスピーカ。指向性が鋭く能率が高く、過渡特性が良いので歯切れの良い音が得られるのが特徴。反面、コーン型やドーム型に比べて再生周波数帯域が狭い。ホーンの形状には次のような種類がある。
(1)広がりの素直な形状のエキスポーネンシャルホーン。
(2)広がりの鋭い形状のハイパボリックホーン。
(3)広がりのゆるやかな形状のコニカルホーン。

本行（ほんぎょう） 能や狂言から取り入れた歌舞伎の作品に対して、その原作となった能や狂言の作品。または、その芝居が能楽や狂言の演出に則ること。その演出部分を「本行がかり」という。【参照】能楽

本題（ほんだい） 中心になる題目。本筋。主筋。

ポン出し（ポンだし） イベントや放送番組で、メモリーなどに音楽や効果音の録音データを読み込ませ、サンプラなどのように任意のボタンに音を割り当てておいて、そのボタンをキッカ

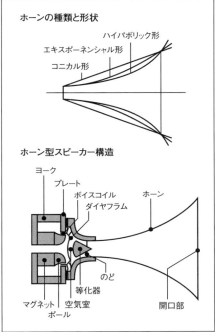

ホーンの形状

ケ（キュー）でランダムに押して音を出すこと。【参照】キッカケ、キュー

本調子（ほんちょうし） ①三味線の基本的な調弦法。第1弦を基準とし、第2弦は完全4度高く、第3弦は完全8度高い。【参照】三下がり、二上がり ②本来の調子。本当の調子が出ること。

本釣（ほんつり） 本釣鐘の略称。【参照】第2部・日本の楽器

本花道（ほんはなみち） 客席の右側に仮設される「仮花道（かりはなみち）」に対して、本来の左側の花道のこと。「ほんはな」と略して呼ぶこともある。

本舞台（ほんぶたい） 本来は、歌舞伎舞台の上手大臣柱と下手大臣柱との間のスペース。現在では花道に対して、正面の舞台をいう。プロセニアム劇場では、プロセニアムの内側を指す。【参照】大臣柱、第2部・歌舞伎舞台

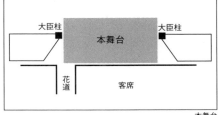

本舞台

本幕（ほんまく） ①劇場で用いる幕で、緞帳（どんちょう）または割緞（わりどん）のこと。【参照】緞帳、割緞 ②幕の使用方法で、舞台転換のために用いる「つなぎ幕」に対して、各場面を区切る目的で使用する幕のこと。【反対】つなぎ幕

本読み（ほんよみ）【（英）script reading】 演劇で、稽古に入る前に俳優やスタッフを招集して、作者または演出家が脚本（台本）を読んで聞かせること。本読みの次に「読み合わせ」が行われる。【参照】読み合わせ

ホーンロード【（英）horn load】 スピーカユニットにホーンを付けて鳴らす方式。コーン型スピーカをホーンの形をしたエンクロージャに取り付けたシステム。スピーカユニットの前がホーンになっているものをフロントローデットホーン、スピーカユニットの後ろから出た音をホーンから放射するものをバックローデットホーンという。【参照】フロントローデットホーン、バックローデットホーン、エンクロージャ

マ

間（ま） 時間的な間隔。日本の伝統芸能で、動作と動作（拍と拍）のあいだの時間、またはリズムやテンポのこと。

マイクロフォン【（英）microphone】 音を電気信号に変換する機器。音に応じて振動板が振動し、その振動の変化を電気信号に変換する。通常は、マイクと呼んでいる。

種類	方法	名称
動電型	電磁誘導作用を利用	リボン型 ムービング・コイル型
静電型	静電容量の変化を利用	コンデンサ型 エレクトレットコンデンサ型
圧電型	圧電物質を利用	クリスタル型
電磁型	磁気変化を利用	マグネチック型
炭素型	接触抵抗変化を利用	カーボン型

マイクの種類

マイク分岐（マイクぶんき） 【参照】頭分け

マイスター【（独）Meister】 名匠、巨匠、大家、親方。

マイナ【（英）minor】 ①短音階。短調。 ②重要でない、または有名でないこと。【反対】メジャ

舞囃子（まいばやし） 能の演奏形式の一種。面と装束を付けないで、演目後半の舞の部分を、地謡と囃子によって演じるもの。杖や長刀など手道具（小道具）は用いるが、作り物（つくりもの）は省略する。【参照】小道具、作り物

マウスピース【（英）mouthpiece】 日本語で歌口（うたくち）といい、管楽器の息を吹き込む部分。その形状と構造が音色に大きな影響を与える。フルート以外は、取り外せる。金管楽器のマウスピースは金属またはプラスチックで作られ、中のふくらんだ杯状、じょうご状、細長い朝顔形のものなどがある。木管楽器のクラリネットとサクソフォンは、くちばし状の短い管の部分にリードを装着する。

ホルンのマウスピース

マエストラ【（伊）maestra】 【参照】マエストロ

マエストロ【（伊）maestro】 本来の意味は先生、師匠という意。指揮者、作曲家に対する敬称。女性の場合はマエストラ。

巻き【まき】 放送用語で「急げ」という指示のこと。生放送で、進行を急がせるときに、人差指を渦巻きのようにぐるぐる回して合図する。

幕（まく）【（英）curtain】 ①プロセニアム形式の劇場で、観客席と舞台とを区切る布のこと。上下に昇降する緞帳（どんちょう）と左右に開閉する引幕（ひきまく）とがある。引幕の代表的なものは歌舞伎の定式幕（じょうしきまく）で、狂言幕（きょうげんまく）とも呼ばれる。また、道具幕（どうぐまく）と称される背景を描いた幕、ホリゾントの代用になる浅葱幕（あさぎまく）、幻想的な場面を作る紗幕（しゃまく）、死骸を片付ける消し幕（けしまく）、暗転（あんてん）に使用する暗転幕、舞台上部を隠す一文字幕（いちもんじまく）、舞台左右の袖（そで）を隠す袖幕または見切幕（みきりまく）などがある。 ②演劇の一区切りのこと。

幕間／幕合（まくあい） 演劇で、一つの場面が終わって次の場面が始まるまでの、幕が閉まっている間のこと。

幕外（まくそと） 歌舞伎の幕切れで、幕を閉めた後、幕の前で演技すること。

幕溜まり（まくだまり） 歌舞伎の定式幕（じょうしきまく）など、左右に開閉する幕を開けたとき、その幕を束ねておく場所のこと。転じて、プロセニアム劇場のプロセニアムアーチとポータルとの間を幕溜まりと呼ぶこともある。【参照】定式幕

幕前芝居（まくまえしばい） 暗転幕（あんてんまく）や緞帳（どんちょう）を下ろして、その前で演じられる演劇。歌舞伎で、定式幕の前で演じられる場合は幕外（まくそと）と称し、花道の付け際で演技することが多い。【参照】定式幕、暗転幕、緞帳

マスキング効果（マスキングこうか）【（英）masking】 2つの音が出ているとき、小さい音が大きい音にかき消されて聞こえなくなる現象。2つの音の周波数が離れているよりも、周波数が近づいているほうがマスキングしやすい。また、「高音で低音を」よりも、「低音で高音を」のほうがマスキングされやすい。

マスコミ マスコミュニケーションの略。【同意】【参照】マスメディア

マスタコントロールルーム【（英）master control room】 テレビ局の主調整室のこと。【参照】主

調整室

マスタプラン【(英) master plan】 基本計画、基本設計。

マスタリング【mastering】 ①さまざまな素材、内容を記録媒体に収録し、量産する際の原盤(マスタ)を作成する作業。メディアの種類を問わず原盤を作成することを意味する。原盤製作作業。 ②録音による音楽作品制作において、記録された音源を、さまざまな機器を用いて最終的な加工をすること。

マスメディア【(英) mass media】 大衆へ情報を伝達する手段となる媒体のことで、新聞、テレビ、ラジオなどを指す。

マチネ【(仏) matinée】 演劇、オペラ、バレエなどの昼間の公演。【反対】【参照】ソワレ

マッチング【(英) matching】 調和させる、の意。2つの電気回路を結合するとき、損失が最小で出力が最大になるように、歪みが生じないように、適切な条件にすること。【参照】インピーダンスマッチング

松羽目(まつばめ) 歌舞伎で用いる大道具。能舞台の正面壁に描かれた松の絵の模倣で、大きな松の木を描いた張物。松の葉の分量を、7分、5分、3分にしてバランスをととのえているので、七五三(しちごさん)とも呼ばれている。能や狂言をもとにした舞踊劇に用いられる。

マニュアル【(英) manual】 ①手引き書、取扱説明書。 ②手動式の、人力の、という意。

マネージメント・スイッチングハブ【(英) Management Switching Hub】 コンピュータネットワークの接続設定が可変できるスイッチングハブ。【参照】スイッチングハブ

間引く(まびく) ところどころ省くこと。録音した効果音を再生するとき、すべての音を使用するのではなく、フェーダを上げ下げして、部分的に再生すること。

マルチアンプ方式【(英) multi amplifier system】 クロスオーバを用いて、可聴周波数帯域を2つ以上に分割し、それぞれの帯域ごとにパワーアンプを使用して、各帯域専用のスピーカを駆動する方法。分割する帯域の数により、2ウェイ、3ウェイ、4ウェイなどと呼ぶ。マルチチャンネルシステムともいう。【参照】クロスオーバ

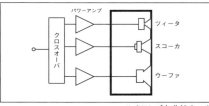

マルチアンプ方式(3ウェイ)

マルチキャスト【(英) multicast】 IPオーディオの伝送において、受信可能な複数のIPデバイスに一つの同じデータを同時に送り込むこと。【参照】ユニキャスト

マルチケーブル【(英) multi cable】 複数のケーブルを束ねたもの。音響では、マイクケーブルを多数束ねて、1本のケーブルにしたもので、スネークケーブルとも呼ぶ。

マルチコネクタボックス【(英) multi connector box】 マルチケーブルの両端に装着する、回線数だけコンセントを取り付けたボックス。

マルチコネクタボックス

マルチスクリーンシステム【(英) multi-screen system】 多くの投写機を使って、いくつもの場面を同時にスクリーンに投写する方式。

マルチスピーカ方式【(英) multi-way speaker system】 再生周波数帯域を2つ以上に分割して、それぞれを専用のユニットで再生するようにしたスピーカシステム。例えば、クロスオーバで低音域、中音域、高音域に分割して、それぞれの帯域をウーファ、スコーカ、ツィータの専用ユニットで再生する。この場合は3ウェイ

松羽目の道具帳

127

と呼ぶが、2つに分割した場合は2ウェイ、4つに分割した場合は4ウェイという。

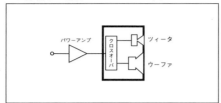

マルチスピーカ方式（2ウェイ）

マルチタレント 和製語で、多芸多才な芸能人。何でもこなす人。

マルチチャンネル編成（マルチチャンネルへんせい） 地上デジタル放送において、標準画質で放送する場合、最大3つのチャンネルの番組を編成できる。これをマルチチャンネル編成と呼ぶ。ハイビジョン画質では不可能。マルチ編成ともいう。【参照】ワンセグ

マルチトラックレコーダ【英】multi track recorder】 多数の録音トラックを持ち、さらにそれぞれ単独に録音再生ができる機能を持った録音装置のこと。4トラック、8トラック、16トラック、24トラック、48トラックなどがある。

マルチトラック録音（マルチトラックろくおん）【英】multi track recording】 マルチトラックレコーダを用いて、楽器ごと、またはパートごとに分配して、それぞれのトラックに録音すること。後で、ミキシング（トラックダウン、ミックスダウン）して、2チャンネルのステレオなどに編集する。【参照】トラックダウン

マルチマイク収音（マルチマイクしゅうおん） 複数の楽器で演奏する場合に、それぞれの楽器にマイクを設置して収音する方法。それぞれの音を明瞭に収音できることと、ミキシングの段階で個々の音量、音質、音像の定位などを調整できるのが利点。【反対】ワンポイント収音

マルチメディア【英】multi media】 複合媒体。デジタル化された映像、音声、文字データなどを組み合わせて利用する媒体。

丸物（まるもの） 大道具の製作方法で、観客席から見えない裏の部分も立体的に製作したもの。立ち木や岩石、石燈籠などは丸物が多い。裏を平らに製作したものを半丸（はんまる）、表も平らなものを平目（ひらめ）と呼ぶ。

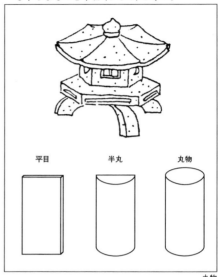

丸物

回り舞台（まわりぶたい）【英】revolving stage / turntable】 日本で考案された舞台機構の一つで、舞台の床を円形に切り抜いて回転させる床のこと。この上に2場面または3場面の舞台装置を設置し、電動または手動で回転させて場面を替えるので、素早く場面を転換できる。下手（しもて）が前に出てくるのを「本回し」、または「下出し」、上手が前に出てくるのを「逆回し」、または「上出し」という。また、90度回転させることを「半回し」という。2つの場面が設置されていて、次の場面にして、また元の場面に戻すことを「いってこい」という。1758年、並木正三が大阪の角座（かどざ）で使ったのが最初で、これに刺激されて、1896にミュンヘンの王立劇場が、これを取り入れた。【参照】第2部・劇場の舞台機構図

ミ

見得（みえ） 歌舞伎で、芝居が最高潮に達した場面で俳優が動きを静止して、にらむような演技をすること。このとき、見得の印象を強めるために「附け（つけ）」を打つ。【参照】附け

見切り（みきり）【（英）masking】 舞台で、観客に見せたくないものが見えてしまうときに、目隠しとして用いる大道具。

見切れる（みきれる） 舞台で、観客に見せたくないものが、観客席から見えてしまうこと。物陰に隠しておいた物や、隠れている人物が見えてしまうこと。見切れるときは、「見切り」や「一文字幕（いちもんじまく）」「袖幕（そでまく）」などで隠す。【参照】見切り、一文字幕、袖幕

ミクサ【（英）mixer】 音響調整卓のこと。【参照】音響調整卓

ミクシング【（英）mixing】 録音で、複数のマイクで収音した信号の音量や音質などを調整して、目標の音になるように合成する作業。SRなどは、オペレーションという。

ミクシングオートメーション【（英）mixing automation】 コンピュータを利用してミックスダウン作業の一部を自動化すること。ミックス作業の調整卓の状態を記録して再現でき、記憶されたフェーダの動きは自由に修正できる。調整卓のセットアップ状態を覚えるスナップショット・オートメーション、タイムコードを使用して時間軸でミクシング卓の状態を再現するダイナミック・オートメーションがある。

ミクシングコンソール【（英）mixing console】 音響調整卓のこと。ミクシングボード、ミクシングデスクともいう。【参照】音響調整卓

見込む（みこむ） 演劇で、演者がある方向をじっと見ること。

ミスキャスト【（英）miscasting】 演劇や映画などで、不適切な配役のこと。

ミステリー【（英）mystery】 怪奇映画、推理映画。神秘、怪奇、不可思議。

ミステリアス【（英）mysterious】 神秘的な。不思議な。

水引（みずひき）【（英）teaser/first border】 劇場で、プロセニアムのすぐ後の上部に張った横長の飾り幕のこと。

ミスマッチ【（英）mismatch】 不適合。機器の接続状態が悪いこと。

ミックスダウン【（英）mix down】【同意】【参照】 トラックダウン

ミッドナイトショー【（英）midnight show】 映画などの深夜興行。

ミニコミ 和製英語のミニ・コミュニケーションの略。限られた少数の人々に対する情報伝達のこと。

ミニマムフェーズ ある周波数特性に対して、位相のずれが非常に小さい周波数特性のこと。イコライザなどのコンデンサやコイルによって発生する位相の遅れを持った周波数特性で、室内の直接音と反射音の干渉で生じた時間差によるものは含まれない。この周波数特性はイコライザで補正しても問題ない。【参照】ノンミニマムフェーズ

ミニマルミュージック【（英）minimal music】 単純で短い旋律を執拗に繰り返しながら、徐々に変化させていくなどの手法で構成された音楽のこと。単にミニマルとも呼ぶ。

見計らい（みはからい） 演劇で使用される効果音などで、キッカケを決めないで、その場に合わせて使用すること。

ミュージカル【（英）musical】 歌と踊りを主に展開する演劇。かつてはミュージカルコメディの略称であったが、内容が多様化するにつれてミュージカルと呼ばれるようになった。18世紀のイギリスのバラッドオペラが源流で、ヨーロッパのオペレッタの影響をうけて、19世紀初期にアメリカでミュージカルコメディが生まれた。

ミュージックセラピー【（英）music therapy】 音楽療法。患者に音楽鑑賞、歌唱、演奏などをさせて行う心理療法。

ミュージックパワー【（英）music power】 パワーアンプから連続的に取り出せる出力は、電源部の電圧が低下すると制限される。しかし、音楽のピーク成分のような一瞬の信号は、電源の電圧が低下しないので大きな出力が出る。これをミュージックパワーという。

ミューティング【（英）muting】 ミュートは音を消すという意味。アンプの内部、または出力などに減衰器やミュート回路を入れ、音を小さくしたり、カットしたりすること。

ミュート【（英）mute】 楽器の弱音器のこと。音をやわらげるための道具で、楽器によってさまざまなものがある。金管楽器のミュートは、単に音を弱めるだけでなく、演奏に音色の変化と陰影を付けるものである。

ミラーボール【（英）mirror ball】 たくさんの小さな鏡を張り付けた球形の照明器具で、回転する構造になっている。これに照明を当てると反射した光が壁面に映って移動する。

民謡（みんよう） 民族音楽の一種。特定の国や

地域において、庶民の日常生活の中から生まれて伝承されてきた歌唱曲。日本の民謡の多くは歌だけで楽器は加わらないが、尺八、三味線、太鼓などが加わる曲もある。掛け声である囃子詞（はやしことば）があるのも特徴。追分（おいわけ）、馬子唄（まごうた）、舟唄（ふなうた）、甚句（じんく）、音頭（おんど）といったジャンルがある。【参照】囃子詞

ム

無響室（むきょうしつ）【（英）anechoic room ／ anechoic chamber】　全く反射音のない音場にするために、床、壁、天井のすべてを完全に吸音するように設計した部屋。マイクやスピーカの周波数特性、指向特性などを測定するための施設。【参照】残響室

無限旋律（むげんせんりつ）　場面が変わっても明瞭な終止形がないまま音楽が続く形式のオペラ。舞台転換による物語の中断を嫌ったワーグナーが始めた形式。そのため舞台進行を中断させないように、場面転換のための音楽も書かれている。【反対】番号オペラ【同意】通奏オペラ

無指向性マイク（むしこうせいマイク）【（英）omni directional microphone】　どの方向からの音に対しても、同じ感度のマイクのこと。風や振動による雑音に強いので、屋外で使用するとき、ポップノイズが多い歌い手のときや、手に持って使用するときに適する。全指向性マイクともいう。

無停電電源装置（むていでんでんげんそうち）【（英）uninterruptible power supply】　停電時に電力を供給する装置。コンピュータなどの電源をバックアップするのに使用する。UPS（ユーピーエス）とも呼ばれる。

ムービングコイル型マイク（ムービングコイルがたマイク）【（英）moving coil microphone】　永久磁石の磁界の中に音波で振動するコイルを置いて、音の振動に応じてコイルの両端に発生する電気信号を取り出す方式のマイク。温度や湿度の影響を受けにくく、壊れ難い。ベロシティ型マイクと共にダイナミックマイクと呼ばれる。【参照】ダイナミックマイク、ベロシティマイク

ムーブ【（英）move】　動かす、動くという意。ハードディスク内蔵のDVDレコーダにおいて、録画した番組をHDDから消去しながら、同時にDVD-Rなどにコピーさせる操作のこと。【参照】ハードディスク

メ

メインアンプ【(英) main amplifier】【同意】【参照】パワーアンプ

メーキャップ【(英) makeup】 俳優が役柄に合わせて行う化粧。メイクアップまたは略してメークともいう。

めくり台 (めくりだい) 題名や演者名などを書いた細長い紙を、綴って取り付ける台。寄席や邦楽演奏会、式典などで、番組進行にしたがってめくり、観客に題名や演者を知らせる。略して「めくり」と呼ぶ。

メジャ【(英) major】 ①長音階。長調。 ②一流、または有名であること。【反対】マイナ

メタデータ【metadata】 データについてのデータという意味で、付加的なデータのこと。情報検索システムの検索の対象となるデータを要約したデータ、または管理上必要な属性・概要・格納場所などのデータを指す。

目潰し (めつぶし) 舞台転換中に、転換の様子が見えないように観客席に向けて照らす照明、またはそのための照明器具。コンサートなどでは、観客をエキサイトさせるために用いることもある。

メディア【(英) media】 ①手段、方法、媒体の意。新聞、テレビ、ラジオなどの情報媒体のこと。②情報を保存する外部記憶装置の媒体。磁気ディスク、光ディスクなど。 ③情報を伝達する手段。

メドレー【(英) medley】 複数の曲や旋律などを続けて演奏すること。

めりはり ゆるめることと張ること。音声の抑揚。「めり」は力を弱くして減入ること、「はり」は力を入れて張ること。音の高低、大小、緩急など。

メル 邦楽で、太鼓などの皮革製楽器の革が、湿気を帯びてゆるむこと。または、そのような音。

メルヘン【(独) Marchen】 空想的、神秘的な内容のおとぎ話、童話。

メロディアス【(英) melodious】 旋律が美しいこと。音楽的であること。

面音源 (めんおんげん) スピーカを縦横にたくさん並べたとき、音が周囲に拡散せずに、平面となって伝搬する。このような音源を面音源と呼び、この音波を平面波という。【参照】平面波

メンテナンス【(英) maintenance】 保守、点検、整備。

ア
カ
サ
タ
ナ
ハ
メ
ヤ
ラ
ワ
A

131

モ

毛氈（もうせん） 舞台で、邦楽の演奏者が座るところに敷く厚手の布。赤色の緋毛氈（ひもうせん）、青色の紺毛氈（こんもうせん）などがある。

もぎり 劇場や映画館などで、観客の入場券の半券を切り取って入場させること、またはその担当者、場所。

モジュール【（英）module】 部品を集合し、ある機能を持たせて1つの箱に納めたもの。音響調整卓は、入力チャンネルごとにモジュール化し、簡単に入れ替えができるようにして、故障時の対応や保守をしやすくしたものがある。

モダンジャズ【（英）modern jazz】 1940年代に生まれたビバップ以降に出現したジャズの総称。コンボ編成による奏者のアドリブを重視し、高度な音楽性を持っている。【参照】ビバップ

モダンダンス【（英）modern dance】 1920年代にドイツで生まれた近代舞踊。伝統的な古典バレエに対抗して、自由で個性的な舞台表現を求めて生まれた。

モダンバレエ【（英）modern ballet】 伝統的な古典バレエに対し、新しい感覚で個性的表現を追求する傾向のバレエ。

持道具（もちどうぐ） 俳優が身につけて舞台に出る小道具のこと。【参照】出道具

木管楽器（もっかんがっき）【（英）wood wind instrument】 笛の系統の管楽器。パイプの材料として、昔は木や竹で作られたものが多かったが、現在は金属やプラスチックなどの材料が使われている。代表的な木管楽器としては、フルート、オーボエ、クラリネット、サクソフォン、ファゴットなどがあげられる。振動源は、エアーリード、シングルリード、ダブルリードの3種に分類される。パイプの側面に孔をあけて管長を変化させ、高音を得ているのが特徴。

モニタ【（英）monitor】 ①監視装置のこと。音質や画像などをチェックする装置。テレビやラジオ放送のスタジオで番組制作に使用するもの、ラジオやテレビの送信所で送信状態を監視するもの、劇場の技術スタッフや出演者が舞台の進行状況を確認するためのもの、音響調整室で技術者が操作するためのもの、俳優や演奏者のためのもの、などがある。　②録音スタジオでは、ラージモニタ、ニアフィールドモニタなどと用途によって分類されている。ラージモニタは、一般的に調整室の壁に埋め込まれた大規模スピーカシステムで、主にレコーディングやダビングのときに使用されるので、大音量で高音質なものを使用する。ニアフィールドモニタは、調整卓の上に設置された小型スピーカで、ミックスバランスを確認することが目的で、家庭用のオーディオシステムを想定している。

モニタスピーカ【（英）monitor loudspeaker】 スタジオや劇場などで、音響技術者が音を監視するために用いるスピーカシステム。舞台などで演奏者に聴かせるスピーカシステムをはね返りスピーカ、フォールドバックスピーカなどと呼ぶ。【参照】はね返りスピーカ、フォールドバックスピーカ

モニタ卓（モニタたく）【（英）monitor mixer】 はね返り専用の音響調整卓。演奏者のモニタ用にミクシングするもので、演奏者ごとの要求に応えるため、それぞれ異なったバランスで送出できるように多くの出力を持っている。

モノフォニー【（英）monophony】 単旋律の音楽形態、様式。【反対】ポリフォニー

モノフォニック【（英）monophonic】 【同意】【参照】モノラル

モノラル【（英）monaural】 本来は、1系統の信号を片耳のイヤホンまたはヘッドホンで聞くことをいう。スピーカで空間に放射された音を聞くのをモノフォニックというが、現在では同義に使われている。

モノローグ【（英）monologue】 独白（どくはく）ともいい、相手なしに一人だけで行う演技。自問自答したり、自分の心中を述べたりする場面、またはその手法。【反対】【参照】ダイアローグ

ヤ

八百屋飾り（やおやかざり） ①観客席から見やすくするために、舞台後方を高くして傾斜させた舞台装置で、遠近感を出すことができる。八百屋の陳列台に似ているところから名付けられたもので、略して八百屋という。開帳場と同じ意味に使われることもある。【参照】開帳場 ②テレビカメラで映しやすいように、品物を陳列するための傾斜した台。

役物（やくもの） 演劇で、重要な役割を果たしている音。出した音に応じて俳優が演技をするなど演者と同じような役目をする効果音のこと。

屋体（やたい） 御殿、宮殿、寺社、民家、商家、農家などの、家屋（建物）の舞台装置のこと。舞台床上に設置される平屋体（ひらやたい）と、二重舞台（にじゅうぶたい）という台の上に組み立てる二重屋体とがある。【参照】二重舞台

屋体崩し（やたいくずし） 演出方法の一つ。舞台装置の家屋の一部、または全部が壊れる仕掛け、またはその手法。天変地異や災害、または乱戦の様子を表現するときに用いる。

山台（やまだい） 歌舞伎舞踊などで、伴奏をする演奏者が並んで座る台のこと。通常は、赤色の布（緋毛氈＝ひもうせん）を掛けて使用する。【参照】毛氈

ユ

有効電力（ゆうこうでんりょく） 【参照】皮相電力（ひそうでんりょく）

床（ゆか） 歌舞伎や文楽で、義太夫節を演奏する場所。上手端にある簾（みす）の内部で語るときは簾内（みすうち）といい、姿を見せるときは出語りという。

床衝撃音（ゆかしょうげきおん）【（英）impact sound of floors】 人間の歩行、飛び跳ね、家具の移動などに伴う衝撃音が階下に伝わって発生する騒音のこと。これを防ぐには、床を浮かせるなどの対策が有効である。

床本（ゆかほん） 義太夫節の太夫（語り手）の台本のことで、見台（けんだい）という譜面台に乗せて使用する。

ユニゾン【（英）unison（伊）unisono】 ①「一致」「同音」という意味。いくつかの楽器あるいはオーケストラ全体が、同じ音程や旋律を演奏すること。オクターブで演奏も含めることが多い。②全員が同じ振りで踊ること。

ユニット【（英）unit】 ①機器や装置を構成する部品、単品。スピーカユニット、電源ユニットなど。②個々の演奏者を集めて編成したグループ。

ユニキャスト【（英）unicast】 IPオーディオの伝送において、送信側と受信側で1対1の通信を行うこと。【参照】マルチキャスト

ヨ

洋楽（ようがく）【（英）European music /Western music】 広義では、欧米で作られた音楽の総称。狭義では西洋のクラシック音楽。【参照】邦楽

洋楽器（ようがっき） 西洋音楽の演奏で使用する楽器のこと。【反対】邦楽器

寄席（よせ） 落語、漫才、漫談、講談、浪曲、手品などを上演する劇場。演芸場ともいう。

余所事浄瑠璃/他所事浄瑠璃（よそごとじょうるり） 歌舞伎や古典演劇の演出方法で、効果音のように近所から聞こえてくる想定で演奏する浄瑠璃のこと。「余所事」と略していう。【参照】浄瑠璃

読み合わせ（よみあわせ） 俳優が、台本の各自の台詞を互いに読み合いながら進行する稽古。動作が伴わない、台詞だけの稽古。

四管編成（よんかんへんせい） オーケストラにおいて、フルート、オーボエ、クラリネット、ファゴットの各セクションが4名の編成。ホルンは4〜8人、トランペットとトロンボーンは3〜4人、チューバは1〜2人。打楽器はティンパニ1〜2人を含む7名程度。編入楽器は4名程度。弦楽五部は「16型」8-7-6-5-4プルト（1プルト＝2名）程度で「18型」の9-8-7-6-5プルトのこともあり、総勢100名ほど。【参照】弦楽五部

4K（よんケー） ハイビジョンの4倍の画素数の高精細映像のこと。ハイビジョンに比べ、広色域化、画像の高速表示、多階調表現、輝度範囲の拡大が図られている。解像度が3840×2160ピクセルで、横方向が約4000ピクセルであることから4Kと称している。【参照】8K

2K、4K、8Kの画素数

ラ

ライブ【(英) live】 ①室内の音響状態を表現する言葉で、響きが多いこと。逆に、響きの少ないことをデッドという。 ②生演奏、生放送、実況放送のこと。雰囲気を盛り上げるために、スタジオに客を入れて行われるものはスタジオライブという。

ライブビューイング【(英) live viewing】 演劇やコンサートなどの様子を映画館などに生中継すること。

ライブ録音（ライブろくおん）【(英) live recording】 劇場などで、上演中のものを録音すること。観客の反応を含めて、全体の雰囲気を収音する。

ラインアレイ【(英) line array】 スピーカを複数個、縦に並べて、円筒波を形成させたスピーカシステム。縦の指向角度が狭くなって距離減衰が少なくなること、ハウリングを抑制できることなどが特長である。【参照】アレイ、円筒波

ラインアレイ

ライン入力（ラインにゅうりょく）【(英) line input】 音響調整卓で、マイク以外の機器を接続する入力端子。一般的には－20dB～＋4dBのレベルで、調整卓のヘッドアンプを通す必要のない信号に対応する。このレベルをラインレベルという。

ラインレベル【(英) line level】 マイクの出力レベルに対して、ヘッドアンプを通す必要がないレベルのこと。一般的に、－20dB～＋4dBのレベル。【参照】ライン入力

楽（らく） 千秋楽の略。【参照】千秋楽

楽日（らくび） 千秋楽の略。【参照】千秋楽

ラジアルホーン【(英) radial horn】 開口部が角型になっているスピーカ用のホーン。周波数によって指向性が異なるのが欠点。【参照】ホーン型スピーカ

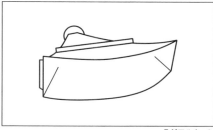

ラジアルホーン

ラジオマイク【(英) radio microphone】 無線方式のマイク。【同意】【参照】ワイヤレスマイク

ラダー【(英) ladder】 はしご。舞台脇の上部に吊ってある、はしご型の照明器具を設置する設備。

ラッシュ電流【同意】【参照】インラッシュ電流

ラテン音楽（ラテンおんがく）【(英) Latin American music】 中南米音楽の総称。ルンバ、マンボ、サンバなどがある。

ラベリアマイク【(英) lavalier microphone】 ラベリアは首飾りの意。胸元に着けて使用する超小型のマイクのこと。【同意】ピンマイク、ラペルマイク

ラペルマイク【(英) lapel microphone】 ラペルとは「スーツの折襟（おりえり）」のことで、折襟などに取り付けて使用する超小型マイクのこと。マイクが目立たず、動きながらしゃべっても収音できる。タイピンマイク、ピンマイクともいう。【参照】ピンマイク、ラベリアマイク

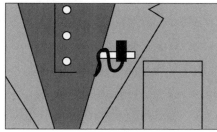

ラペルマイク

ランスルー【(英) run through】 テレビ番組の制作で、本番と全く同じに行う稽古。【参照】通し稽古

ランニングコスト【(英) running cost】 企業が経営を維持していくのに必要な費用のこと。運転資金、または設備を維持管理、運用するための経費。機械や装置を稼働するための経費。

リ

リアリズム【(英) realism】 写実主義。

リアル【(英) real】 真実的、現実的、写実的。実在の、本当の、という意。

リアルオーディオ【Real Audio】 リアルネットワーク社が開発したデータ圧縮の形式。インターネット上のストリーミング配信でのリアルタイム再生を目的として、音質よりも音が途切れないことを重視している。

リアルタイム【(英) real time】 同時、即時。

リカバリタイム【(英) recovery time】 復帰時間、回復時間。【同意】【参照】リリースタイム

リギング【(英) rigging】 装備、装着の意。スピーカシステムや照明器具を吊り装置などに取り付けること。

リサイタル【(英) recital】 独唱会、独奏会。

リスナ【(英) listener】 聴衆、聴き手、聴取者。

リズム・アンド・ブルース【(英) rhythm and blues】 1940年～1950年頃、アメリカ黒人の間に生まれたポピュラー音楽。スイング感のあるリズムとビートに乗って叫ぶように歌うのが特徴。アール・アンド・ビー（R&B）とも呼ぶ。1960年代になって、ソウルミュージックへと発展する。

リズムセクション【(英) rhythm section】 ポピュラー音楽で、リズム演奏を受け持つ楽器の総称。ピアノ（キーボード）、ギター、ベース、ドラムなどが中心となり、パーカッションが加わることもある。【参照】3リズム、4リズム

リップシンク【(英) lip synchronization】 テレビ番組の収録や編集のとき、映像と音声のタイミングに誤差があるとき、それを一致させる作業。人間の感覚は、映像より音声が先行すると明確に感知でき、1フレーム（1/30秒）の誤差でも判別できる。

リダンダント【(英) redundant】 日本語では冗長と訳され、予備という意味。IPオーディオ伝送では、本線とは別に予備回線を設けること。

リード【(英) reed】 管楽器の振動源になる部分のことで、息を吹き付けて振動させる。ヨシ竹、木、金属などを材料とした小さな弾力性のある薄片。1枚のシングルリード（クラリネットなど）、2枚を重ねて使うダブルリード（オーボエなど）がある。

サックスのリード

リードヴォーカル【(英) lead vocal】 ポピュラー音楽で、複数の歌手がいるとき、主旋律を歌う歌手をリードヴォーカルという。メインヴォーカルともいう。

リードギター【(英) lead guitar】 ギター奏者が複数人いる場合、メロディーラインや主となるコード進行を受け持つギター奏者のこと。通常、2人で演奏するときは、リードギターとサイドギターに分かれる。

利得（りとく）【(英) gain】 アンプの入力と出力との電圧または電流の比。アンプの増幅性能を表す値で、単位はデシベル（dB）。

リードシート【(英) lead sheet】 編曲、アレンジの概略を表示した譜面。つまり総譜の重要ポイントを分かりやすくしたもの。メロディーライン、コードネーム、ベースライン、ソロ、コンビネーション、テンポなどの概略が記されて、音響技術者にとって重宝な楽譜。

リニアリティ【(英) linearity】 入力されたエネルギーの増加に対して、出力がどれだけ直線的に比例して増加するかということ。直線性ともいう。入力と出力の比例関係が悪くなると、波形がひずむことになる。スピーカの場合は、大きな電気エネルギーが入力すると、ボイスコイルが過熱するなどしてエネルギーが失われるので、スピーカから放射される音響エネルギーは直線的に増加しない。

リノリウム【(英) linoleum】 厚地の合成樹脂製の敷物。ミュージカルやバレエなどで、床に敷いて使用する。【参照】バレエ床

リハーサル【(英) rehearsal】 稽古、テストとも呼ばれる。演劇や音楽の練習、稽古のこと。テレビでは、ドライリハーサルやカメラリハーサ

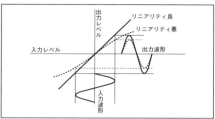

リニアリティ

ルなどがある。

リハーサルオーケストラ【(英) rehearsal orchestra】 臨時編成のオーケストラ。常に決まった奏者がいるわけでなく、その都度、いろいろなジャンルで活躍している奏者を選び編成される。

リバーブ【(英) reverberation】 残響(ざんきょう)、反射音。【参照】残響

リバーブマシーン【(英) reverberation machine】 人工的に響きを付け加える装置。鉄板式、スプリング式、電子式、デジタル式などがある。残響付加装置ともいう。

リフ【(英) riff】 曲のテーマを指す。元々は4小節程度の短いフレーズの繰り返しを指す。ジャズでは、曲のテーマをリフと呼ぶことが多い。

リファレンス【(英) reference】 参考資料。基準となるもの。

リプリント【(英) reprint】 複写、複製。

リプレイ【(英) replay】 再開、再演、再放送、再上映。録音または録画したものを再生すること。

リプレイス【(英) replace】 交換する、置き換えする、元に戻す、後を継ぐ、の意。ITの分野では、古くなったり破損したりしたシステムやハードウエア、ソフトウエアなどを新しいものや、同等の機能を持つ別のものに置き換えること。

リフレーン【(英)(仏) refrain】 詩や音楽などで、同じ句や曲節を繰り返すこと、またはその部分。特に、楽曲の終わりに繰り返されるメロディー部分。

リプロダクション【(英) reproduction】 複製、複写、転載、再現。

リミッタ【(英) limiter】 過大な信号が入力されたとき、所定のレベルに抑える装置。放送システムの送信機の入力部やパワーアンプの入力部などに挿入して、過大入力による歪みの抑制や機器破損の保護に用いる。また、音質を変化させるエフェクタとしても使われる。【参照】コンプレッサ

リムショット【(英) rim shot】 ポピュラー音楽におけるドラムの奏法。ドラムのヘッド(皮)とリム(枠)を同時に叩く奏法で、強いアタック音を出す。スティックの先をヘッドにつけたまま、リムだけを叩く奏法もある。

琉歌(りゅうか) 奄美群島、沖縄諸島、宮古諸島、八重山諸島に伝承される歌謡。ウタともいう。抒情詩で8・8・8・6の形式で、三線や箏に合わせて歌う。古典舞踊の伴奏としても用いられる。

量子化(りょうしか) 連続的な量(アナログ)を、ある単位量を定めて、近似的な数値(符号)で表すこと。

量子化ビット数(りょうしかビットすう) 音響信号の時間軸のパラメータ(数値)であるサンプリング周波数に対し、振幅軸のパラメータが量子化ビット数である。16ビットの量子化とは、サンプリングで連続した音の波形を区切り、その一つひとつの振幅量を「$2^{16}=65536$」とおりに符号化すること。

両耳効果(りょうじこうか)【(英) binaural effect】 片耳で聞いたときに対して、両方の耳で聞いたときの特徴。音源の方向、遠近、移動の認識、埋もれた音を聞き出すことなどができる。

両指向性(りょうしこうせい)【同意】【参照】双指向性

リリース【(英) release】 新曲、新作品、新製品などを発表、発売すること。新作品のCDやDVDなどを発売すること。映画の封切り。

リリースタイム【(英) release time】 ①リミッタまたはコンプレッサで、圧縮を終了してから元の状態に戻るまでの時間をいう。リカバリタイムともいう。【反対】【参照】アタックタイム ②電子楽器の鍵盤から指をはなしてから残る音のことをリリースといい、その音が消えるまでの時間をリリースタイムという。

リレコーディング【(英) re-recording】 録音したものを複写すること。デュープ、コピーともいう。【参照】デュープ

臨場感(りんじょうかん)【(英) presence】 録画や録音したものを鑑賞して、その場にいるような感じを得ること。スピーカで再生した音楽を聞いて、あたかも演奏会場にいるように感じられることを「臨場感がある」という。

隣接権(りんせつけん)【同意】【参照】著作隣接権

ルータ【router】 複数のネットワーク同士を接続するための機器。IP アドレスを使用して、異なるネットワークアドレスを持つネットワーク間でデータをやりとりできる。

ルーティング【(英) routing】 コンピュータのネットワークで、相手にデータを送信するための経路(ルート)を決定すること。

レ

レイティング【(英) rating】 映画鑑賞年齢規制のこと。映画やテレビ番組、ゲームソフトなどの内容について、ある年齢以下の子どもの視聴や、利用が適当であるかどうかを表示すること。または、その表示。日本で上映する映画は映画倫理管理委員会（映倫）が裁定していて、PG12（12歳未満鑑賞制限）、R-15（15歳未満鑑賞禁止）、R-18（18歳未満鑑賞禁止）と表示している。

レイテンシー【(英) latency】 潜伏、潜在の意。データの転送において、データを要求してから実際に送られてくるまでの待ち時間のこと。この時間が短いほどシステム全体の処理性能は高くなる。例えば、メモリやハードディスクなどの記憶装置からデータを読み出すときやデータを処理するために遅延する時間。

レイヤ【(英) layer】 層、階層の意。大規模なデジタル調整卓は、目に見える操作面にすべての入力の操作機能を設けないで、仮想操作面を持っている。たとえば24チャンネルの操作機能を設けておいて、別の層に切り替えるとさらに24チャンネルが使用できる。このように、仮想操作の層を作っておいて、その層を呼び出して使用するとき、この仮想操作面の層をレイヤという。

レガート【(伊) legato】 音をつなげながら演奏する方法。音が切れないように続けて演奏すること。【参照】スタッカート

レクイエム【(羅) requiem】 死者のためのミサ曲。モーツアルト、ベルリオーズ、ヴェルディ、フォーレの曲が有名。

レクチャー【(英) lecture】 講義、講演。

レゲエ【(英) reggae】 1970年代に世界的に広ったジャマイカのポピュラー音楽。リズム・アンド・ブルースの影響を受け、偶数拍にアクセントのあるのが特徴。

レシーバ【(英) receiver】 受信機。受話器。

レジュメ【(仏) résumé】 セミナーなどで受講者に配布する、講義内容を簡潔に記した資料。レジメともいう。

レストランシアター（和製語） 舞台を備え付けた飲食店。

レセプショニスト【(英) receptionist】 劇場などの案内係、フロント係、受付係の総称。

レセプション【(英) reception】 歓迎会。祝賀会。

レセプタクル【receptacle】 ソケット、コンセントのこと。機器の筐体（きょうたい）・基盤に取り付けられるコネクタ。接続ケーブルのケーブルコネクタ（プラグ）と区別していう。

レチタティーボ【(伊) rechitativo】 通常の会話を強調するように作られた歌で、叙唱と訳される。歌うようにしゃべり、歌と台詞の中間の表現をする。オペラの場合はチェンバロ伴奏で行われるが、譜面上は必要な和音だけ書かれているため演奏方法はチェンバロ奏者に任される。

レチタティーボ・セッコ【(伊) rechitativo secco】 レチタティーボよりも話し言葉に近い表現。通常、かなり早口で物語の粗筋などの説明を行う。

レディー【(英) ready】 「用意完了」の意。舞台などを進行するとき、操作を開始する合図の前の「用意」に掛ける言葉。【参照】スタンバイ

レパートリー【(英) repertory】 演者が得意とする曲目、芸、分野のこと。いつでも上演できるように蓄積された演目、または演奏曲目。

レパートリーシステム【(英) repertory system】 劇団や劇場が一定期間中、レパートリーを定期的に次々と上演する方式。【参照】レパートリー

レビュー【(仏) revue】 舞踊、音楽、歌、コントなどを組み合わせたショー。

レビュー【(英) review】 評論、論評。ブックレビューは書評、ムービレビューは映画評論。

レンダリング【(英) rendering】 ①デザインや建築関係で、完成を予想して描いた透視図。完成想像図。②コンピュータで、数値データとして与えられた物体や図形に関する情報を、計算によって画像化すること。3次元図形の作成を指すことが多いが、広義にはデータの可視化。

連弾（れんだん） 1台のピアノを、2人で分担して1つの曲を演奏すること。

レンツの法則（レンツのほうそく） 物理学者であるハインリヒ・レンツによって発見された電磁誘導に関する法則で、磁界中で導体（電線など）を動かしたり、電流を変化させたりすると、その変化を妨げる方向に電流が流れたり、導体が動いたりするという法則。

ロー【(英) row】 コンピュータの表計算ソフトなどの横の行。

ローインピーダンス接続 (ローインピーダンスせつぞく) パワーアンプとスピーカシステムの一般的な接続方法で、インピーダンスが数オーム (4Ω～16Ω程度) のスピーカシステムをパワーアンプに接続して使用する。この場合、スピーカシステムのインピーダンスはパワーアンプの出力インピーダンス以上にしなければ、パワーアンプが異常に発熱して故障することもある。また、接続ケーブルが長いとケーブルの抵抗値が大きくなり、ケーブルで電力を消費するため、スピーカシステムへの伝送レベルが低下する。

ロアーホリゾントライト【(英) cyclorama lights】 和製英語。舞台奥に設置し、舞台の床面からホリゾントを均等に照らす照明器具のこと。通常は、アッパーホリゾントライトと対で用いる。通常、赤、青、緑、黄のカラーフィルタが装着されていて、それぞれの照度を加減して様々な色を作る。

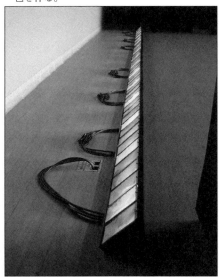

ロアーホリゾントライト

ロイヤリティー【(英) royalty】 著作物の使用料。書籍やレコードの印税。特許の使用料。

ロイヤルボックス【(英) royal box】 劇場、競技場などに設けられた貴賓席 (きひんせき)。貴賓とは身分の高い客のことで、その人たちのために用意した座席のことをいう。

ロー送り・ハイ受け (ローおくり・ハイうけ) 音響出力信号の受け渡し方法の一つ。電圧伝送の考え方で、信号源の機器の出力インピーダンスを低く、負荷側機器の入力インピーダンスを高くして接続する方法を「ローインピーダンス送り、ハイインピーダンス受け」といい、これを略して「ロー送り、ハイ受け」、または「ロー受け」という。伝送経路が長くなっても電圧損失が少ないことと、負荷のパラレル接続 (並列接続) が容易にできることが利点。【参照】磁気誘導、パラレル接続、電圧伝送

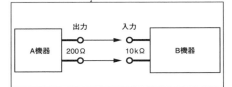

ロー送り・ハイ受け

ローカットフィルタ【(英) low cut filter】 低音域をカットするフィルタのこと。ハイパスフィルタともいう。【参照】フィルタ

ローカル・エリア・ネットワーク【Local Area Network】 LANケーブルや光ファイバなどを使って、同じ建物の中にあるコンピュータやプリンタなどを接続し、データをやり取りする通信回路。構内通信網、社内通信網とも呼び、略してLANと表記し、ランと呼ぶ。【参照】WAN

ロケーション【(英) location】 ①場所。②コンピュータで、データの記憶場所。③映画などで、屋外で行われる撮影のこと。略してロケ。

ロケハン 和製英語ロケーション・ハンティングの略。映画などの撮影に適した場所を探すこと。

ロック／ロックンロール【(英) rock /ROCK'N' ROLL】 1950年代中頃、アメリカに登場したポピュラー音楽の一つで、黒人のリズム・アンド・ブルースや白人のカントリー音楽に共通した単純なコード進行が基本の、主に8ビートの音楽。1960年代の中頃、新世代による新展開があってからロックと呼ぶようになった。

ロードショー【(英) road show】 一般の公開に先だって行う映画の封切り興行。昔、新作演劇を宣伝するため、その一部分を道端で演じたことが語源。

ロビー【(英) lobby】 劇場の出入口にある広間、通路。

ローミング【(英) roaming】 携帯電話やインター

ネット接続サービスなどで、事業者間の提携によって、利用者が契約している事業者のサービスエリア外であっても、提携先の事業者のエリア内ならば、契約事業者と同様に利用できること。日本の利用者が海外に行って、現地の携帯電話会社の電波を利用することをアウトローミング、逆に、海外から日本に来た海外の電話会社利用者が日本の電波を使うのをインローミングという。

ロングラン【(英) long run】　演劇や映画などの長期公演。一つの演目を長年、連続して興行すること。

ワ

ワイドFM（ワイドエフエム）　従来のFM放送周波数帯（76〜90MHz）に加えられた周波数帯（90〜94.9MHz）を用いたAM放送の同時放送、またはこの周波数帯に移行してのFM放送のこと。

ワイプ【(英) wipe】　「拭く」「ぬぐう」という意で、テレビや映画の画面の切り替え方法の一つ。現在の画面が、ある部分からぬぐうように消えて、次の画面が現れる切り替え操作のこと。

ワイヤレス・インイヤモニタ【(英) wireless in ear monitor】　モニタのためにミクシングした音を電波に乗せて送り、歌手や演奏者が身に付けた受信機で受信してイヤホンで聞く無線式モニタ装置。広いエリアを移動しながらのときに有効で、モニタスピーカの台数を少なくできるのでSR音の明瞭度向上になる。

ワイヤレスインカム　無線による相互連絡のための通信装置。【参照】インターカム

ワイヤレスマイク【(英) wireless microphone　(米) radio microphone】　無線方式のマイクのこと。マイクコードの代わりに電波を使ったもので、マイクの中に送信機を組み込んだものと、通常のマイクを小型送信機に接続して使用するものとがある。送信機から発射した電波は受信機で受信して、音声信号に変換される。移動に有効。ラジオマイクともいう。

ワウ・フラッタ【(英) wow & flutter】　回転する機器の、ある周期で発生する回転ムラのこと。

若衆踊（わかしゅおどり）　沖縄の古典舞踊で、か

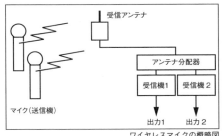

ワイヤレスマイクの概略図

つては元服（成人の儀式）前の少年によって踊られたが、現在は女性によって踊られることが多い。若衆（わかしゅ）は琉球王国で宮廷に仕えた少年のこと。赤い振袖を着て、金銀の髪飾りを付けた華やかな装束で踊る。祝賀曲「こてい節」などがある。

和楽器（わがっき）　邦楽で使用する楽器の総称。邦楽器ともいう。

ワキ　能のシテ（主役）の補佐（相手）をする役。現在では「脇」という字を用いるが、以前は助けるという意味の「佐」と書いた。

脇台詞（わきぜりふ）　観客には聞こえているが、舞台上の相手役には聞こえていないという想定で、脇の方を向いてしゃべる台詞のこと。傍白（ぼうはく）ともいう。

ワキツレ　能のワキを補佐する役柄。同行者、従者の役が多い。

ワークショップ【(英) workshop】　①研究会。

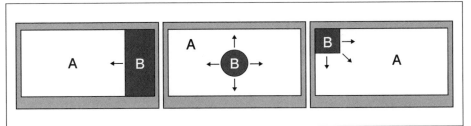

ワイプ

②作業場。　③実験的にやる舞台芸術作品。
ワークフロー【(英) workflow】　作業の流れ。仕事の手続きを自動化、または手続きの処理手順を規定して、関係者の間を情報や業務が円滑に流れるようにすること。または、そのようにして作られた流れのこと。作業の内容や順番などを図にしたものをフローチャート（流れ図）という。【参照】フローチャート
忘れる（わすれる）　①出している効果音などを気づかれないように消してしまうことで、そのためにスニークアウトする。　②台本に書いてある指示を、無視すること。
渡り台詞（わたりぜりふ）　歌舞伎で、長い台詞を3人以上の役者で分割し、順々に言うこと。最後の部分だけを全員でいう。音楽的な効果もある。【参照】割り台詞
ワードクロック【(英) word clock】　複数のデジタル音響機器で、デジタル信号の受け渡しをするとき、相互の機器の同期（どうき）をとるための信号。同期とは、機器の作動を時間的に一致させること。【参照】ワードシンク
ワードシンク【(英) word sync】　複数のデジタル音響機器を接続してデジタル信号をやり取りするとき、基準となるワードクロックに統一（同期）させること。【参照】ワードクロック
ワーブルトーン【(英) warble tone】　周波数変調された測定用の信号のことで、プルプルと振動した感じの音。室内の音響状態を測定する場合に正弦波を用いると、その室内固有の周波数で共鳴現象を起こし、正確な測定ができなくなる。このようなとき、周波数が一定の周期で変化するワーブルトーンを用いれば、共鳴現象を起こすことなく室内の音響測定ができる。
わらう【(英) get out/take out】　テレビスタジオや舞台などで、大道具や小道具などの不要になったものを片付けること。

割り台詞（わりぜりふ）　歌舞伎で、長い台詞を2人の俳優で分割し、交互に言うこと。最後の部分だけ一緒にいう。数人で分割して言うのは渡り台詞という。【参照】渡り台詞
割緞（わりどん）【(英) tab curtain】　劇場の客席と舞台を遮る幕で、中央で割れ左右に開くもの。左右の斜め上に引き上げて開閉する幕もある。

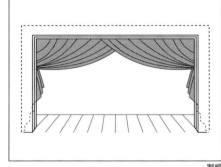

割緞

ワンセグ【(英) one segment】　1セグメントの略。セグメントとは区分、部分という意。日本の地上デジタル放送で行われている携帯電話など向けの放送のこと。地上デジタル放送は1チャンネルを13のセグメントに分割していて、このうち12セグメントを通常のデジタル放送に使用し、残りの1セグメントを利用して携帯電話など向けに、小さい画面で見る低解像度の放送を行っている。これを1セグメント部分受信サービスといい、略してワンセグと呼ぶ。【参照】マルチチャンネル編成
ワンポイント収音（ワンポイントしゅうおん）【(英) one point microphone pickup】　1本のマイクまたは2チャンネル・ステレオやサラウンドの場合は一組のマイクで収音する方法。

A

A【(英) ampere】 電流の強さの実用単位「アンペア」を表す記号。

A型コネクタ 舞台照明用のコネクタの1つ。大、小の2種類あるが、通常、用いられるのは小型の方。定格は大型60A、小型30A。【参照】C型コネクタ

Aチェーン (エーチェーン) 映画館の映写室側の再生機器とサウンドヘッド系音声を復調するまでの信号の流れのこと。

AAC【(英) advanced audio coding】 MPEG (Moving Picture Experts Group) において規格化された音声圧縮形式。MP3を超える高音質と高圧縮を目的に標準化された。MPEG-2 AACとMPEG-4 AACとがあり、仕様は若干異なるが、通常の使用では区別する必要はない。MPEG-2 AACは日本のBSデジタル放送と地上デジタル波放送で、MPEG-4 AACはiPodやゲーム機と携帯電話で採用。MPEG-4 AACの拡張子は、「.mp4」、「.m4a」、「.m4p」、または「.aac」である。

AB方式 ステレオ収音の方式の1つ。2つのマイクの間隔を40cm〜1mに設置して、時間差による効果を重視した収音で、無指向性マイクを使用する。Spaced Omniともいう。

AB方式

AC【(英) alternating current】 交流のこと。一定時間ごとに、大きさが変化して交互に逆の方向に流れる電流。1秒間に流れの方向を変える回数を周波数 (Hz) という。常に一定方向に一定の大きさで流れる電流をDC (直流) という。

AC3【(英) audio code number 3】 ドルビー研究所が開発した、音声のデジタル符号化方式。

AD【(英) assistant director】 テレビ番組製作スタッフで、演出助手であるアシスタントディレクタの略称。【参照】アシスタントディレクタ

A/D【(英) analogue to digital】 AD変換の略記号。【参照】AD変換 【反対】D/A

AD変換【(英) analogue to digital conversion】 アナログ信号をデジタル信号に変換すること。アナログ信号を時間的にいくつかに区切り、それぞれの信号量を符号化してデジタル信号にする。【反対】DA変換 【参照】デジタル、PCM

ADC【(英) analogue to digital converter】 アナログをデジタルに変換する機器のこと。【反対】DAC

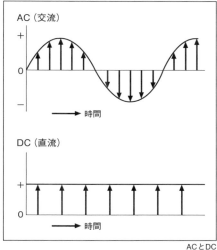

ACとDC

ADPCM【(英) adaptive differential pulse code modulation】 PCMのサンプリング方式で、変化量の少ない部分と大きい部分を分割し、圧縮を掛けてデータ伝送する方式。【参照】PCM

ADSL【(英) asymmetric digital subscriber line】 非対称デジタル加入者線という。1対の電話線を使って通信するもので、電話局から利用者方向の伝送速度は速く (1.5〜9Mbps)、利用者から電話局方向の伝送速度は遅い (16〜640kbps) ことから「非対称 (asymmetric)」と呼ばれる。一般家庭の既存の電話回線を使って、インターネットへ常時接続でき、高速で安価。

AES【Audio Engineering Society】 米国に本部を置き、世界各地に支部を有するオーディオ技術者、研究者などの国際組織。

AES/EBU AESとEBUが共同で定義した業務用デジタルオーディオ規格。伝送の安定化をはかるために、バランスタイプの音声ケーブル1系統で2チャンネルの音声信号と補助情報を伝送できる。BNCとXLRタイプのコネクタを使用する。【参照】AES、EBU

AES67 IPネットワークの相互接続するための標準規格。DanteやRavenna、Q-LAN、Livewire、WheatNetなど、異なるネットワークのシステム間で、オーディオ信号を送受信するための

規格。

AF【（英）audio frequency】 可聴周波数のことで、人間の耳で聴くことのできる範囲の周波数。これに対して、無線用の周波数をRFという。【参照】RF

AFL【（英）after-fader listen】 音響調整卓の入力フェーダ以降の信号をモニタする機能。実際にはフェーダ以降というよりもパンポット以降の信号をステレオでチェックすることに主眼が置かれ、各楽器の定位などを調べるのに便利である。

AGC【（英）automatic gain control】 自動利得調整のこと。入力信号が大きいときはアンプの利得を下げ、小さいときには利得を上げて、出力信号が常に一定のレベルになるように自動的に調整すること。ALCやAVCなども同様である。

AI【（英）artificial intelligence】 人間の知的ふるまいの一部を、コンピュータのソフトウェアを用いて人工的に再現したもの。人工知能とも呼ぶ。

AIFF【Audio Interchange File Format】 アップル社が開発した音響データのファイルフォーマット。主としてMacで使われている。拡張子は「.aiff」、「.aif」である。通常は非圧縮であるが、圧縮データ用のフォーマットもある。

ALC【（英）automatic level control】 【同意】【参照】AGC

AM【（英）amplitude modulation】 振幅変調方式のこと。中波ラジオ放送は振幅変調方式を採用しているのでAM放送またはAMと呼ぶ。

Ambisonics（アンビソニック） 1970年代に開発された360°空間全周を4本のマイクロホンを使用し、立体録音をして再生を行うもの。

AN【（英）announce】 アナウンスの略記号。

AN尻（アナじり） 放送用語で、アナウンスコメントの最後の言葉を指す。これをきっかけに次の展開（CMなど）が始まることが多い。ネット放送の場合、受け局では重要なキッカケとなり聞き逃せない。

AoIP【（英）Audio over Internet Protocol】 【同意】【参照】IPオーディオ

APIPA【（英）Automatic Private IP Addressing】 コンピュータネットワークにおいて、新しい機器に対して自動でIPアドレスを設定する機能。【同意】DHCP

APC【（英）automatic program controller】 放送局で使用する自動放送支援装置で、APSともいう。予め準備したとおりに、24時間の放送を自動で切り替えて放送する装置。

ATA【（英）advanced technology attachment】 1989年にアメリカ規格協会によって標準化された、パソコンとハードディスクを接続するための規格。

ATRAC（アトラック）【Adaptive TRansform Acoustic Coding】 ソニーが開発したオーディオの非可逆圧縮技術の規格名、および後年開発された関連技術群の総称。

ATT【（英）attenuator】 アッテネータの略記号。電気信号のレベルを減衰させる機能で、音響機器のレベル調整に用いる。アナログ音響調整卓のフェーダも、このように呼ばれる。【参照】アッテネータ

AUD【（英）audition】 試聴、検聴の意。音響調整卓の試聴機能のこと。入力信号をチェックするためのモニタ回路。

Auro3D（オーロ・スリーディー） Auro Tecnologies社が開発した方式で、あらかじめ定められたスピーカ配置に合わせてミキシングするチャンネルベース音響型の立体音響方式。いくつものスピーカ配置が提唱されている。【参照】22.2チャンネル音響、チャンネルベース音響

Auto IP 【同意】【参照】APIPA

AUX【（英）auxiliary】 「補助の」「追加の」という意味。音響調整卓の主出力回路または主出力端子以外の予備回路、または予備端子のこと。AUX IN、AUX OUTと表示される。

AV【（英）audiovisual】 「視聴覚の」の意。AVシステムは視聴覚設備のこと。

AVC【（英）automatic volume control】 AGCと同意語。【参照】AGC

AVCHD【Advanced Video Codec High Definition】 ブルーレイ・ディスクのアプリケーションフォーマットのBDMVを応用させ、ハイビジョン映像をビデオカメラで記録する規格の1つ。8センチDVDでも高画質の動画が撮影できるよう、映像には高効率符号化が可能なH.264/MPEG-4 AVC方式を採用、音声にはドルビーデジタル・AC-3方式を採用、多重化にMPEG2-TSを採用している。

B

Bチェーン（ビーチェーン） 映画館の観客席側の機器と客席内音響系全般のこと。

BBC【British Broadcasting Corporation】 英国放送協会の略称。運営は公共企業体の形式。

BCC【（英）blind carbon copy】 電子メールソフト機能の1つで、メールの写しを特定の第三者に送付する機能。受取人には第三者に送付したことがわからない。また第三者どうしも誰にも一斉に同一内容のメールを送るときは、互いのメールアドレスが判明しないように、BCC形式で送信することが多い。【参照】CC

BD【Blu-ray disc】 ブルーレイ・ディスクの略記号。【参照】ブルーレイ・ディスク

BDAV【Blu-ray disc audio visual】 BD-R、BD-REなどの書き込み式ブルーレイ・ディスクで使用されているアプリケーションフォーマット。DVD-VR（VRモード）に相当する。BD-AVとも表記する。

BD-J【Blu-ray disc Java】 ブルーレイ・ディスクに、映画などを記録してビデオソフトを作成するときのBDMVという規格の一つ。Javaと呼ばれるプログラム言語を使用していて、高度な情報のやりとり機能を追加できる。BD-Jに対応しているとネットワーク接続したとき特典映像をダウンロードしたり、画面の中に子画面を映し出すピクチャー・イン・ピクチャー機能を設けたりできる。【参照】Java

BDMV/BD-MV【Blu-ray Disk Movie】 光ディスクで利用される映像記録用フォーマットの一種で、ブルーレイ・ディスクの読み出し専用規格として「BD-ROM」で用いられている。【同意】BD-Video

BD-R【Blu-ray disc Recordable】 1回だけ書き込み可能なブルーレイ・ディスク。1層のメディアと2層のメディアあり、2層のメディアはBD-R DLと呼ばれる。記録容量は1層25GB、2層50GB。

BD-RE【Blu-ray disc Rewritable】 読み書き可能なブルーレイ・ディスクで、CDやDVDのRWやRAMに相当する。記録容量は1層で25GB、2層で50GB。UDFフォーマットにより、ファイル単位での読み書きが可能。録画用、データ用の区別なく著作権保護に対応しているため、デジタル放送をBDAV形式で記録できる。BDMV形式にもBD-RE Version 3.0で対応している。

BG【（英）background】 背景という意。後ろに聞こえる音楽や効果音のこと。

BGレベル 台詞やナレーションの背景として流す音楽や効果音の、言葉の邪魔をしないような音量。

BGM【（英）background music】 背景音楽のこと。①演劇、映画、テレビ番組で背景として流す音楽。②商店、職場、病院などで気分を和らげたり、仕事の能率を向上させたりするために流す録音音楽。

BLM【（英）boundary layer microphone】 マイクユニットを反射板に埋め込んだり密着させたりしたもの。マイク周辺からの反射音を収音しないので、直接音と反射音との干渉による音質の劣化が少ない。PZMの後継種。【参照】PZM

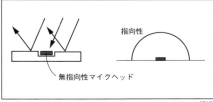

BLMの構造

Bluetooth（ブルートゥース） スウェーデンのエリクソン社主導で提唱された近距離用無線通信の規格。1M bpsの通信速度で半径10m以内の機器と接続できる。パソコンとプリンタやマウス、携帯電話とヘッドホンやスピーカなどを、ケーブルを使わずに接続できる。10世紀にスウェーデンとデンマークを統一したハーラル王の呼称「青歯王（あおばおう）」が語源。

BNC【Bayonet Neill Concelman】 高周波用の同軸コネクタ。AES/EBU同軸や無線機、ビデオ機器、測定器などに使用されている。周波数特性が比較的良く、小型にできるため計測用、通信用、映像信号用などに最も多く使われている。ネジでなく簡単にロックできる機構なので着脱が容易。適合同軸ケーブルは1.5D～5Dで、特性インピーダンスは50Ωまたは75Ω。

BO【（英）boom operator】 テレビ番組や映画の撮影のとき、マイクを付けたブームスタンドを操作する技術者。ブームマンともいう。

BPF【（英）band pass filter】 バンドパスフィルタの略。【参照】フィルタ

bps【（英）bits per second】 1秒間に何ビットの情報を処理できるかを表す単位。

BRF【（英）band rejection filter】 バンドリジェ

145

BNCコネクタ

クションフィルタのこと。【参照】フィルタ
BS【(英) broadcasting satellite】 放送のための衛星のこと。
BSデジタル【(英) broadcast satellite digital】
日本で、2000年12月から放送開始したデジタル方式の衛星テレビ放送。MPEG2デジタル圧縮を使用して、ゴーストやノイズが非常に少なく、ハイビジョンで高画質、5.1サラウンド音声方式で放送している。テレビは基本的10チャンネルで、他に静止画付きの衛星ラジオ23チャンネル、各種データ放送などがある。衛星を経由しているので、伝送経路の距離が非常に長く、放送電波の到達に時差が生じる。
BTL接続(ビーティーエルせつぞく)【(英) Balanced Transformer Less/Bridged Transformer Less/Bridge-Tied Load】【同意】【参照】ブリッジ接続
BWF【(英) broadcast wave file format】 WAV音声ファイルフォーマットの拡張で、映画やテレビで使われているノンリニアデジタルレコーダの録音フォーマットとして使われている。日本では、これを拡張したBWF-Jという規格が使われている。

C

C ①テレビカメラの略記号。②カメラマンの略。③コンデンサの略記号

C型コネクタ 舞台照明用のコネクタの1つ。A型の改良型で、安全性を高めて設計されている。コンセントの両極の間に突起があり、接合時に極性が固定される。C型のプラグはA型コンセントに差し込めるが、この逆は不可能。【参照】A型コネクタ

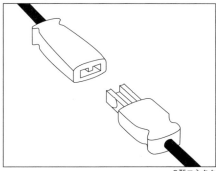

C型コネクタ

CA【(英) camera assistant】 テレビ番組製作のスタッフで、カメラアシスタントの略記号。カメラマンをサポートする役で、カメシとも呼ばれる。

CAT カテゴリー (category) の略記号で、インターネット用ケーブルの品質分類で使用されている。【参照】カテゴリー

CATV【(英) community antenna television】 送信側(番組提供会社)と受信側(加入者)とをケーブルでつないだテレビ放送のシステム。ケーブルテレビと呼ぶ。

CC【(英) cow catcher】 カウキャッチャの略。特定の広告主が買い切った番組の前に放送するCMのこと。【参照】スポンサド番組

CC【(英) carbon copy】 電子メールソフト機能の1つで、複写のメールの意。受取人の他に、メールの写しを特定の第三者に送付する機能。受取人には、他者に同一メールが送られたことがわかり、第三者にも写しであることがわかる。

CCTV【(英) closed circuit television】 通常のテレビ放送が不特定多数の人を対象に情報を伝達するのに対し、特定の目的で特定の人に画像を伝達するテレビのこと。工業用テレビ(ITV)、教育用テレビ(ETV)、医療用テレビ(MTV)、テレビ電話、会議用テレビ、ケーブルテレビ(CATV)などがある。【参照】CATV、ITV

CCU【(英) camera control unit】 ビデオカメラの制御器のこと。ビデオカメラを遠隔制御で調整し、カメラからの映像信号や信号波形を監視する装置。カメコンともいう。コントロール機能をすべてカメラヘッドに内蔵したCCUレスカメラもある。

CD ①コンパクトディスク (compact disc) の略称。ソニーとフィリップスが共同開発したコンパクトディスクのことで、デジタル情報を記録するためのディスク。音楽以外にコンピュータ用のデータなど、デジタル情報の記録用としても使用される。直径12cmまたは8cm、厚さ1.2mmの円盤状でプラスチック製。読み取りには780nmの赤外線レーザが用いられ、照射したレーザ光の反射を読み取る。レーザ光を反射するために、鏡のような役割を持つ厚さ約80nmのアルミニウム蒸着層と厚さ約10μmの保護層、レーベルなどの印字膜層を重ねた構造になっている。②チーフディレクタの略称。【参照】チーフディレクタ

C/D【(英) channel divider】 チャンネルディバイダの略記号。【参照】クロスオーバ

CD-DA【Compact Disc-Digital Audio】 音楽などを記録をするためのコンパクトディスクで、一般的な音楽CDのこと。

CD-G【CD-Graphics】 音声の他、静止画や文字などが入るコンパクトディスクで、カラオケなどで使用。

CD-R【CD Recordable】 CDと同じフォーマットで、データの書き込みが1回だけできるディスクで、Write Onceとも呼ばれる。

CD-ROM【CD Read Only Memory】 書き込みができないようにフォーマットされたコンパクトディスク。

CD-RW【CD Rewritable】 何度も書き換えができるコンパクトディスクのこと。

CDホーン【(英) constant directivity horn】 定指向性ホーンのこと。【参照】定指向性ホーン

CF【CompactFlash】 【参照】コンパクトフラッシュ

C.F.【(英) cross fade】 2つの音または画像を、ゆっくりと重ね合わせながら切り替える技法。テレビの場合はディゾルブともいう。【参照】ディゾルブ

C.I.【(英) cut in】 音量調整の方法。音を最初から所定のレベルで出すこと。突然音が流れること。【反対】C.O.【参照】第2部・フェーダテクニック

CIRC【Cross Interleave Reed-Solomon Code】
誤り訂正符号の一種。デジタル記録ディスクに用いられている、エラーの訂正機能を持つ符号で、記録媒体の傷などによって起こるエラーを訂正する。符号を分散して記録することで、媒体の傷などによって記録の一部が欠けても他の部分から補うことができる。

CM【(英) commercial message】 商業放送で番組の間に挿入する有料広告のこと。コマーシャルともいう。

CMバンクシステム 放送のCMを、スケジュールに沿って送出する装置。【参照】CM

CMOS【(英) Complementary Metal Oxide Semiconductor】 相補型金属酸化膜半導体。LSI大規模集積回路の構造の種類のひとつで、光を電気信号に変換するイメージセンサ(撮像素子：CMOSセンサ)を指すこともある。消費電力が少なく、コストが安いなどの利点から、パソコンCPUの多くがCMOSを採用、デジタルカメラのほか携帯電話やWebカメラなどにも使用。

C.O.【(英) cut out】 カット・アウトの略。音量調節の方法で、出ている音を瞬時に絞ること。音が突然に消えること。【反対】C.I.【参照】第2部・フェーダテクニック

CP【(英) chief producer】 テレビ番組制作のスタッフで、チーフプロデューサの略記号。【参照】チーフプロデューサ

CPU【(英) central processing unit】 コンピュータの中でデータの演算処理を行う装置のこと。中央演算処理装置ともいう。データの演算が大きな役目で、その他にも演算結果をメモリに格納したり、呼び出したり、周辺機器とのデータ受け渡しなどをコントロールする。

CR【(英) camera rehearsal】 テレビ番組制作で、カメラリハーサルの略記号。カメリハともいう。【参照】カメラリハーサル

CS放送【(英) communications satellite】 通信衛星を利用したデジタル有料放送で、多チャンネルで放送している。BS放送が大出力・少チャンネルであるのに対して、CS放送は小出力・多チャンネルである。CSは、2002年からBSと同方向の静止軌道に設置したので、BS用のアンテナと兼用できる。

CUE/Cue(キュー) 合図、切っ掛け。Qとも記す。合図を出すことを「キューを出す」という。【参照】切っ掛け

CV コンポジット映像信号、またはその端子の略記号。【参照】コンポジット映像信号

D

D【英）director】 ディレクタの略記号。テレビ番組製作の演出者のこと。【参照】ディレクタ

D型コネクタ 舞台照明用の200V対応のコネクタで、定格電流は20A、定格電圧は250V。【参照】C型コネクタ

D値【英）definition】 室の響き、明瞭度に関係する量である。直接音に続いて、50ミリ秒以内で遅れて到達した初期反射音は、直接音を強める働きをする。D値は、直接音に50ミリ秒以内に到達した初期反射音を含めたエネルギーと、反射音を含めた全エネルギーとの比。一般的に、コンサートホールでは40％、講演は50～60％の値が適している。

D特性 2つの部屋の遮音性能はD＝50というように遮音等級で表される。一方の部屋でピンクノイズを出し、もう一方の部屋で音圧を測定して、2室間の音圧レベルの差で遮音等級を求めるための基準周波数特性をD特性という。Dはdifferenceの略。

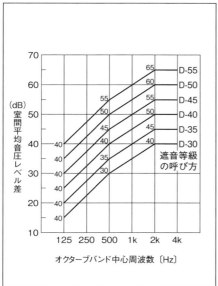

D特性

Dレンジ【英）dynamic range】 ダイナミックレンジの略。【参照】ダイナミックレンジ

D/A【英）digital to analogue】 DA変換の略記号。【反対】A/D

DA変換【英）digital to analogue conversion】 デジタル信号をアナログ信号に変換すること。【反対】AD変換

DAC【英）digital to analogue converter】 デジタル信号をアナログ信号に変換する装置。【反対】ADC

DAT【英）digital audio tape recorder】 デジタル信号で録音、再生するカセットテープ式の録音機。

DAW【英）digital audio workstation】 デジタル信号で録音、編集、ミクシングする一体型のシステムで、専用機器とパソコンを核にしたものとに分けられる。パソコンを用いるDAWには、専用のボードを接続してボードを操作するものと、パソコンの画面を操作するものとがある。【参照】ノンリニア編集

dB【英）deci-Bel】 デシベルの単位記号。【参照】デシベル

DC【英）direct current】 直流のこと。一定方向に、一定の大きさで流れる電流のこと。乾電池などが直流。【参照】AC

DC保護回路【英）direct current protection circuit】 過大な直流電流からスピーカを保護するための回路。直流検出回路とリレーで構成されており、アンプの出力に過大な直流電流が発生するとリレーが作動し、スピーカをアンプから切り離す。パワーアンプの電源を入れたときに直流が発生しやすいので、アンプが安定するまでスピーカ回路がつながらないような機能を持たせたものもある。

DCA【英）digital controlled amplifier】 デジタル音響調整卓で、アナログ音響調整卓に搭載されているVCAフェーダと同様に、多重グルーピング（連動）を行う機能。【参照】VCA

DCI【英）Digital Cinema Initiatives】 米国の大手映画配給5社で、2002年3月にLLC（Limited Liability Company）を構成し、デジタルシネマの映写と配給に関する技術仕様策定を目的として設立された団体。主にコンテンツに関する仕様とシネマ機器に関する要求仕様を2005年に策定した。それを基に、SMPTEがDCI技術仕様を標準規格化（SMPTE DCP）している。【参照】SMPTE

DCP【英）Digital Cinema Package】 デジタルシネマを上映するためにオーディオ、画像、データの流れを保存・伝送するために使用されるデジタルファイル。

DCS【英）digitally controlled sound】 THXの概念をさらに進化させたシステム。映画劇場内

149

の音響特性を測定して分析し、音響システム全体をデジタルでコントロールして、映画制作者の意図を忠実に再生するためのシステム。上映作品ごとに設定することで、最良の状態で再生できる。また、空席時と満席時との客席状況に応じて音響特性をコントロールして、常に同質の音を観客に聞かせる。【参照】THX

DHCP【(英) Dynamic Host Configuration Protocol】 【同意】【参照】APIPA

DI ①ダイレクトボックス（direct injection box）のこと。【参照】ダイレクトボックス ②ドリーイン（dolly in）の略。カメラ操作用語で、カメラを被写体に近付けて行く撮影手法。【反対】ドリーバック ③指向指数（directivity index）の略。【参照】指向指数

ダイレクトボックス

DIN【(独) Deutsche Industrie Normen】 ドイツ工業規格のこと。日本におけるJISに相当し、ドイツの工業発展の支えになっていると同時に、ヨーロッパ全域へ大きな影響力を持っている。音響機器を接続するDINコネクタなどで有名。

DisplayPort（ディスプレーポート） 液晶ディスプレーなどのデジタル・ディスプレー装置のために設計された映像出力インタフェースの規格。DVIやHDMI端子より小型で、より高解像度を扱うことができる。

DLP【(英) Digital Light Processing】 米国のテキサス・インスツルメント社が開発したDMD素子を使用した映像表示システムのこと。デジタルプロジェクタに多く採用されている。【参照】DMD

DMD【(英) Digital Micromirror Device】 テキサス・インスツルメント社が開発した多数の極小鏡面（マイクロミラー）の光（光子）を電気信号（電子）に変換するCMOSセンサと共に集積回路に配列した表示素子（MEMSデバイス）のこと。【参照】CMOS、DLP

DMX512 DMXはdigital multiplexingの略。照明器具の明るさの調節、ムービングライトなどの照射の位置・動き・形状などをコントロールするデジタル信号の規格。512とは、512チャンネルまで対応できることを意味する。DMX対応機器にはチャンネルが決められていて、このチャンネルの「スタートアドレス」をコントローラ（調光操作卓）と同一に設定すればコントロールできる。配線用ケーブルにはDMXケーブル、または3ピンXLRケーブルを使用。接続する台数に制限はなく、照明機器を次々に接続できる。

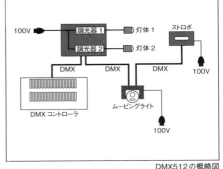

DMX512の概略図

dpi dots per inchの略で、ドット密度の単位である。1インチ（1平方インチではない）の幅の中にどれだけのドットを表現できるかを表す。【参照】ドット

DSD【direct stream digital】 スーパーオーディオCD（SACD）で使用している録音・再生フォーマットで、音声信号の大小を1ビットのデジタルパルスの密度（濃淡）で表現する方式。従来のCDのPCM方式はさまざまな処理をするが、DSD方式はA/D変換された1ビットの信号をそのまま記録し、再生もアナログローパスフィルタを通すだけのシンプルな方式。このため、より高性能な録音・再生を可能にした。【参照】PCM、SACD、ビット

DTM【(英) desk top music】 パソコンを用いたシーケンス・ソフトウェア、MIDIインターフェース、マルチティンバー音源をメインとした音楽製作システム。

DTS【(英) Digital Theater Systems】 米国DTS社が開発した映画用デジタル音響システム。フィルム上に記録した独自のタイムコードに同期させ、CD-ROMに圧縮記録したマルチチャンネル音声の再生を行うシステム。映画用ロゴマークに「dts」も使用される。

DTS：X（ディーティーエス・エックス） 映画館において、DTS社開発の立体音響技術を用いて、従来の5.1chまたは7.1chのスピーカの上層部にスピーカを追加し、最大で11.2chの立体音

響を創出する方式。

DTS Headphone：X（ディーテーエス・ヘッドフォン・エックス） DTS社開発のヘッドフォン向けの立体音響技術。サラウンドや没入型3Dの音場をヘッドフォンで実現する。

DV【英】digital video　ビデオテープレコーダの規格の1つ。映像をデジタルデータとしてテープに記録するので、編集や複製による画質の劣化がない。画面サイズは720×480ピクセル、フレームレートは30fps、圧縮率は約1/5。

DVD【英】digital versatile disc　デジタル多用途ディスクの略。CDと同じ5.25インチの円盤で、オーディオや映像の記録媒体、コンピュータの記憶媒体として使用される大容量の光ディスク。

DVD-Audio　音楽を高性能で収録したDVDで、録音は不可能。DVDビデオディスクと同様にシングル、デュアルの信号層を使用し、12cm、8cmのディスクがある。サンプリング周波数は、2チャンネルで192kHz、マルチチャンネルで96kHzとなる。マルチチャンネルは最大で6チャンネル。専用の再生装置が必要である。

DVD-R【DVD recordable】　1回だけ書き込み可能な、コンピュータ用DVD。

DVD-RAM【DVD random access memory】　書換ができるデータ記録用のDVD。

DVD-ROM【DVD read only memory】　コンピュータ用のデータが記録してある読み込み専用のDVD。

DVD-RW【DVD rewritable disc】　書き換え可能なDVD。DVD-RAMがデータ記録用なのに対し、DVD-RWは映像記録用。最大記録容量はDVD-Rと同じ4.7GB。DVD+RWとの互換性はない。

DVD-Video　DVDに映像、音声、字幕を記録する規格で、ビデオモード（ビデオフォーマット）ともいう。DVD上でタイトル削除、タイトル変更は可能であるが、DVモードのような編集は不可能。ビデオモードは、他の機器で再生できるようにファイナライズする必要がある。ファイナライズ後の追記はできない。【参照】DVD-VR

DVD-VR【DVD video recording format】　書き込み型DVD専用のアプリケーションフォーマットの1つで、VRフォーマット（VRモード）とも呼ぶ。機種によって、チャプタ分割、チャプタ削除、タイトル結合、プレイリスト作成などの編集が、DVDメディア上で可能。また、フレーム単位で再生、編集ができる。【参照】DVD – Video

D-VHS　デジタルビデオレコーダで、映像と音声のデジタルデータをそのまま記録する方式。従来のVHSやS-VHSの再生は可能。最大ビットレートは28.2Mbpsで、デジタルハイビジョン番組や、その他の方式のデジタル放送も録画できる。

DVI【英】digital visual interface　主に民生用機器で、デジタル映像を伝送するためのフォーマット。HDMIと互換はあるが、音声信号は伝送しない。【参照】HDMI

DVI-D【英】digital visual interface digital　コンピュータとディスプレイを接続するDVIインターフェース用のコネクタ形状。TMDS方式のデジタル信号のみを送受信できる。【参照】DVI、TMDS

E

EBU【European Broadcast Union】 1950年に創立されたヨーロッパ放送連合の略。ヨーロッパの放送技術の規格などを決めている団体。

EDPS【（英）electronic data processing system】 営業放送支援装置。CMを自動放送するためのデータを統括管理する装置。送出の指示、確認、データ記録から料金計算まで、すべての管理作業を処理する。

EEE【（英）Energy Efficient Ethernet】 消費電力を抑えるため、信号がないときには自動で停止する機能を持つスイッチングハブ。伝送回路が自動停止時に切れるため、IPオーディオ伝送には不向きとされている。【参照】スイッチングハブ

EFP【（英）electronic field production】 小型テレビカメラと小型VTR、簡易編集機などを使って、映画のロケのように局外でテレビ番組を制作すること。ニュース取材のENG方式を発展させて番組制作に応用したもの。

EIA【Electronic Industries Association】 アメリカ電子工業会のこと。種々の電子機器の規格統一、測定法の統一などを行っている団体。

EIAJ【Electronic Industries Association of Japan】 日本電子機械工業会のこと。日本の電子機械の諸規格、測定法などを審議し、作成する団体。

ENG【（英）electronic news gathering】 小型テレビカメラと小型VTR、またはVTR一体型カメラによるニュースの取材。速報性に優れ、現場からの中継に切り替えて放送することもある。また1～2名のスタッフで取材できるので、取材費を軽減できるのが利点。ニュース以外の局外番組制作（EFP）にも、この形を用いることが多い。

EPG【（英）electronic program guide】 デジタルテレビ放送で、画面上に表示する番組表。

EQ【（英）equalizer】 イコライザの略。周波数特性を変化させて音質を調整する装置。【参照】イコライザ、パラメトリックイコライザ、グラフィックイコライザ

EVC【（英）electric volume control】 電子制御型音量調整器のこと。VCAを利用したものが多い。【参照】VCA

EWS【（英）emergency warning system】 放送局の設備で、非常時の緊急警報放送装置。視聴者のテレビやラジオの受信機のスイッチを自動的に入れて緊急を知らせる装置。

F

f特／f特性【（英）frequency response】 周波数特性の略。【参照】周波数特性

FB【（英）fold back】 演奏者などに、要求する音を聞かせること。または、そのための音響装置。はね返り、ステージモニタともいう。

FCC【Federal Communications Commission】 アメリカ連邦通信委員会の略称。

FD【（英）floor director】 テレビ番組制作のスタッフで、フロア・ディレクタの略。【参照】フロア・ディレクタ

FFT【（英）Fast Fourier Transform】 高速フーリエ変換のこと。周波数分布を、数学的にコンピュータにより高速で計算して音響分析を行う手法。デジタル信号処理の基礎理論を応用している。

F.I.【（英）fade in】 フェード・インの略。【参照】第2部・フェーダテクニック

FIRフィルタ【（英）Finite Impulse Response】 デジタルフィルタで、有限インパルス応答フィルタ・非巡回型フィルタのこと。位相が乱れないフィルタを設計することができるが、計算負荷が大きく、応答が遅くなり、フィルタの両端の特性が劣化することが多い。【参照】IIRフィルタ

FM【（英）frequency modulation】 無線で、周波数変調方式のこと。一般的に、周波数変調方式で放送しているFMラジオ放送のことを指す。

F.O.【（英）fade out】 フェード・アウトの略。【参照】第2部・フェーダテクニック

FOH【（英）front of house】 幕前の意。コンサートなどで、演奏者のためのモニタに対して、観客向けのSRのことをいう。

FPU【（英）field pickup unit】 テレビ放送の中継に使用されるもので、中継地点から基地局に映像信号と音声信号を伝送するためのマイクロ波送受信装置。

FS【（英）frame synchronizer】 ビデオの映像信号をいったん記憶させて、1フレーム以内の時

間を遅らせる機器。生中継番組など伝搬障害で起こる映像のとぎれを補完するのに用いられる。

Fs【(英) sampling frequency】 サンプリング周波数。【参照】PCM、サンプリング周期数

FU【(英) fader unit】 【同意】【参照】カフボックス

G

G【(英) ground】 グラウンドの略。アースのこと。【参照】アース

GG45コネクタ(ジージーよんごーコネクタ) カテゴリー7ケーブルに用いられるコネクタで、GGはGigaGateの略、45はRJ-45との互換を意味する。Cat6と互換のモード1と、Cat7で使用するモード2があり、互いにピンの使用は異なっている。【参照】カテゴリー7ケーブル、RJ-45

GG45コネクタ

GND【(英) ground】 グラウンドの略。アースのこと。【参照】アース

GP【(独) Generalprobe】 ゲネプロの略。通しの舞台稽古のこと。【参照】ゲネプロ

GPI【(英) general purpose interface】 ビデオ編集器や音響調整卓から外部装置に対して、起動制御を行うためのインターフェース。

H

HA【(英) head amplifier】 ヘッドアンプの略。【参照】ヘッドアンプ

HD【(英) hard disk】 高速で大容量を記録ができる記録メディアで数十GBの記録が可能。金属製の磁気円盤で、これを高速で回転させ、ヘッドを移動させて書き込み（記録）、読み出し（再生）をする。高速でランダムにデータを呼び出しできるので、音楽編集や映像編集、演劇の効果音再生などにも適している。マルチトラックの録音、編集、再生にも用いられている。

HD24P【エイチディーにーよんピー】 ジョージ・ルーカスによって提案されソニーが製品化した映画撮影用ビデオカメラで、HDTV映像信号規格の一種。HDTVのインターレース技術をベースに映像の高画質と、24フレーム／秒と23.976フレーム／秒のプログレッシブ記録機能によりフィルムとビデオの親和性を実現させている。

HDD【(英) hard disk driver】 ハードディスク（HD）を作動させる機構。HDを高速で回転させ、ヘッドが移動して、高速で目標の位置を探しだし、記録（書き込み）、再生（読み出し）をする。コンピュータに内蔵してあるものと、SCDIケーブルやUSBケーブルなどで接続する外付け型がある。

HDDレコーダ【(英) hard disk drive recorder】 ハードディスクを利用した録音機能。デジタル録音信号を直接ハードディスクに記録するもので、ソフトウエアで自由にトラック数、チャンネル数、ビット数、サンプリング周波数を選定できる。必要なハードディスクの容量は、記録時間と品質とチャンネル数で決まる。

HDMI【(英) high definition multimedia interface】 主に家電やAV機器向けのデジタル映像・音声入出力インターフェース規格。パソコンとディスプレイの接続に使われるデジタルインターフェースの「DVI」を基にして発展させた規格。1本のケーブルで映像・音声・制御信号を送受信できる。【参照】DVI

HDMV【(英) high definition movie mode】 ブ

HDMIコネクタ

ルーレイ・ディスクに映画などのコンテンツを記録するときに使われる規格の一つ。再生、早送り、戻しなどに対応し、DVDとの親和性が高い。他にBD-J規格がある。【参照】BD-J

HD-SDI【(英) high definition serial digital interface】 放送用ハイビジョンデジタル・ビデオテープレコーダで採用されている規格。従来のSD-SDIに比べ、高いビットストリームとなり、非圧縮のハイビジョン映像を1チャンネルと、PCM音声信号を16チャンネル記録できる。

HDTV【(英) high definition television】 ハイビジョンのこと。【参照】ハイビジョン

HDV【(英) high definition video】 デジタルビデオ信号の記録方式の一つで、DV方式のカセットにHDTV（高精細テレビ）相当の高画質の映像を記録する方式。【参照】DV、HDTV

HF【(英) high frequency】 ①電波で、周波数が3MHz～30MHzの帯域のこと。短波ともいう。②高周波のこと。 ③音響では、高音域を指す。

HH（ヒッチハイク） CMのことで、特定の広告主が提供した番組が終了した後に放送するもの。【参照】スポンサド番組

HP（ハーペー）【(独) Hauptprobe】 ハウプトプローベの略記号。【参照】ハーペー

HPF【(英) high pass filter】 ハイパスフィルタの略。【参照】フィルタ

Hz【(独) Hertz】 周波数の単位でヘルツという。電磁波の存在を実証したドイツの物理学者、ヘルツの名にちなんでつけられた。

154

I

IC【英】integrated circuit】 集積回路のこと。多数の回路素子を1つの基板内に集約した電気回路。集積の規模により、ギガ・スケール集積回路（GSI）、超々大規模集積回路（ULSI）、超大規模集積回路（VLSI）、大規模集積回路（LSI）、中規模集積回路（MSI）、小規模集積回路（SSI）などと呼ぶ。

IEEE（アイトリプルイー）【Institute of Electrical and Electronic Engineers】 1963年に米国電気学会AIEEと無線学会IREが合併して発足した、電気・電子分野における世界最大の学会。世界150カ国以上に会員がいて、エレクトロニクスに関する論文誌の発行、技術標準を制定、LANの規格制定などを行っている。

IEEE1394（アイトリプルイー1394） アップル社のファイヤーワイヤを発展させ標準化したデジタルネットワークの規格。コンピュータ、家庭用映像、音響機器の接続が簡易化される。【参照】ファイヤーワイヤ、mLAN

IIRフィルタ【英】Infinite Impulse Response】 デジタルフィルタで、無限インパルス応答フィルタ・巡回型フィルタのこと。計算負荷が小さく、応答が高速で、急峻なフィルタを設計しやすいが、位相が乱れる。【参照】FIRフィルタ

IMAX（アイマックス）【Image MAXimum】 カナダのIMAX社が開発したフィルムの規格、または映写システム。70mmフィルムを水平方向に送ることで、1コマに使うフィルムの面積を通常の映画より広くし、高精細度の映像が得られるようにしたシステムである。IMAXシアターは、通常の映画館より大きく正方形に近いスクリーンを持ち、広い視野角にして臨場感を高めるため、座席を急勾配に傾斜させている。

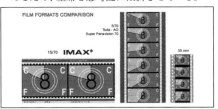

IMAXのサイズ（中央は70mm、右は35mm）

IMAXデジタル（アイマックスデジタル） 映画の方式。IMAX社のデジタル上映方式で、日本には2009年からIMAXデジタルシアターが登場。3D上映には2台の映写機を使用するため他の3Dシステムよりも明るいのが特徴。

IMD【英】inter modulation distortion】 混変調（こんへんちょう）ひずみのこと。【参照】混変調ひずみ

IoT（アイオーティ）【英】Internet of Things】 建物、電化製品、自動車、医療機器など、パソコンやサーバといったコンピュータ以外の多種多様な「モノ」がインターネットに接続され、相互に情報をやり取りすること。

IP【英】Internet Protocol】 インターネットでデータ（パケット）を中継するために使われる通信プロトコル（規則）のこと。32ビットのアドレス空間を持つIPv4と128ビットのアドレス空間を持つIPv6が主に使用されている。

IPオーディオ【英】Internet Protocol Audio】 コンピュータネットワークのインターネットプロトコル（IP）を使って機器間でデジタルオーディオの伝送を行う方式。【同義】AoIP

ISDB【Integrated Services Digital Broadcasting】 統合デジタル放送サービスと呼び、NHKが中心となって開発したもので、日本および南アメリカなどで採用されているデジタル放送方式。衛星デジタルテレビ放送用のISDB-S、地上デジタルテレビ放送用のISDB-T、地上デジタル音声放送用のISDB-TSB、デジタルケーブルテレビ用のISDB-Cなどがある。

ISDB-S【Integrated Services Digital Broadcasting-Satellite】 BSデジタルテレビ放送、BSデジタル音声放送、110°CSデジタル放送で使用されている放送方式。【参照】ISDB

ISDB-T【Integrated Services Digital Broadcasting-Terrestrial】 地上デジタルテレビ放送で使用されている放送方式。【参照】ISDB

ISDB-TSB【ISDB-Terrestrial for Sound Broadcasting】 地上デジタル音声放送（地上デジタルラジオ）で使用されている放送方式。【参照】ISDB

ISDN【Integrated Service Digital Network】 デジタル総合サービス網。デジタル技術を基盤とした、電話、電信、テレックス、画像、ファクシミリ、音楽など、性格の異なる信号を送るためのネットワークのこと。

ISO（イソ）【International Organization for Standardization】 国際標準化機構。工業製品の国際的な標準化を図るために設けられた機関。

IT【英】information technology】 コンピュータやデータ通信に関する技術の総称。

ITV【英】industrial television】 産業用、工業用のテレビ装置。交通情況、工場の操作情況、防

犯用、監視用などに使用されるテレビ装置。

J

JASRAC（ジャスラック）【Japanese Society of Right of Authors and Composers】 日本音楽著作権協会のこと。協会員が作詞、作曲した音楽作品の著作権の行使を代行、管理する機関。

Java（ジャバ） インターネットのようなネットワークで、コンピュータの機種やOSに依存せずに、プログラムの受け渡しを容易に行えるプログラミング言語。家電製品や機械等に組み込まれるコンピュータシステムや携帯電話から大規模サーバやスーパーコンピュータまで、非常に多くの分野で用いられている。

JIS（ジス）【Japanese Industrial Standard】 日本産業規格の略称で、産業標準化法によって制定された鉱工業品、データ、サービス等に関する規格のこと。

JPEG（ジェイペグ） 写真専門家合同委員会（Joint Photographic Experts Group）が作った規格で、コンピュータなどで扱われる静止画像のデジタルデータを圧縮する方式拡張子は.jpgまたは.jpeg。【参照】MPEG

JPEG2000（ジェイペグにせん） JPEGの後継で、画質と圧縮率の向上をさせている。【参照】JPEG

L

LAN【Local Area Network】 構内通信網のこと。同じ建物の中など、狭いエリアのコンピュータやプリンタなどを相互に接続し、データをやり取りするネットワークのこと。接続形態によってスター型LAN、リング型LAN、バス型LANなどがあり、通信制御方式にはイーサーネット、トークンリングなどの種類がある。

LCネットワーク 高音域用のスピーカ、中音域用スピーカ、低音域用スピーカなどを組み合わせたマルチウェイ・スピーカシステムのために、スピーカに加える信号の周波数帯域を分割する回路で、コイル（L）とコンデンサ（C）で作られている機器。交流を加えたとき、周波数が高くなるほど通過しにくくなるコイルの性質と、周波数が高くなるほど通過しやすいコンデンサの性質を応用している。【参照】マルチウェイ・スピーカシステム、クロスオーバ

LD【（英）lighting director】 テレビ番組制作スタッフで、照明ディレクタの略称。

LED【（英）light emitting diode】 発光ダイオードのこと。電流を流すと発光する半導体で、パイロットランプやレベルメータのレベル表示、または照明器具に使用されている。発光色は赤・青・緑・黄が基本で、合成してさまざまな色を作り出せる。消費電力が少なく、放射光の温度が低く、寿命が長いのが特徴。

LF【（英）low frequency】 ①長波。周波数が30kHz～300kHzの電波帯の略称。 ②音響では、低音域を指す。

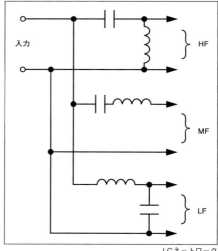

LCネットワーク

LFE【（英）low frequency effect】 サラウンド再生するときの低音域チャンネルのこと。

LPF【（英）low pass filter】 ローパスフィルタの略。【参照】フィルタ

LVDS【Low Voltage Differential Signaling】 低電圧差動信号規格の一つで、低電圧で高速にデータを伝送できる特長を持ち、ノイズに対する耐性が高い特性を持っている。

156

M

MA 和製英語で、マルチオーディオの略。編集を完了したビデオ作品に、音楽や効果音、ナレーションなどを加える音響処理作業のこと。オーディオダビング、サウンドスイートニングともいう。

MACアドレス（マックアドレス）【Media Access Control address】 各イーサーネットのインタフェースカードに割り当てられた固有のID番号。全世界のイーサーネットカードには、1枚ごとに固有の番号が割り当てられていて、これをもとにカード間のデータの送受信が行われる。IEEEがメーカごとに割り当てた固有な番号と、メーカが独自に割り当てる番号を組み合わせて表示している。

MADI（マディ）【Multichannel Audio Digital Interface】 AES 10-1991方式のデジタルデータ伝送。基点から目的の地点へ一方向に信号を伝送するもので、サンプリング周波数が44.1kHzと48kHzの場合64チャンネル、96kHzの場合32チャンネル、192kHzの場合16チャンネルのオーディオ伝送ができる。伝送は、コアキシャルケーブルで最大長100m、光ファイバケーブルで最大長2000mまで可能。

MasterImage 3D（マスタイメージ・スリーディー） MasterImage社が開発、販売するデジタル3Dシステム。立体的に見せるには、左と右の目にわずかに異なる映像を見せることによって成り立っているので、それぞれの目にコマを高速で交互に映写している。安価な眼鏡を使用できるのが特長。

MC【（英）master of ceremonies】 司会者のこと。コンサートで、曲間に入れる歌手のしゃべり。

MD【（英）mini disk】 CDの1/2の大きさのディスクをカートリッジに収めた録音メディアで、1/5に圧縮して録音する。

MF【（英）medium frequency】 ①中波。周波数が300kHz～3MHzの電波帯の略称。ラジオ放送などに使用されている。　②音響では、中音域のこと。

microSDカード（マイクロSDカード） 超小型のSDメモリカード。外形寸法は11mm×15mm×1mmで、SDメモリカードの1/4程度の大きさ。変換アダプタを用いることで、SDカードやminiSDカードとして利用できる。

MIDI【Musical Instrument Digital Interface】 鍵盤楽器を含む複数の電子楽器、または音響機器との間で演奏情報を伝達するために定めた規格。MIDIを装備した楽器を相互に結合することにより、数台のシンセサイザを1台のキーボードで演奏できる。また、各キーボードの音色やエフェクタの設定を一斉に変化させること、コンピュータによるシンセサイザの自動演奏などができる。

MIDIマシンコントロール【MIDI Machine Control】　【参照】MMC

miniSDカード（ミニSDカード） 小型のSDメモリカードで、端子が11ピンになっている。外形寸法は21.5mm×20mm×1.4mm。端子の変換アダプタに装着することでSDメモリカードとしても利用できる。

MIX【（英）mixer】 音響調整卓の略記号。【参照】音響調整卓

mLAN IEEE 1394を音楽やSRの分野に応用するための規格。MIDI情報、マルチチャンネルオーディオなどを高速で伝送する。【参照】IEEE 1394

MMC【MIDI machine control】 音響機器や照明機器を、MIDI信号で制御する方式、またはそのMIDI情報。

MO【（英）magneto optical disc】 光磁気ディスクの略。【参照】光磁気ディスク

MP3【MPEG1 Audio Leyer3】 MPEG1で規定されたデジタル音声圧縮方式の一つで、音声データを1/10に圧縮する。圧縮率が高く音質も良いので、インターネット上での音楽データの伝送など、音楽をパソコンで扱う場合に用いられる。インターネットによる音楽配信、半導体メモリの音楽プレーヤなどで利用されている。【参照】MPEG

MPEG（エムペグ）【Moving Picture Coding Experts Group】 動画像専門家委員会の略。動画映像信号の圧縮技術の標準化を検討する委員会。動画像を圧縮する伝送フォーマット、CDなどに使われるMPEG 1、ハイビジョン対応のMPEG3、一般的な音声符号化標準のMPEG 4など、さまざまな規格を検討している。【参照】JPEG、MP3、AAC

ms【（英）millisecond】 1秒の千分の1の単位で、ミリセカンドまたはミリ秒という。msecとも記す。

MS方式（えむえすほうしき） ステレオ収音の方式の一つ。単一指向性マイク（Midマイク）に対して双指向性マイク（Sideマイク）を90度の角度で同軸上にセットしたもので、双方のマイクの出力信号を2つに分岐して、双方の出力を

合成する。このとき、双指向性マイクの出力の一方の極性を逆（−信号）にすると、Mid信号と＋Side信号を合成したものがステレオのL側に、Mid信号と−Side信号を合成したものがR側の信号になる。合成は専用のトランス、または調整卓で行い、双指向性マイクのレベルを変化させるとステレオ空間の広がりが変化する。この方式は、音源の方向感や距離感を描写する能力は低いが、位相差がないためモノラルへの変換に優れている。

MXF【（英）Material eXchange Format】
　SMPTE規格によって定義されたプロユースのデジタル映像や音声を扱うためのコンテナフォーマットで、さまざまな種類のデータや標準的なデータ圧縮方法を使って圧縮したデータを保持でき、さまざまな種類のデータを識別したり、まとめたりできる。【参照】コンテナフォーマット、SMPTE

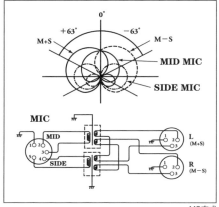

MS方式

MS方式のマイク設置

158

N

NAB【National Association of Broadcasters】
米国の放送事業者団体で、放送機器関係の規格などを決めている。

NC曲線【（英）noise criteria curves】 騒音は周波数の違いにより、気になる度合いが異なる。その点を考慮して騒音の許容値をグラフにしたものをNC曲線という。この曲線に基づいて、外部からの騒音を遮断するための壁構造を決めたり、空調の騒音処理をしたりする。録音スタジオではNC15〜20、ホールではNC20〜25、会議室やホテルではNC25〜30が望ましい。

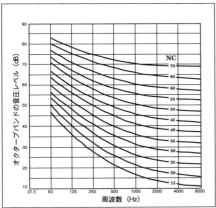

NC曲線

NFB【（英）non fuse breaker】 フューズを使わない遮断器。分電盤（配電盤）などで電源スイッチと兼用されているものが多い。規定を超える電流が流れると、内蔵の電磁石によって回路を遮断する。

NFB【（英）negative feedback】 負帰還と訳される。アンプの出力の一部を入力側に戻すことを帰還と呼び、入力信号を打ち消すかたちで逆位相の信号にして入力側に戻すこと。入力信号がダイオードなどの増幅素子を通ると歪みが生じ、周波数特性が変形する。そのため適度の負帰還をして、入力信号と出力信号との比較を行い、両特性が相似するよう自動的に調整する。周波数特性の改善、利得の安定、雑音の減少などの効果が得られる。

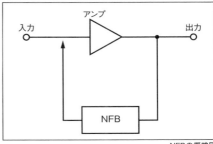

NFBの概略図

NG【（英）no good /retake】 失敗すること。映画撮影、放送番組収録などでは、演技の失敗のこと。または、それを撮影、収録したもの。

NOS方式 ステレオ収音の方式の1つで、オランダ放送連盟（Nederlandse Omroep Stichting）が考案した方式。2つマイクを90度の開き角で30cm離してセッティングする。ノス方式と呼ぶ。

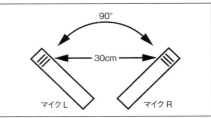

NOS方式

O

OPアンプ【(英) operational amplifier】 【参照】オペアンプ

ORTF方式 ステレオ収音の方式の一つで、フランス放送協会(Office de Radiodiffusion Television Francaise)が考案した方式。2つのマイクを115度の開き角で17cm離してセッティングする方法である。

ORTF方式

OS【(英) operating System】 コンピュータで、プログラムの実行をコントロールするためのソフトウエア。コンピュータの作業管理、入出力コントロール、データ管理などを、統括管理する基本ソフトのこと。

OTL回路【(英) output transformer less circuit】パワーアンプの出力トランスを取り除いた回路方式。真空管アンプは出力インピーダンスが高いので、低いインピーダンスのスピーカをつなぐ場合、トランスを使用する必要があった。しかし、トランジスタアンプの場合は、出力インピーダンスを低くでき、スピーカを直接つなぐことが可能なので出力トランスは不要となる。

P

P2P（ピアツーピア）【英）Peer to Peer】 peerは「同等の人」「友達」の意。ネットワーク上で対等な関係にある端末間を相互に直接接続し、データを送受信する通信方式。

PA【英）public address】 広義では、大勢に情報を伝達すること。狭義では、音響機器で音を拡大すること。【参照】SR

PAD（パッド）【英）pad】 レベルを低下させるための減衰器。機器を接続するときなど、レベルが大き過ぎる回路（回線）に挿入する。【参照】アッテネータ

PCC【英）Phase Coherent Cardioid】 米国クラウン社が開発した単一指向性のマイクを用いたバウンダリーレイヤマイク（BLM）の名称で、この指向性はハーフ・スーパーカーディオイドと呼ばれ、単一指向性の中心軸から片側だけの特性になっている。【参照】BLM

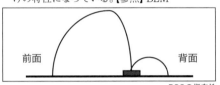

PCCの指向性

PCM【英）pulse code modulation】 音声などのアナログ信号をデジタルデータに変換する方式の1つ。PCM方式の原理は、図のようにアナログ信号を短冊状（細長）に切り取って、それぞれのレベルを符号に置き換えることである。信号を切り取ることをサンプリング（標本化）といい、これを符号にすることをコード化（量子化）という。記録されたデジタルデータの品質は、1秒間に何回サンプリングするか（サンプリング周波数）と、データを何ビットの数値で表現するか（量子化ビット数）で決まる。音楽CDは、サンプリング周波数44.1kHzなので1秒間に44100回のサンプリングを行い、ビット数が16ビットなので「2の16乗」で計算すると65536段階でデータを表現している。

PD【英）program director】 プログラムディレクタの略称。【参照】プログラムディレクタ

PEQ【英）parametric equalizer】 パラメトリックイコライザの略。【参照】パラメトリックイコライザ

PFL【英）pre-fader listen】 音響調整卓の入力フェーダ以前の音をモニタする機能。入力フェーダを下げていても、そのチャンネルに入力されている信号を聞くことができる。

PPM【英）peak program meter】 音の電気信号の尖頭値（ピーク値）が読み取れるように、指示速度を速めた音量表示計。ピークレベルメータ、ピークメータともいう。【参照】ピークレベルメータ

PT【英）participating announcement】 特定の広告主が買い切った番組の中で放送される、他のスポンサのCM。

PZM【英）pressure zone microphone】 米国のクラウン社製マイクの製品名で、ピー・ズィ・エムと呼ぶ。音を反射するプレートの上に、マイクユニットを密着させて収音するもので、BLM（バウンダリーレイヤマイク）の元祖である。【参照】BLM

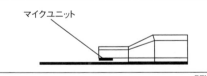

PZM

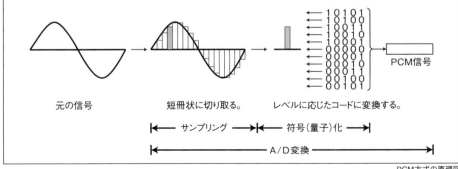

PCM方式の原理図

Q

Q ①cueの略記号。キッカケを知らせるための合図。インターカムで合図を送る場合とハンドサイン（手振り）でキッカケを知らせる場合とがある。【参照】第2部・ハンドサイン　②ピーキングタイプのイコライザの帯域幅のこと。パラメトリックイコライザは、Qを可変できるのが特徴。【参照】ピーキングタイプ、パラメトリックイコライザ　③指向係数のこと。【参照】指向係数

Qシート【（英）cue sheet】　番組進行、照明操作、音響操作などのために、キッカケなどを書いた一覧表。タイミングシートともいう。

Q出し　放送番組製作のとき、ディレクタがインターカムやハンドサインで合図を出すこと。また、舞台監督が舞台進行中、スタッフにインターカム、またはランプの消滅でなどでキッカケを知らせること。【参照】インターカム、第2部・ハンドサイン

QoS（キューオーエス）【（英）Quality of Service】　IPオーディオ伝送で、特定のデータを優先させる通信方式。

R

R　①録音（recording）の略記号で、RECとも書く。　②抵抗器（resistor）の略記号。

RAID（レイド）【（英）redundant arrays of inexpensive disks /redundant arrays of independent disks】　複数のハードディスクを組み合わせて、仮想的な1台の大容量のハードディスクとして使用する方法。ハードウエア、またはソフトウエアによって実現できる。

RAM（ラム）【（英）random access memory】　ランダムアクセスが可能な記憶装置。読み出しだけでなく書き込みも可能な半導体記憶装置のこと。

RCAコネクタ【RCA connector】　RCA社が開発したコネクタのことで、ピンコネクタなどとも呼ばれ、民生機器で使われている端子。

Real D（リアルディー）　Real D社が開発、販売しているデジタル3Dシステムで、劇場スクリーンの改修は必要ではあるが導入コストが低い。それぞれのコマを逆方向に回転させる電気光学フィルタを使用した円偏光方式で、首をかしげても三次元映像が崩壊しないのが特長。

REC【（英）recording】　録音の略記号。

RF【（英）radio frequency】　無線に使用する周波数帯のこと。

RGB【（英）red-green-blue color model】　赤（Red）・緑（Green）・青（Blue）の頭文字で、光の三原色と呼ばれる。この3色を混合する割合を変えて、さまざまな色を再現できる。ブラウン管や液晶ディスプレイ、デジタルカメラなどで画像再現に使われている。

RGB端子　映像機器で、アナログRGBコンポーネント映像信号を出力または入力するためのコネクタのこと。VGA端子と同意。【参照】VGA端子

RGBHV【（英）red-green-blue horizontal vertical】　RGBの3つの信号と共に、水平と垂直の同期信号を別々に伝送する形式で、5本の回線で伝送する。【参照】RGB

RGBS【（英）red-green-blue sync】　アナログビデオ信号をRGBの3つの信号と、水平と垂直の同期信号を1つにまとめて伝送する形式で、4本の回線で伝送する。【参照】RGB

RIAA（リア）【（英）record industry association of america】　アメリカレコード工業会の略称。RIAA録音特性／再生特性で有名である。

RJ-45コネクタ（アールジェイよんご・コネクタ）　RJはregistered jackの略で、標準化されたネットワーキングインタフェイス規格。通信やデータ機器など、コンピュータネットワーキング用途の機器に使用。

RJ-45コネクタ

RMS出力【（英）root mean square power output】　実行出力のこと。【参照】実効出力

RoHS（ロース）【restriction of hazardous substances】　危険物質に関する制限のこと。電子・電気機器における特定有害物質の使用制限についての欧州連合（EU）による指令のことで、2003年2月にWEEE指令と共に公布、2006年7月に施行された。特定有害物質はカドミウム、鉛、水銀などで、この制限指令に対応している

162

製品には「EU有害物質制限対応」または「RoHS指令対応」などと表記されている。ローズ、ロスとも呼ばれている。

ROM（ロム）【（英）read-only memory】 読み出し専用の半導体記憶装置で、書き込みは不可能なもの。

RS232 パソコン通信のシリアルデータ伝送方式の規格。不平衡のため伝送距離は10〜15m程度。

RS422 平衡型のシリアルデータ伝送方式。伝送距離は1000m程度まで可能。

S

Sビデオ信号 アナログ映像信号を輝度信号（Y）と色信号（C）に分離して伝送する方式。「S」はSeparate（分離する）の頭文字。輝度信号と色信号を合成して伝送するコンポジット・ビデオ信号では、信号の合成・分離を行うので画質の劣化があるが、Sビデオ信号はその欠点を解消できるため、より鮮明な映像を得られる。

SACD【（英）Super Audio Compact Disc】 従来のCDと同様のサイズで、DSD方式のデジタル化技術を用いて100kHzまでの周波数帯域の再生を可能にし、可聴帯域で120dBのダイナミックレンジを有する。一般のCDプレーヤでは再生できない。【参照】DSD

SB【（英）station break】 放送用語でステーションブレークの略。次の番組に移るときに、局のコールサインなどを放送するために空けてある時間枠。この枠にCMを流すこともある。

SCMS【（英）Serial Copy Management System】 民生用のデジタル録音機器に付加されているコピー防止技術。仕組は、各トラックの最後にコピービットという2桁の管理情報を記録している。コピービットは、00は無制限コピー可能、01は未定義、10は1回だけコピー可能、11はコピー不可能。

SCRノイズ SCR（半導体）を用いた調光器から発生する雑音。SCR調光器に繋いだ照明器具のコードにマイクケーブルなどを近づけたとき、「ジー」「ザー」というノイズを発生する。音響機器を調光器と同系統の電源で使用するとノイズを発生することもある。対策は、マイクケーブルと照明ケーブルをできるだけ離すか、または電磁シールド型のマイクケーブルを使用するとよい。

SCSI【Small Computer System Interconnect】 コンピュータを接続する規格のことで双方向方式。通信プロトコル、コマンド、通信線の規格だけが制定されていて、接続する周辺機器を経由して順々に接続すれば、7台まで接続できる。

SDメモリカード【Secure Digital memory card】 1999年にサンディスク社、松下電器産業（現パナソニック）、東芝の3社が共同で開発したメモリカードの規格。音楽のオンライン配信に適した著作権保護機能「CPRM」（Content Protection for Recordable Media）を内蔵している。著作権保護機能はSDMI（Secure Digital Music Initiative）規格に適合している。サイズは縦32mm×横24mm×厚さ2.1mm。

SDDS【（英）Sony Dynamic Digital Sound】 ソニーが開発したシネマサウンドシステムで、35mmフィルムの両外側の端に圧縮されたデジタルサウンド情報を記録する方式。

SDHCメモリカード【SD High-Capacity memory card】 2GB以上の記憶容量のSDメモリカードで、最大容量は32GB。転送速度を「Class」として規格化していて、「Class 2」対応機器は2MB/s以上、「Class 4」は4MB/s以上、「Class 6」は6MB/s以上、「Class 10」は10MB/s以上の速度を保証している。

SDI【Serial Digital Interface】 デジタルビデオ信号の伝送規格の一つ。標準画質の非圧縮デジタル映像とデジタル音声を、BNCコネクタ使用した同軸ケーブル1本で伝送できる。主として業務用ビデオ機器に採用されている。

SDIF2【Sony digital interface 2】 ソニーの業務用デジタルオーディオ入出力規格。

SDTV【（英）standard definition television】 旧アナログ式テレビ放送のことで、走査線480（有効）のインターレス方式。画面比が4：3のテレビ放送規格。

SDXCメモリカード【SD extend-capacity memory card】 32GB以上の記憶容量で、転送速度の高速化を図ったSDメモリカード。SDXC対応機器で、SDとSDHCメモリカードも使用できる。

SE【（英）sound effects】 音響効果のこと。効果音を表示する略記号。【参照】音響効果

SEPP回路【（英）single ended push-pull circuit】

偶数個の増幅素子（トランジスタ）を対にして、互いに助け合って動作させる増幅回路の方式。オーディオアンプでは音質劣化を避けて、対になった2つの入力に逆位相の信号を加えて、それぞれの出力を合成するときに、音質低下を防ぐため、出力トランスを用いない。

SFX【（英）special effects】　スペシャル・エフェクツの略で、映画の特殊効果のこと。フィルムやビデオの映像に、美術、光学処理などで特殊な視覚効果を施し、通常ではあり得ない映像を作り出す技術。【参照】VFX

SHF【（英）super high frequency】　極超短波。周波数が3GHz 〜 30GHzの電波帯域の略称。衛星通信、衛星（BS・CS）テレビ放送、放送用中継回線に使用している。

SHV【Super Hi-vsion】【参照】スーパーハイビジョン

S.I.【（英）sneak in】　音量操作手法の1つで、スニークインの略記号。こっそり入るという意味で、いつのまにか音が聞こえているように操作すること。【反対】S.O.

SMPTE（シンプティ）【Society of Motion Picture and Television Engineers】　米国の映画テレビ技術者協会の略。映画とテレビ技術の国際的な研究機関。映画、テレビに関する各種の奨励規準がここで検討、発表され、各国で使用されている。

SMPTEコード　SMPTEが規格化した、ビデオ画面の各フレームごとに付けた符号のこと。時間によく似たタイミング信号なのでタイムコードとも呼んでいる。コンピュータによるVTRの電子編集作業のとき、編集個所を特定するのに有効である。MA作業のときのVTRとオーディオテープレコーダはSMPTEコードによって同期し一体化されて、同一機能として扱われる。

SN比【（英）signal to noise ratio】　信号対雑音比のこと。必要な信号（signal）と不必要な雑音（noise）との比率。一般にこの比の対数の20倍を、デシベルの単位で表示する。この数値が大きいほど雑音が少ないことになる。

S/N = 20log（signal/noise）

SNG【（英）satellite news gathering】　伝送に衛星を利用したニュース番組の中継放送システム。僻地から迅速な中継放送をすることができる一方、衛星との距離で音に遅れが生じ対話が難しくなる。

S.O.【（英）sneak out】　音量操作手法の1つで、スニークアウトの略記号。こっそり居なくなるという意。いつのまにか音が消えている（聞こえなくなっている）ように操作すること。【反対】S.I.

SOA【（英）service oriented architecture】　大規模なITシステムを、通信ネットワークを通じて、別のコンピュータへ機能を提供するための互換手法。アプリケーションソフト自体に、他のソフトウエアとの互換機能を持たせたものなど。

SPL【（英）sound pressure level】　音圧レベルのこと。音圧レベルをデシベルで表示するとき、dBの後にSPLを付けて「dBSPL」と表示する。

SR【（英）sound reinforcement】　サウンドリインフォースメントの略称。【参照】サウンドリインフォースメント

SRC（サンプリングレート・コンバータ）【（英）sampling rate converter】　所定のサンプリングレートで記録したデジタル信号を、別のサンプリング周波数に変換するコンバータ。CDのサンプリング周波数44.1kFsを48kFsに変換するなどして、サンプリング周波数を揃えることでミクシングなどが可能となる。

SSD【（英）solid state drive】　半導体素子メモリを用いた記憶装置。シリコンドライブ、半導体ドライブ、メモリドライブ、疑似ドライブなどとも呼ばれる。使用するメモリの種類によりRAMを使うRAMディスク（ハードウエア方式）、フラッシュメモリを使うFlash SSDなどがある。HDDに比べて、ランダムアクセスに優れる、起動が速い、省電力で、動作音が無く、振動や衝撃に強いなどの利点がある。

ST2110　映像、音響、補助データなどのIP伝送において、それぞれ異なるIP伝送方式では煩雑になるため、共通に利用できるIP方式としてSMPTEが策定したもの。

STL【（英）station transmitter link】　番組を製作する放送局側から送信所を結ぶマイクロウエーブ回線のこと。送信所側から放送局を結ぶ場合はTSLという。

STPケーブル【（英）shielded twisted pair】　LANで使用されているシールドが施されているツイストペアケーブル（縒ってある2本の線）のこと。【参照】UTPケーブル、ツイストペアケーブル

S-VHS　VHS方式の画質を改善したビデオレコーダ。画質改善のために、FM周波数変移をVHSの3.4 〜 4.4MHzから5.4 〜 7.0MHzに上げている。

SW　①switcherの略称。テレビ番組制作などで、複数台のカメラの映像や他の映像を切り替える装置、またはその装置を操作するスタッフのこと。　②サブウーファ（subwoofer）の略で、超低音域のみを再生するスピーカシステムのこと。

T

TB【(英) talk back】 トークバックの略記号。スタジオや舞台で、演者やスタッフに指示を与えるためのPA装置。

TCP/IP【(英) transmission control protocol/internet protocol】 インターネットで利用される標準通信規定（プロトコル）のこと。他にUDPも使われているが、UDPは転送速度が速いものの信頼性が低く、TCPは信頼性が高いものの転送速度が遅いという特徴がある。【参照】UDP

TD【(英) technical director】 テレビ番組製作のスタッフで、テクニカルディレクタの略称。【参照】テクニカルディレクタ

TEF【(英) time energy frequency】 時間、エネルギー、周波数を分析する測定器。

Thunderbolt（サンダーボルト） インテル社がアップル社と共同開発した高速汎用データ伝送技術。2013年にThunderbolt 2（20Gbps）、2015年にThunderbolt 3（40Gbps）を発表。Thunderbolt 3はUSB Type-Cを用いている。ディスプレーの接続を兼ねることもできる。

THX ルーカスフィルム社が提唱した映画館の規格。映画製作者の意図した音響を忠実に再生することを目的とした規格で、この基準を満たしている映画館をTHXシアターとして認定している。ドルビー、DTS、SDDSなどは、この方式に対応している。認定基準は、客席における騒音が基準（NC-30）を超えないこと、隣接映画館などから外部騒音を適切に遮断していること、劇場内の残響時間が規定内であること、スクリーンから最も遠い席でも適切な視野角であること、スクリーンに対して映写機の設置位置が適切であること、THXが指定している機器を使用していること、その他の機器の設置が適切であること。THXの名称は、ジョージ・ルーカス監督のデビュー作「THX 1138」が由来。

TK【(英) time keeper】 テレビ番組制作のスタッフで、タイムキーパーの略。【参照】タイムキーパー

TMDS【Transition Minimized Differential Signaling】 ディスプレイとビデオカードとの間を、デジタル映像信号を伝送する方式で、グラフィックス関連機器の業界団体であるVESA（Video Electronics Standards Association）によって標準化された方式のこと。伝送路の単位をリンクと呼び、1リンクが4チャンネルになっていて、RGBにそれぞれ1チャンネル（計3チャンネル）、同期信号に1チャンネルを割り当てている。DVI（Digital Visual Interface）方式やHDMI（High-Definition Multimedia Interface）方式などに採用されている。自己同期方式なので、クロック周波数を同期するためのチャンネルも不要。このためTMDSは、本来数本必要な通信線を1本にまとめることができ、ケーブルの長さも最大10メートルまで可能。

TOC（トック）【(英) table of contents】 CDなどのデジタルオーディオ記録媒体の最初に書き込まれている「何処に、何を、どれだけ記録しているか」を示す目録データのこと。

TOS Link（トスリンク） 【参照】トスリンク

TRSフォーンプラグ【TRS phone plug】 3極のフォーンプラグのこと。先からT（tip）、R（ring）、S（sleeve）と呼ばれ、バランス型回線用またはステレオ用として使用できる。3Pフォーンプラグ、3P標準プラグともいう。【参照】プラグ

U

UDP【(英) user datagram protocol】 主にインターネットで利用される標準プロトコル(通信規定)のこと。他にTCPも使われていて、UDPは転送速度が速いものの信頼性が低く、TCPは信頼性が高いものの転送速度が遅いという特徴がある。【参照】TCP/IP

UHF【(英) ultra high frequency】 周波数が300MHz～3GHzの電波帯域の略称。地上デジタル放送、携帯電話などに使われている。

UPS【(英) Uninterruptible Power Supply】【同意】【参照】無停電電源装置

USB【(英) Universal Serial Bus】 パソコンに周辺機器を接続する規格の一つで、キーボードやマウス、プリンタなどを接続するのに用いる。基本となるUSB1.1の通信速度は最大で12Mbps、USB2.0は480Mbps、USB3.0は5Gbps。bpsは1秒間に転送するビット数(情報量)のこと。それぞれ通信速度に違いはあっても互換性がある。端子形状は、パソコン側(Type-A)と接続機器側(Type-B)で異なる。さらに進化したType-Cがある。また端子の大きさでmini USBやmicro USBがある。

USB Type-A 主にパソコンや電源アダプタに用いられているUSB端子。

USB Type-B プリンタやオーディオ機器など、パソコンの周辺機器の出力に用いられているUSB方式の端子。

USB Type-C 【同意】【参照】USB3.1 Type-C、USB3.2 Type-C

USB3.1 Type-C USB3.0の2倍速で転送可能(10Gbps)。入力と出力どちらにも接続可能で、上下(裏表)の区別もなく接続できる。このUSB3.1から端子形状がType-Cになった。HDMIやThunderbolt、DisplayPort端子や電源供給、映像出力も1つのケーブルで済む。

USB-C

USB3.2 Type-C USB3.1の2倍速で転送が可能(20Gbps)。

USBメモリ【USB memory】 USBコネクタに接続して使用する、フラッシュメモリを内蔵した持ち運び可能な記憶装置。【参照】フラッシュメモリ

UTPケーブル【(英) unshielded twisted pair】 LANで使用されているシールドが施されていないツイストペアケーブル(縒ってある2本の線)のこと。【参照】STPケーブル、ツイストペアケーブル

V

V ①ボルト（volt）の略記号。電圧の単位。　②VTR、録画、映像のことを指す略記号。

VC【（英）volume control】　音量調整器。音量可変減衰器の略。【同意】フェーダ

VCA【（英）voltage controlled amplifier】　電圧制御増幅器のこと。直流電圧の大きさに応じて増幅度を変化させるアンプで、音量調整器として用いる。これを使用すると音の信号が直にフェーダを通過しないので、フェーダの接点不良による雑音がない。また、1つのフェーダで多くの音響信号を連動させて遠隔制御でき、制御電圧を記憶させれば、自動的に何度でも同じレベルを再現できる。

VE【（英）video engineer】　テレビ番組制作スタッフで、ビデオエンジニアの略称。CCU（カメラ制御器）の調整など、各種映像機器の運用、保守をする技術スタッフ。

VFX【（英）visual effects】　撮影後のフィルムやビデオの映像を、コンピュータグラフィックスなどによって、加工する技術。【参照】SFX

VGAコネクタ【（英）video graphics array connector】　パソコンとディスプレイを接続するケーブルのコネクタ形状の一種で、アナログコンポーネントRGB信号を送受信するD-Sub15ピンのコネクタのこと。小型化したmini-VGA端子もある。

VGA端子　【参照】VGAコネクタ

VHF【（英）very high frequency】　周波数が30MHz～300MHzの電波帯域のこと。メートル波または超短波ともいう。FMラジオ放送などに使われている。

VHS【video home system】　日本ビクター社が開発した、1/2インチ幅のカセットテープを使用した民生用ビデオ収録装置の商標。

VP　ビデオ・パッケージの略。ビデオ作品（プログラム）をカセットやディスクなどに収めたものの総称。和製英語。

VRフォーマット　【参照】DVD-VR

VRモード　【参照】DVD-VR

VTR【（英）video tape recorder】　ビデオテープレコーダの略。映像信号は数MHzの広い周波数帯域幅が必要なので、テープの速度を速くして録画しなければならない。実際にはテープの走行速度を速くするのではなく、円盤の縁に付けたヘッド（回転ヘッド）を高速で回転させ、テープの斜め方向または縦方向にヘッドを走らせて相対的にテープ速度を速くしている。

VUメータ【（英）VU meter】　VUはVolume Unitの略。音響信号を音量単位に置き換えて、人間の耳で感じる音量感を表示するメータ。規格で定められたメータの指示値は、0.3秒間の平均値となっている。したがって、打楽器のように立ち上がりが速く、0.3秒以内に終わってしまう瞬間音の大きさは表示しきれない。VU計とも呼ばれる。【参照】ピークレベルメータ

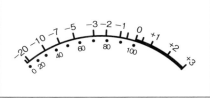

VUメータ

W

WAN【Wide Area Network】 世界規模で、データをやり取りするコンピュータ通信網。世界を結ぶネットワークで、構内規模通信網のLANどうしを結ぶネットワークでもある。ワンと呼ぶ。【参照】LAN

WAV（ウェーブ、ウェブ、ワブ、ウォブ） RIFFのWaveform Audio Formatのことで、WAVEとも表記される。マイクロソフトとIBMが開発した音響データのファイルのフォーマットである。RIFF（Resource Interchange File Format）の一種で非圧縮、拡張子は「.wav」。RIFFはAIFFを参考にして作られている。

WI-FI（ワイファイ）【（英）Wireless Fidelity】 無線LAN製品の普及促進を目的とした業界団体「Wi-Fi Alliance」によって、無線LAN機器間の相互接続可能を認証する名称で、Wi-FiとWi-Fi CERTIFIEDのロゴはWi-Fi Allianceの登録商標。WiFiとも表記される。通信規格であるIEEE 802.11シリーズ（IEEE 802.11a/IEEE 802.11b）を利用した無線機器間の相互接続性が認定されると、その機器にWi-Fiロゴの使用が許可される。PCネットワーク以外に、携帯ゲーム機や携帯電話、音楽プレーヤ、デジタルカメラなどにも利用されている。

WI-FIルータ（ワイファイルータ） 基地局からの電波を受け、Wi-Fi（無線LAN）に変換するための機器。1つの端末（回線）でPCやWi-Fi対応のデジタル機器を複数台同時に接続して使うことができる。

WMT【Windows Media Technology】 マイクロソフト社提唱の動画や音声等含めたマルチメディア対応のデータ圧縮方式。この音声部分を抜き出した方式をWMAという。

X

XLRコネクタ 米国のキャノン社が開発したXLR型オーディオコネクタとその互換品のことで、単にXLRとも呼ばれている。一般的にキャノンコネクタと呼ばれるが、ノイトリック社が互換品を製造しているのでノイトリックと呼ぶこともある。構造上1番ピンが他のピンより先に接続されるため、1番ピンを接地することで抜き挿し時のノイズを避けることができるため、マイクケーブルなどで使用されている。プラグとレセプタクル各々にオス・メスの極性があるのでケーブルの延長が容易にでき、ロック機能も付いている。

ノイトリック製XLRコネクタ（左がオス、右がメス）

XpanD 3D（エクスパンド・スリーディー） スロベニアのX6D社が開発したデジタル3D映像システムで、既存のホワイトスクリーンを流用で

き、右目用と左目用の画像を交互に、高速で投影する方式を採っている。

XY方式 ステレオ収音方式の1つ。2本の単一指向性マイクを同軸上に90度の角度で設置し、距離の差による位相差をなくしてレベル差だけでステレオ収音する方法。

XY方式

Y

YC アナログビデオ信号を、映像の明るさを表記する信号の輝度信号（Y信号）と色の情報を持った信号の色信号（C信号）に分離して伝送する方法。このYC分離信号をSビデオ信号という。これに対して、Y信号とC信号をまとめて伝送する信号を、コンポジット映像信号と呼ぶ。【参照】コンポジット映像信号

169

第2部

実用データ集

電気・電気音響・建築音響

1 抵抗とコンデンサのカラーコード

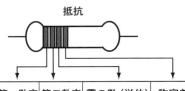

色	第一数字	第二数字	零の数（単位）	許容差
黒	0	0		
茶	1	1	0	±1%
赤	2	2	00	±2%
橙	3	3	000	
黄	4	4	0,000	
緑	5	5	00,000	
青	6	6	000,000	
紫	7	7	0,000,000	
灰	8	8	00,000,000	
白	9	9	000,000,000	
金			0.1	±5%
銀			0.01	±10%
無色				±20%

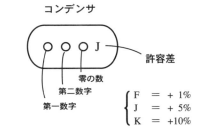

- 第一数字と第二数字で2ケタの数値を示す。
- 第三の色により0の数を表す。
- 単位は抵抗は（Ω）、コンデンサは（PF）。
- 許容差の小さいものは、零の数の前に3つの数字で3ケタの数値を表す場合もある。

2 音響に役立つ公式

●オームの法則および電力との関係

オームの法則は電気回路の計算の基本となる。電圧はE、電流はI、抵抗またはインピーダンスをそれぞれRまたはZ、電力はPとする。

1. $E = IR$ $E = \dfrac{P}{I}$ $E = \sqrt{PZ}$
2. $I = \dfrac{E}{R}$ $I = \dfrac{P}{E}$ $I = \sqrt{\dfrac{P}{Z}}$
3. $R = \dfrac{E}{I}$ $Z = \dfrac{E^2}{P}$ $Z = \dfrac{P}{I^2}$
4. $P = EI$ $P = \dfrac{E^2}{Z}$ $P = I^2 Z$

●抵抗の直列接続

$$Rs = R_1 + R_2 + R_3 + \cdots\cdots\cdots + Rn$$

●抵抗の並列接続

$$Rp = \cfrac{1}{\cfrac{1}{R_1} + \cfrac{1}{R_2} + \cfrac{1}{R_3} + \cdots\cdots + \cfrac{1}{Rn}}$$

●コンデンサ（静電容量）の直列接続

$$Cs = \cfrac{1}{\cfrac{1}{C_1} + \cfrac{1}{C_2} + \cfrac{1}{C_3} + \cdots\cdots + \cfrac{1}{Cn}}$$

●コンデンサ（静電容量）の並列接続

$$Cp = C_1 + C_2 + C_3 + \cdots\cdots\cdots + Cn$$

●コイル（インダクタンス）の直列接続

$$Ls = L_1 + L_2 + L_3 + \cdots\cdots\cdots + Ln$$

●コイル（インダクタンス）の並列接続

$$Lp = \cfrac{1}{\cfrac{1}{L_1} + \cfrac{1}{L_2} + \cfrac{1}{L_3} + \cdots\cdots + \cfrac{1}{Ln}}$$

●デシベル

1.電力や音の強さなど、比べる量がエネルギーの場合のデシベル値。

$$dB = 10 \, \log_{10}\!\left(\frac{P_1}{P_2}\right)$$

2.比べる量が電流や電圧、音圧などの場合。

$$dB = 20 \, \log_{10}\!\left(\frac{E_1}{E_2}\right)$$

●信号の加算

1.互いに相関のない信号（音楽やノイズなど）を加え合わせるには、レベル計で得られた各成分のデシベル値をエネルギー値に戻して加算する。

$$L = 10 \, \log_{10}\!\left[10^{\left(\frac{dB_1}{10}\right)} + 10^{\left(\frac{dB_2}{10}\right)} + \cdots + 10^{\left(\frac{dB_n}{10}\right)}\right]$$

2.加え合わせる信号がまったく同じ場合（同じ周波数、同位相の純音など）。

$$L = 20 \, \log_{10}\!\left[10^{\left(\frac{dB_1}{20}\right)} + 10^{\left(\frac{dB_2}{20}\right)} + \cdots + 10^{\left(\frac{dB_n}{20}\right)}\right]$$

●全高調波ひずみ（THD）

全高調波ひずみは基本波成分（実効振幅H1）に対する第2次、第3次……第n次高調波（実効振幅 H_2、H_3……Hn）の成分の比を百分率で表す。

$$THD = \frac{\sqrt{H_2{}^2 + H_3{}^2 + \cdots + Hn^2}}{H_1} \times 100 \, (\%)$$

●遅延時間計算式

$\triangle T \, (sec) = 距離\,(m) \, / \, 331 + 0.6t \qquad t = 気温$

常温の遅延時間 $\fallingdotseq 3\,(msec/m) \times 距離\,(m)$
(msec) $\qquad \fallingdotseq 1\,(msec/f) \times 距離\,(f)$

ハース効果を得るために、音場の状態により5msec～20msecを付加する。

●残響時間

V = 室の内容積（m³）
S = 室の全表面積（m²）
RT_{60} = 定常状態で音のエネルギーが60dB減衰するまでの時間（秒）
$\bar{\alpha}$ = 平均吸音率

$$\bar{\alpha} = \frac{S_1\alpha_1 + S_2\alpha_2 + S_3\alpha_3 + \cdots\cdots + S_n\alpha_n}{S}$$

α：各壁面の吸音率　S = 室の全表面積（m²）

1.スタジオ、ホールなどの場合

$$RT_{60} = \frac{0.161V}{-S\log_e(1-\bar{\alpha})}$$

2.室容積が大きいホール、体育館などの場合

$$RT_{60} = \frac{0.161V}{-S\log_e(1-\bar{\alpha})+4mV}$$

m：空気による減衰率

●臨界距離（クリティカル・ディスタンス）

　臨界距離Dcとは、直接音と反射音のエネルギーが等しくなる距離をいう。ここでQは音源の指向係数、Rは室定数、Dは室の表面積、$\bar{\alpha}$は平均吸音率である。

$$1. \quad Dc = 0.141\sqrt{QR}$$

明瞭度を確保するには4Dc以内が望ましい。

$$2. \quad R = \frac{S\bar{\alpha}}{1-\bar{\alpha}} = \frac{(Dc)^2}{0.0199Q}$$

●デシベル計算の基礎公式

電圧比	デシベル（dB）
A	$B = 20\log_{10}A$
A^n	$20\log_{10}A^n = n \times 20\log_{10}A$ $= n \times B$
$\sqrt[n]{A}$	$20\log_{10}\sqrt[n]{A} = 20\log_{10}A^{\frac{1}{n}}$ $= \frac{1}{n} \times 20\log_{10}A = \frac{1}{n} \times B$
$A_1 \times A_2$	$B_1 + B_2 = 20\log_{10}(A_1 \times A_2)$
A_1 / A_2	$B_1 - B_2 = 20\log_{10}(A_1 / A_2)$

■基本的デシベル値と基礎公式を使った代表的dB値

電圧比（倍）	計　算　方　法	dB値
1	→	0
2	→	6
3	→	9.5
4	2×2 または $2^2 \rightarrow 6+6$ または $6\times2 =$	12
5	$10/2 \rightarrow 20-6 =$	14
6	$3\times2 \rightarrow 9.5+6 =$	15.5
7	$\fallingdotseq\sqrt{50} = \sqrt{10^2/2} \rightarrow (20\times2-6)/2 =$	17
8	2×4 または $2^3 \rightarrow 6+12$ または $6\times3 =$	18
9	$3^2 \rightarrow 9.5\times2 =$	19
10	→	20
100	$10^2 \rightarrow 20\times2 =$	40
1000	$10^3 \rightarrow 20\times3 =$	60
0.1	$1/10 \rightarrow 0-20 =$	-20
0.01	$1/10^2 \rightarrow 0-20\times2 =$	-40
0.001	$1/10^3 \rightarrow 0-20\times3 =$	-60

I

電気・電気音響・建築音響

3 建築音響の代表的な測定法

建築音響の測定は、舞台中央に無指向性のスピーカを置いて生の音源とみなして測定する。

1. 残響時間周波数特性

劇場などの空間における残響時間の測定は、国際規格「ISO 3382」に2種類の方法が規定されている。一つは「ノイズ断続法」という残響時間の基本的な測定方法で、【図1-1】のように機器を設置する。

測定は、スピーカから所定のバンドノイズを音圧レベルが定常状態になるまで連続再生した後に停止し、測定点での音圧レベルの減衰曲線の状態を高速度レベルレコーダなどに記録させ【図1-2】、その減衰曲線の傾斜で残響時間を求める。

なお、音源として、風船破裂音、スタータの発火音などのパルス音を使用することもあるが、精密な測定には推奨されない。

もう一つは「インパルス応答積分法」で、空間のインパルス応答を二乗して積分することで定常状態のエネルギーを算出し、それより二乗応答を差し引くことで減衰曲線を得る方法である。

このようにして求めた減衰曲線をシュレーダカーブと呼ぶが、これはレベルレコーダと同様に残響の減衰を表す。

最近では、デジタル信号処理技術の発達によりこのシュレーダカーブを用いた残響時間の分析が多く行われている。いずれの方法も測定は1/1または1/3オクターブバンドごとに63Hz～8kHz程度の周波数について行い、幾つかの測定点のバンドごとの値を平均し、残響時間周波数特性を求める。なお、部屋の性質により減衰曲線が【図1-2】のように直線的でなく、途中で【図1-3】のように折れ曲がったり、【図1-4】のような曲線となったり様々な場合がある。このような減衰曲線からの残響時間の判定については、経験者による慎重な分析が必要である。【参照】第1部・残響時間周波数特性

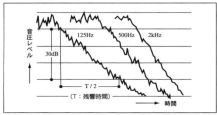

図1-2　残響時間周波数特性の測定法

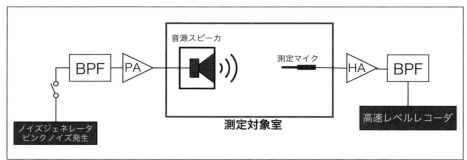

図1-1　レベルレコーダによる残響記録の例

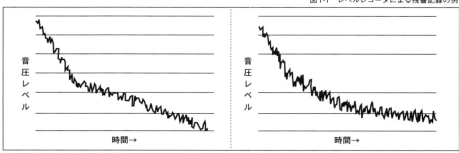

図1-3　途中で折れ曲がる減衰特性　　図1-4　曲線となる減衰特性

2, 音圧レベル分布

　劇場などにおいて、客席の位置の違いによる音の大きさの差は、ある程度の範囲に収まっていることが望ましい。そのためには、音源から放射される音は客席内になるべく一様に伝搬しなければならない。この伝搬の状態を調べるのが音圧レベル分布の測定である。

　音源信号には、500Hz、2kHzの中心周波数を持つ1/1オクターブバンドノイズの使用が一般的である。

　測定には、通常、サウンドレベルメータ（騒音計）を用い、10席ごとに1点程度、または、客席片側に客席中心線を含む測線を前後方向に3列程度設け、各列について1席とばしの点で音圧レベルの測定を行う。

3, エコータイムパターン

　単音減衰波形ともいう。これは、音源から客席に到達する直接音および反射音の到来状態を到達時間とエネルギーの関係として測定するもので、主観的な評価と結びつく多くの情報を持っている。

　測定のブロック図を【図2-1】に示す。基本的には、舞台上のスピーカからトーンバースト信号などのパルス信号（代わりにスタータ発火音や風船破裂音を用いることもある）を発生し、それを測定点で受音しオシロスコープ等で表示・記録することでエコータイムパターンを得る。しかし現在ではFFTアナライザなどを用いて測定したインパルス応答をフィルタ処理して、オクターブごとのエコータイムパターンを求めるのが一般的である。

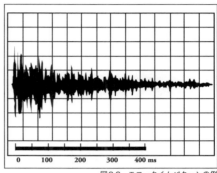

図2-2　エコータイムパターンの例

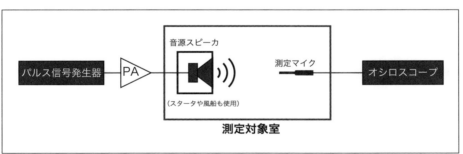

図2-1　エコータイムパターンの測定法

4, 室内騒音

　室内の音響特性にとっては、空調設備などによる室内騒音も重要な問題である。したがって、施設の設備機器を通常の運用条件で稼働した状態における室内の騒音レベル（A特性音圧レベル）、あるいは周波数帯域（1/1オクターブ）ごとの音圧レベルを測定し、それから室内騒音の評価指標であるNC値を求める。【参照】電気音響設備の代表的な測定法・残留雑音

5, 建物の遮音性能

　集合住宅の隣接空間、ホテルの客室間などの遮音性能の測定法として、「JIS A 1417」の測定規格がある。その概略は次のとおりである。
(1)　測定機器を【図3】のように設置し、音源にバンドノイズを用い、音源側と受音側の室内に5個所以上の測定点を設け、125Hz～4kHzの間の1オクターブバンドまたは1/3オクターブバンドごとの音圧レベルを測定する。
(2)　それぞれのバンドについて音源側と受音側の平均音圧レベルL1、L2を計算し、それらの差

として室間平均音圧レベル差D=L1−L2を求める。ただし、L1とL2を求める際には、原則としてエネルギー平均を計算する。

室間平均音圧レベル差の評価は、「JIS A 1419−1」または建築学会基準による。

すなわち、バンド毎の室間平均音圧レベル差の測定結果を等級曲線（Dr曲線）にプロットし、すべてのバンドの値が上回る最大の等級曲線の呼び方（Drの値）をもって遮音等級とする。ただし、各バンドにおいて測定結果が等級曲線を最大2dBまでなら下回ってもよい。【参照】第1部・D特性

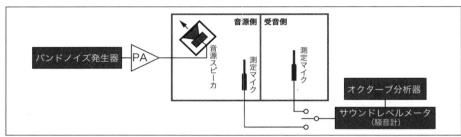

図3　建物の遮音性能の測定法

4　電気音響設備の代表的な測定法

電気音響の測定方法の規格として（公社）劇場演出空間技術協会「JATET-S-6010:2016」がある。測定は、その会場で電気音響設備を使用する場合の主たる（最も使用頻度の高い）舞台・客席状態において、拡声に使用するスピーカの全てを使用して、全ての測定項目について測定する。

1，安全拡声利得

ホールなどの音響設備の性能を十分に発揮させるには、ハウリングを起さない範囲で必要とする拡声（SR）音圧レベルが確保されなければならない。そこで、ハウリングを起さないで安全にSRできる利得＝安全拡声利得を測定して、SRシステムのハウリングに対する安定性を評価する。

測定は【図4】のように、舞台最前部の中央に劇場で常用するマイクを設置し、ハウリングするまでSRスピーカの音量を上げ、そのハウリングポイントから6dB利得を下げた点を安全にSRできる状態と見なす。

次にSRシステムを切り、マイクから50cm離した小型スピーカからピンクノイズを送出し、そのレベルをマイクの位置で80dBになるようにする。

そして、SRシステムを前の状態（ハウリング−6dB）で生かしてピンクノイズを拡声し、その拡声音の音圧レベルを客席内の代表点で測定する。

客席内の音圧レベルからマイクに加えたレベル（80dB）を差し引いた値が安全拡声利得となる。この値が−10dB以上であれば、ハウリングが生じにくい拡声ができると評価する。

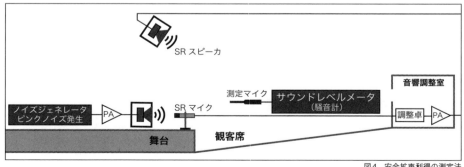

図4　安全拡声利得の測定法

2, 音圧レベル分布

劇場などにおいて、SRした音は場所により音の大きさに差が発生する。客席内において音圧の差は少ないのが望ましく、音圧の一様性を調べたものが音圧レベル分布である。定常音圧レベル分布、音圧レベル分布偏差ともいう。

劇場内に音源信号を再生して、測定点で音圧レベルを測定し、その最大値と最小値の差を偏差（バラツキ）とする。結果は、客席中央を基準点とし、基準点と各測定点のレベル差で表示する。

3, 伝送周波数特性

電気音響設備（音響調整卓）の入力からスピーカ・客席空間を経て観客（受音点）に届くまでの系の周波数特性をいう。一般にはピンクノイズ信号を再生した時の測定点における音圧レベルの周波数特性で表される。劇場の測定では音響設備の総合的な特性を評価するために、通常、拡声に使う全スピーカを駆動した状態での特性をいうが、より分析的な目的のために個々のスピーカの特性についていうこともある。

一般的な目標値は、1/3オクターブバンドの160Hz～5kHzの帯域で偏差（バラツキ）10dB以内である。

測定点の配置は、スピーカ配置と客席の構造が左右対称であれば、片側だけで良く、4～8席に1点を標準に、例えば前後に1列おき、左右は1～2席おきの席を測定点にする。

音源信号には、音声の明瞭さに着目して、500Hzと2kHzまたは4kHzの1/1オクターブバンドが多く使用されている。

一般的な多目的ホールにおける目標値は偏差（バラツキ）6dB以内である。

測定は個々のスピーカの取り付け角度や、音質調整などが終了した後に実施する。測定は【図5】のようにピンクノイズ信号を全スピーカに分配して再生し、それを受音点にてリアルタイムアナライザで1/3オクターブもしくはより細かいバンド幅で分析を行い、周波数レスポンスを調べる。FFT分析から所要のバンド幅の周波数レスポンスを求めることもできる。

測定点の配置は、スピーカ配置と客席の構造が左右対称であれば客席の半分（上手側または下手側）でよく、50席に1点程度を万遍なく設ける。

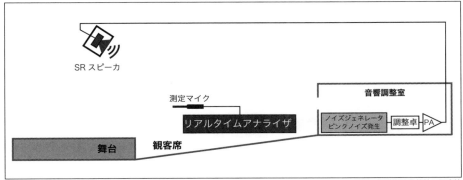

図5 伝送周波数特性の測定法

4, 最大再生音圧レベル

電気音響設備でピンクノイズなどを再生し、劇場内に長時間安定して再生できる最大の音圧レベルをいう。

一般的な多目的ホールにおける目標値は95dBSPL以上である。

測定は音響調整卓を定格（ノミナル、ユニティ）もしくは規定のレベル設定とした状態で（これをJATET規格では標準動作状態と呼ぶ）、音響設備に入力したピンクノイズ信号をスピーカから再生した時の、客席代表点における音圧レベルをサウンドレベルメータ（騒音計）で読み取る。

測定前にスピーカ出力をOFFにした状態でピンクノイズ信号を入力・規定出力し、各機器のレベルや動作表示に異常がないことを確認する。その後、信号レベルを一旦下げた状態でスピーカ出力をONにし、定格まで徐々にレベルを上げていく。

この測定は機器を破損する恐れもあるので注意して行う。

最大再生音圧レベル時の調整卓のレベルメータ、パワーアンプの出力なども記録しておくのが

良い。またピンクノイズだけではなく、CDなどの楽音を拡声し歪みの有無などの確認も必要である。

5, 残留雑音レベル

客席内で聞こえる音響設備から発生している雑音の大きさをいい、一般にNC値で評価する。

一般的な多目的ホールにおける目標値はNC-25以下である。

測定方法は、音響設備を最大再生音圧レベル測定の設定から入力フェーダを絞り切った状態とし、客席代表点にて雑音の音圧レベルを1/1オクターブバンドごとに測定し、NC曲線上に記録してNC値を求める。

測定値はホールが持つ暗騒音レベルと同等になることがあり、音響設備電源をOFFにしてホールの暗騒音を測定し残留雑音と比較すると良い。客席の扉は閉め、空調騒音などの影響が無いように空調機をはじめ騒音発生機器の動作停止など必要な処置を講じ測定する。

5 ネットワークオーディオ

ネットワーク技術を活用してデジタルオーディオ信号を送受信する方式のことで、アナログでは多数のケーブルを必要としたのを1本のケーブルにすることができたり、コンピュータを使用して音響機器を遠隔操作または監視をしたりできる仕組みである。

1, ネットワークトポロジー

ネットワークトポロジー（network topology）とは、ネットワークの接続方法のことである。ノード（端末装置または終端装置）が2つだけの場合の接続法は一つであるが、ノードが複数ある場合は次のような方法がある。

①スター接続（star topology）

複数のノードを、伝送制御を行う一つの集線ノードに接続する形態。各ノード間の通信は必ず「集線ノード」を中継するので、全ての信号を制御できるのが利点。しかし、集線ノードに障害が起きた場合、その被害はネットワーク全体に及ぶが、ネットワークを二重化するリダンダンシー機能で防御できる。

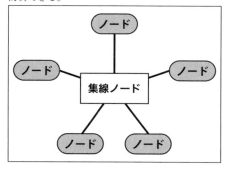

②デイジーチェーン接続（daisy chain topology）

ノードを直列に接続するシンプルな形態。ルーティングがシンプルなのでデータ伝送が速いのが利点。ただし、一つのノードの故障がシステム全体に影響を及ぼす。ライン型ともいう。最初と最後のノードが互いに接続された環状のものはリング接続と呼ぶ。

③リング接続（ring topology）

複数のノードを環状に接続する形態。ノードを直列に接続していて、あるノードが送信した信号は環状に接続されたノードを中継し、目的のノードへ到達する。両方向に伝送できるので、一箇所で故障が生じても全体に影響を及ぼさない。

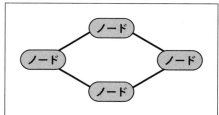

④バス接続（bus topology）

複数のノードを一つの媒体で接続する形態のこと。一つの媒体を複数ノードで共有するため、あるノードが送信した信号は全てのノードに到達する。このため無駄な信号のやり取りが多くなり、部分的な通信が不可能である。また複数のノ

ードが1本の回線を共有するため、ノードの数が増えると障害を起こし、その被害はネットワーク全体に及ぶこともある。

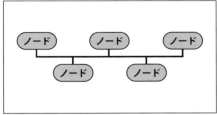

⑤**フルコネクト接続（fully connected topology）**

全てのノード間を接続する形態。全てのノードに対して直接通信することができるため、最短距離で相手ノードとの通信が可能。また、あるノードや媒体に障害が起こった場合、その被害は最小限に抑えられる。ただし、ノードの数が増えると接続回線が多くなる。「網の目状」という意味でmesh topologyとも呼ばれる。

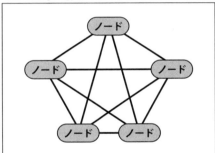

2, 各種ネットワークオーディオのシステム

①**EtherSound** デジグラム社が開発した製品で、イーサーネットIEEE802.3xに基づいたケーブルとコンポーネントを用いて、音声を非常に低いレイテンシで伝送できるシステム。デイジーチェーン（数珠つなぎ）接続し、スター・トポロジーを併用している。イーサーネットケーブル1本で情報のコントロールとモニタリングが可能。

②**OPTOCORE** OPTOCORE GmbH社によって開発されたリング・トポロジー型のネットワークシステム。データ伝送速度1Gbit/sec（512オーディオチャンネル/48kHzまでを伝送可能）の完全同期型光ネットワークシステム。少ない光ファイバ回線を使用することで伝送による遅延時間を最小にし、かつ安全性を確保するために光ファイバを2回線配線して二重のリング構造にしている。特長は使用規模に合わせて機器を増設可能な点。

③**CobraNet** シーラス・ロジック社が開発したもので、スター・トポロジー型のネットワークで、ハードウェア、ソフトウェア、プロトコルを組み合わせたものの名称で、多チャンネルのデジタル音声をFast Ethernet上で分配するもの。スイッチングネットワークとリピーターネットワークのどちらにも対応できる。

④**Dante** 豪州のAudinate社が開発したもので、1msec以下のレイテンシで48×48ch（100Mbps）、512×512ch（1Gbps）の伝送が可能。専用のネットワークや特殊なネットワーク機器は必要なく、一般のEthernet上で使用できる。

⑤**RAVENNA** ドイツのALC NetworX社が規格を策定したIPベースのネットワークを利用したリアルタイム音声伝送技術で、低い遅延時間と高い信号透過性が実現できる。現在のオーディオ業界とIT業界のスタンダードをベースに策定されていて、2013年9月にAESが発表したAES67スタンダード（ハイパフォーマンス・ストリーミング・オーディオ・オーバーIP相互運用性）をサポートしている。

⑥**AVB** Audio Video Bridgingの略。米国の電気電子学会（IEEE）が定める音声と映像のネットワーク転送を可能にするための規格、IEEE 802.1AVBのこと。音声系では512チャンネル（48kHサンプリングの場合）のオーディオを一つのネットワーク上で同時相互伝送が可能であり、映像分野ではコーデックH.264で圧縮したフルハイビジョン映像をリアルタイム転送することが可能。突然の寸断や休止を生じさせないような機能が含まれている。

⑦**AES67** デジタルIPネットワークの相互接続を実現するための標準規格。DanteやRavenna、Q-LAN、Livewire、WheatNetなど、異なるネットワーク規格で構築されたシステム間で、オーディオ信号の送受信を可能にするものである。

⑧**Q-LAN** QSC社が開発したAudio Over IP規格。Q-SYS製品に搭載されており、音声・映像・制御が統合されたプラットフォーム。

⑨**Livewire** Audio Over IP規格だが、現在はLivewire+と進化しAES67にも対応している。

⑩**WheatNet-IP** 米国のWheatstone社が開発したAudio Over IP規格。

⑪**MILAN** AVBベースの新しいプロトコル。幾つかのプロAVメーカが相互運用のために参画している。

6 商用電源（AC電源）の基礎知識

商用電源とは、電力の製造と販売を業とする電力会社から電力消費者に届けられる電力と、そのための設備の総称である。

一般には、電力会社から電力消費者に供給される電力が交流であることから、AC電源と称されている。

また、イベントなどでは仮設電源として、発電機を搭載した電源車を使用することもある。

1, 3つの交流電力

電力とは単位時間内に、電流によってなされる仕事量のことである。

①皮相電力S［VA（ブイエー/ボルトアンペア）］apparent power

電源側から送り出される電力（見かけ上の電力）
S = VI （V=負荷に加わる電圧、I=負荷に流れる電流）

②有効電力P［W（ワット）］effective power

一般的に消費電力と呼ばれるもの
P = VI cos θ　（cos θ =力率）

③無効電力Q［var（バール）］reactive power

負荷が消費しない電力
Q = VI sin θ　（sin θ =無効率）

交流回路のコイル成分（誘導性負荷）により位相遅れの電力（無効電力）を消費し、コンデンサ成分（容量性負荷）により位相進みの電力（無効電力）を消費する。

④3つの電力の関係

$S=\sqrt{P^2+Q^2}$

実際には、有効電力に無効電力を加えた電源容量（皮相電力）の供給が必要になる。

2, 交流電源の種類

①単相交流

時間の経過とともにプラス、マイナスを周期的（日本の場合50Hzまたは60Hz）に繰り返す電気が1系統のものである。

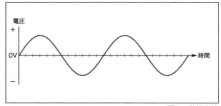

図1　単相交流

②三相交流

単相の交流を3系統で送電すると、中性線を含めて6本の電線が必要になる。ところが三相交流の場合、電圧線3本は位相が120°ずつ遅れているので、これを合成すると0Vになり中性線には電流が流れないため中性線は不要になる。そのため三相交流は3本の線で送電できる。

R・S・Tは、単に相を間違わないための記号である。

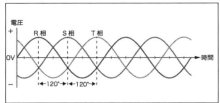

図2　三相交流

3, 配電の種類（電圧は日本のものを表示）

配電の種類は、大きく分けて4種類ある。

①単相2線式（1φ2W）

一般家庭で比較的古い建物に使用されている100V専用の電源。

LはLive、NはNeutralの略。

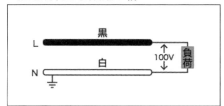

図3　単相2線式

②単相3線式（1φ3W）

一般家庭やオフィスなどに広く使用されている。100Vと200Vが取り出せる。海外の音響機器を使用するときなど、200Vを用いることが多い。

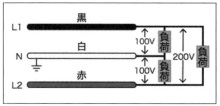

図4　単相3線式

③三相3線式（3φ3W）

　工場など電力を多く使う場所で、200Vの動力用（モータなど）に使用される。
　三相負荷とは、モータなど三相電力で起動させる設備である。
　R-S、T-S、R-Tにそれぞれ異なる負荷を接続するときは、各相の使用電力を均等にする必要がある。

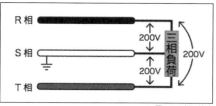

図5　三相3線式

④三相4線式（3φ4W）

　各相の使用電力を均等にする必要がないので、瞬時に大量の電力を切り替える舞台やスタジオなどの照明や、ビルなど電力を多く使う場所で使用されている。

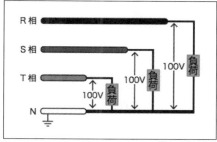

図6　三相4線式

■主要国の電源

国名	周波数	住宅用電圧（単相）	工業用電圧（三相）
アメリカ	60Hz	3 線式 -120V (240V)	4 線式 -208V/460V/480V
カナダ	60Hz	3 線式 -120V	4 線式 -208V
ブラジル	60Hz	2 線式 -110V、127V、220V	4 線式 -220V
韓国	60Hz	2 線式 -220V (110V)	4 線式 -380V　3 線式 -200V
中国	50Hz	2 線式 -220V	4 線式 -380V
フィリピン	60Hz	2 線式 -220V	3 線式 -380V
タイ	50Hz	2 線式 -220V	4 線式 -380V
シンガポール	50Hz	2 線式 -230V	4 線式 -400V
マレーシア	50Hz	2 線式 -240V	4 線式 -415V
インドネシア	50Hz	2 線式 -220V～240V	4 線式 -380V
インド	50Hz	2 線式 -220V～240V	4 線式 -400V/415V
オーストラリア	50Hz	2 線式 -240V	4 線式 -415V
オーストリア	50Hz	2 線式 -230V	4 線式 -400V
ベルギー	50Hz	2 線式 -220V	4 線式 -400V
フランス	50Hz	2 線式 -220V	4 線式 -400V
ドイツ	50Hz	2 線式 -230V	4 線式 -400V
イタリア	50Hz	2 線式 -220V	4 線式 -380V
イギリス	50Hz	2 線式 -220V～240V	4 線式 -415V
ロシア	50Hz	2 線式 -220V	4 線式 -380V
日本	50/60Hz	3 線式 -100V (200V)	3 線式 -200V

※電圧は同一国内でも地域・都市により異なることがある。
※アメリカ・カナダの標準電圧は単相115V であるが、120V 表示が通例。

7 デシベル換算表

音圧比 / 電圧比 / 電流比	デシベル値	電力比 / 音の強さ比
10,000	80dB	100,000,000
1,000	60dB	1,000,000
100	40dB	10,000
10	20dB	100
8.913	19dB	79.43
7.943	18dB	63.10
7.079	17dB	50.12
6.310	16dB	39.81
5.623	15dB	31.62
5.012	14dB	25.12
4.467	13dB	19.95
3.981	12dB	15.85
3.548	11dB	12.59
3.162	10dB	10
2.818	9dB	7.943
2.512	8dB	6.310
2.239	7dB	5.012
1.995	6dB	3.981
1.778	5dB	3.162
1.585	4dB	2.512
1.413	3dB	1.995
1.259	2dB	1.585
1.122	1dB	1.259
1	**0dB**	**1**
0.8913	-1dB	0.7943
0.7943	-2dB	0.6310
0.7080	-3dB	0.5012
0.6310	-4dB	0.3981
0.5623	-5dB	0.3162
0.5012	-6dB	0.2510
0.4467	-7dB	0.1995
0.3981	-8dB	0.1585
0.3548	-9dB	0.1259
0.3162	-10dB	0.1
0.1	-20dB	0.01
0.01	-40dB	0.0001
0.001	-60dB	0.000001
0.0001	-80dB	0.00000001

II 舞台・放送の運用

1 劇場の舞台機構図

■舞台立体図

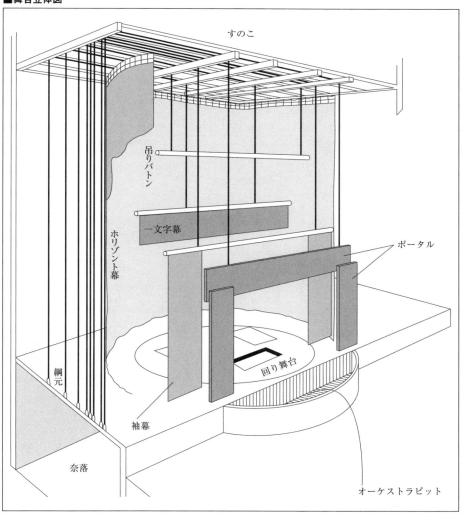

■舞台平面図

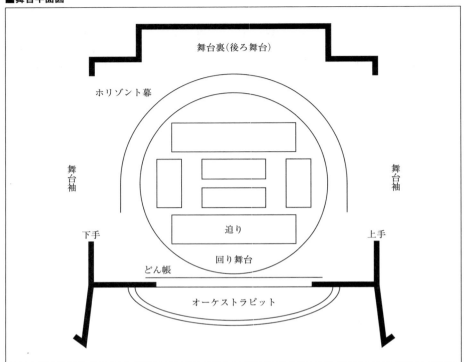

■歌舞伎舞台

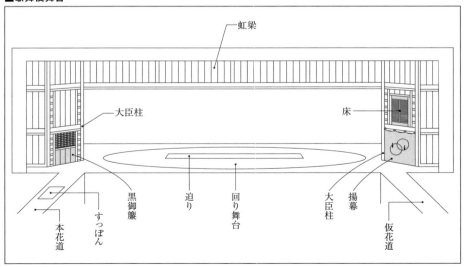

2 音響仕込み図の略記号と仕込み図の書き方

■略記号

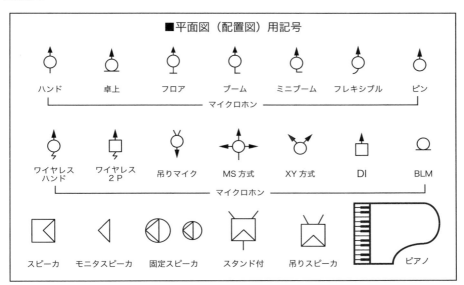

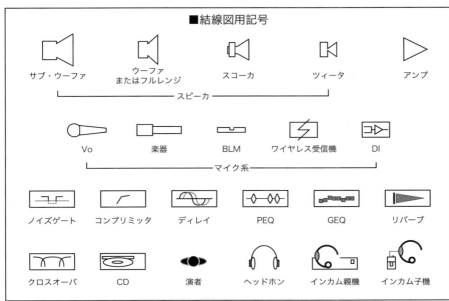

© 2003 SEAS,All Rights Reserved
この記号は日本音響家協会が考案したものです。https://www.seas-jp.org からダウンロードできます。

■配置図例

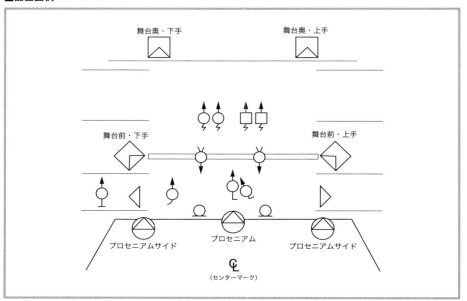

■結線図例

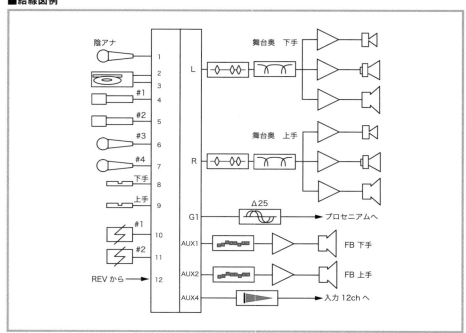

■調整卓入力結線リスト例

input	音源	マイク	回線	スタンド	インサート機器	備考
1	E.B.#1	D.I.	A-1	*		
2	E.B.#2	C-38B	A-2	ST-259B		
3	Kick	RE-20	A-3	ST-259B		
4	SN. &H.H.	SM58	A-4	ST-210/2B		
5	O/H-L	C451	A-5	ST-210/2B		
6	O/H-R	C451	A-6	ST-210/2B		
7	E.Gt.#1	D.I.	A-7	*		
8	E.Gt.#2	SM57	A-8	ST-259B		
9	Pf.#1	C451	A-9	ST-210/2B		
10	Pf.#2	C451	A-10	ST-210/2B		
11	Perc.#1	SM57	A-11	ST-210/2B		
12	Perc.#2	SM57	A-12	ST-210/2B		
13	A.Sax.#1	C-48	B-1	ST-210/2B		
14	A.Sax.#2	C-48	B-2	ST-210/2B		
15	T.Sax.#1	C-414	B-3	ST-210/2B		
16	T.Sax.#2	C-414	B-4	ST-210/2B		
17	B.Sax.	C-414	B-5	ST-210/2B		
18	Tb.#1	C-38B	B-6	ST-210/2B		
19	Tb.#2	C-38B	B-7	ST-210/2B		
20	Tb.#3	C-38B	B-8	ST-210/2B		
21	Tp.#1	C-55AC	B-9	ST-210/2B		
22	Tp.#2	C-55AC	B-10	ST-210/2B		
23	Tp.#3	C-55AC	B-11	ST-210/2B		
24	Tp.#4	C-55AC	B-12	ST-210/2B		
25	ソロ#1	C-414	C-1	ST-210/2B		
26	ソロ#2	C-414	C-2	ST-210/2B		
27	Vo.	ATW-98	C-3		dbx160	WL-hand
28	Vo.予備	ATW-98	C-4		dbx160	WL-hand
29	MC	WRT-867				WL-hand
30						
31						
32						
33						
34						
35						
36						
37	Rev.OUT					
38	Rev.OUT					
39						
40	カゲアナ				FU-box	

＊印はスタンド無しの意

■調整卓出力結線リスト例

output	設置位置	回線	備考
G1	FOH-L#1	D-1	
G2	FOH-L#2	D-2	
G3	FOH-R#1	D-3	
G4	FOH-R#2	D-4	
G5	プロセニアムL	D-5	delay
G6	プロセニアムR	D-6	delay
G7			
G8			
G9			
G10			
G11			
G12			
Stereo-L			
Stereo-R			
AUX1	下手奥モニタ	D-7	
AUX2	上手奥モニタ	D-8	
AUX3	下手前モニタ	D-9	
AUX4	上手前モニタ	D-10	
AUX5	Drs. モニタ	D-11	
AUX6			
AUX7			
AUX8			
AUX9			
AUX10			
AUX11	Rev.5		
AUX12	Rev.5		

3 フェーダ・テクニックの基本と演劇台本の記入方法

種類	記号	操作法	音の状態
フェードイン fade in	F.I.	音量をゼロから次第に既定レベルにする	音が次第にはっきりすること
フェードアウト fade out	F.O.	次第に音を絞ってゼロにする	音が次第に消えること
スニークイン sneak in	S.I.	こっそりと音を既定レベルまで上げる	音がいつのまにか聞こえている
スニークアウト sneak out	S.O.	こっそり音を絞ってゼロにする	音がいつのまにか無くなっている
カットイン cut in	C.I.	最初から既定のレベルで音をスタートする	突然、音が入ること
カットアウト cut out	C.O.	いきなり音を絞り切る	突然、音が無くなること
クロスフェード cross fade	C.F.	音を交差させながら入れ替える	ゆっくりと別な音に替わること

■音響操作の台本記入記号

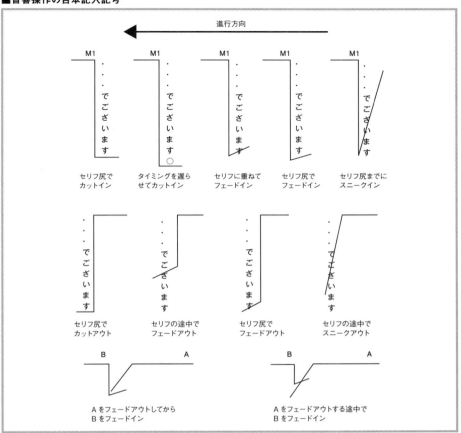

4 邦楽・洋楽の演奏形態と名称

■雅楽(管絃)の配列

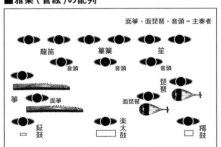

■常磐津節・清元節の演奏者の配列

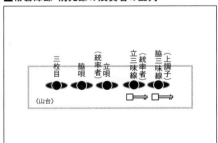

■長唄の配列

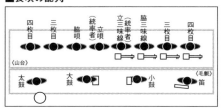

■沖縄古典音楽の配列

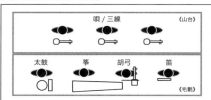

■オーケストラの配列（3管編成）

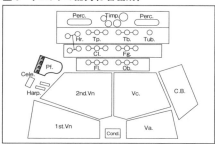

■三曲の配列

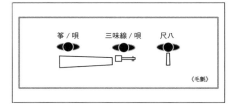

■能の演奏者の配列

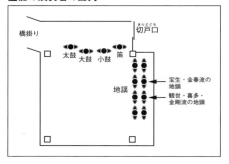

■合奏・合唱の編成と名称

2人	duo（デュオ）、duet（デュエット）
3人	trio（トリオ）
4人	quartet（カルテット）
5人	quintet（クインテット）
6人	sextet（セクステット）
7人	septet（セプテット）
8人	octet（オクテット）

[ジャズの構成]

　ステージにおけるジャズの伝統的な楽器配置は、アイコンタクトができることを前提にしている。ミュージシャンは、互いに楽器の音量バランスを整えることに精通していて、ステージモニタを必要としない。あくまでも、アコーステックな音を好み、マイクの乱立、EQの多用を極端に嫌う。ただし、フュージョンのように、電気楽器（キーボード、ギター、ベース）などが参加する場合は、モニタは重要な役割を負う。また、ミュージシャンから楽器の音質に関する要求があるので、マイクやEQの対応は複雑になる。

■ジャズ・トリオの配列

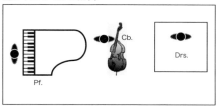

■ビッグバンドの配列

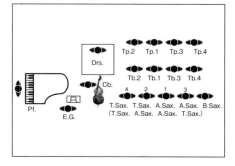

190

5 ハンドサイン

　舞台やスタジオでは、いろいろな連絡方法が用いられている。代表的なものとしては、インターカムやサインランプによるもの、そしてハンドサインなどがある。
　サインランプは、オペラなどで用いられていて、ランプが点灯すると「用意（スタンバイ）」で、消えたときがキッカケとなる。
　ハンドサインは手の動きで合図するもので、声を出せない本番中や大音量の中で作業をするときに使用される。特に微妙なキッカケを出すときには有効で、フェードインやカットインなどは手の動きに表情をつけると、指示される側は操作しやすい。また「急げ！」のときは指の回転の速度を変えることによって急ぐ度合いを表現できる。
　OKとNGのサインは日本と欧米では異なり、外国では指を丸めるOKサインは別の意味にとられることがあるので、注意が必要である。

用意（スタンバイ）

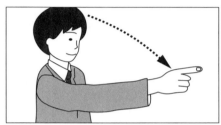

スタート（どうぞ）
「用意」の形から手を振り落とす。

急げ！（スピードアップ）
指先で円を描く。

ゆっくりと（時間を引きのばす）
物をつまんで、のばすしぐさをする。

マイクロホンに近づいて
手のひらを向かい合わせて、近づけるしぐさをする。

マイクロホンから離れて
手のひらを外側に向けて、広げるしぐさをする。

OK（よい）　　　　　　　　　　　日本式

OK（よい）　　　　　　　　　　　欧米式

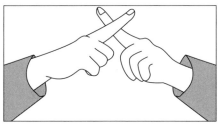
NG（だめ）　　　　　　　　　　　日本式

NG（だめ）　　　　　　　　　　　欧米式

OK（遠くから指示する場合や、たいへんによい場合などに用いる）

NG（遠くから指示する場合）

このマイクロホンを生かして

6 カメラショットの種類

●サイズによるカメラショット

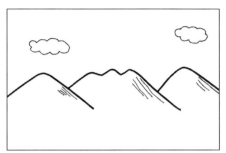

①ロングショット(long shot)
被写体とカメラとの間の距離が長い(ロング)という意味。屋外の風景などの遠景のショットや、スタジオ内の広い範囲を写したショットをいう。略記号LS

②フルショット(full shot)
ステージ全景を写したショット。スタジオ内では、セットと出演者全員を入れたサイズで、人物の動きなど相互の位置関係がわかるショットをいう。略記号FS

③フルフィギュア(full figure)
人物の頭から足元までの全身を完全に画面の中に入れたサイズ。略記号FF

④ニーショット(knee shot)
人物の膝から上を写したサイズ。略記号KS

⑤ウエストショット(waist shot)
人物の腰から上を写したサイズ。略記号WS

⑥バストショット(bust shot)
人物の胸から上を写したサイズ。略記号BS

⑦アップショット(up shot)
人物の肩から上を写したサイズ。被写体が人物以外の場合は、その一部を写すときに用いる。略記号UP

⑧クローズアップショット(close-up shot)
顔が画面いっぱいに大写しになったサイズで、アップショットよりもさらに対象物を強調するときに用いる。

●人物の人数によるカメラショット

①ワンショット(one shot)
人物ひとりを写したショット。略記号1S

②ツーショット(two shot)
人物ふたりを写したショット。略記号2S

③グループショット(group shot)
人物数人を写したショット。略記号GS

■ルーズショット
被写体と画面フレームとの間に十分な余裕をもたせた構図のショット。

■タイトショット
被写体と画面フレームとの空きを少なくした構図のショット。

7 柝の用法

歌舞伎や日本舞踊では、舞台を進行する合図として柝（き）を用いている。その時々の知らせる内容によって、さまざまな打ち方がある。

1：着到止め（ちゃくとうどめ）

「着到」とは俳優や演奏者、舞台関係者が楽屋に入り、支度にかかることをいう。通常、開幕30分前になると「着到」という鳴物が演奏され、この演奏が終了すると「チョーン………チョーン」と柝を2つ打つのを「着到止め」といい、「化粧にかかれ」という意味。

チョン　チョン
（5拍ぐらいの間をあける）

2：二丁（にちょう）

開幕15分前に（休憩のときは流動的）、楽屋全体に聞こえる位置で、10拍ぐらいの間で2つ打つ。「化粧を終えて、かつら、衣装の支度にかかれ」という意味。

3：回り（まわり）

開幕5分前に楽屋の各部を回りながら打つ柝。劇場の広さで打つ数は異なるが、通常は次の順に打つ。
1. 楽屋の入り口（頭取部屋の前）で3つ
2. 舞台奥の下手で1つ
3. 舞台奥の上手で1つ
4. 舞台上手の床（義太夫）の前で1つ
5. 舞台下手の下座の前で1つ
6. 舞台中央で、開幕の準備ができるまで適当な間で打つ（回り待ち）

4：柝を直す（きをなおす）

幕を開けられる状態になったとき、「開幕」の合図として下座の前で、2つ打つ。この合図で下座音楽の演奏が始まり、幕が開けられる。

5：きざみ

柝を直した後、下座音楽に合わせて、細かく刻むように打つ柝を「きざみ」という。幕が開き切るまで打つので、打つ数は舞台の間口によって異なる。

●━●━●━●━●━●・・・・

6：止め柝（とめぎ）

幕が開くと「きざみ」を止めて、音楽が終わってから1拍ほど間をとって1つチョーンと打つ柝を「止め柝」という。「無事に開幕した」という意味で、締めくくりとしてはっきりと打つ。

7：開幕中の柝

①迫り上げ、迫り下げのとき

大道具の転換のため、舞台の迫りを上げ下げするときは、準備に1つ、動くときに1つ、停止したときに1つ打つ。この柝は、用意・スタート・完了の意味なので、はっきりと打つ。

用意　スタート　　完了

②舞台転換のとき

場面を変えるときは、迫り上げ、迫り下げと同様に、用意・スタート・完了と合計3つ打つ。

③出語りのとき

義太夫などが、劇中に出語り（姿を現して演奏すること）の合図として柝を打つことがある。このときは、その情景に合わせて軽くはずませて「チョチョン」と2つ打つ。

チョチョン

④場景転換のとき

舞台の場面を変化させるとき、たとえば月が出たり、ノレンを仕掛けで落とすときにも柝を打つ。出語りのときと同様に、軽くはずませて2つ打つ。

【参照】第1部・鳴物（なりもの）、下座音楽（げざおんがく）、床（ゆか）、迫り（せり）

頭取部屋（とうどりべや）とは、楽屋のすべての取り締まりをする頭取の控室。狂言作者もここに待機する。

8：つなぎ

1つの場面が終わり、次の場面の舞台装置に転換している間、「準備中」の意味で柝を打ち続けることを「つなぎ」という。転換作業中は間を開けて打ち、完了すると間を狭めて打って、まもなく開幕することを知らせる。出語りのときと同様に、軽くはずませて2つ打つ。

9：幕切れ

幕切れに打つ柝は、その幕全体を引き締める重要な役割がある。

①幕切れの柝

最後の台詞が形よく決まったところで打って、幕切れの感情をスッキリとさせ、「無事に終了」を知らせる柝である。俳優の呼吸に合わせて、たっぷり間をとって高い調子で1つ打つ。

②ダラ幕の柝

時代物の場合は、幕切れの柝を打った後、始めは大きく間を開けて、次第に間をつめて打って幕を閉める。止め柝で終わり、この後は鳴物の「砂切り（しゃぎり）」になる。

　　　　　　　　　　　止め柝

③拍子幕の柝

世話物の芝居のときは「幕切れの柝」を打った後、フェードインするように、次第に調子を高めて打ち、途中から調子を下げていって幕が閉まり切るのに合わせて終わる打ち方を「拍子幕の柝」という。

　　　　　　　　　　　止め柝

④砂切り止め（しゃぎりどめ）

鳴物の「砂切り」の演奏が終ると、大きく間をあけて2つ打つ。

【参照】第1部・時代物（じだいもの）、世話物（せわもの）、砂切り、千秋楽（せんしゅうらく）

10：打ち出し（うちだし）

芝居が終わりに、「打ち出し」という大太鼓を演奏する。このときにも柝を打つ。

①大喜利の止め（おおぎりのとめ）

最終幕を大喜利といい、幕が閉まって2つ打つ柝を「大喜利の止め」という。これを合図に「打ち出し」を演奏する。

②打ち出しの柝

「打ち出し」の演奏になって、そのテンポに合わせるように小刻みに打つ柝を「打ち出しの柝」という。この柝は適当にフェードアウトする。

③打ち出しの鳴物変わりの柝

「打ち出し」の演奏が終わったところで、1つ柝を打つと「下ろし」という演奏に変わり、その日の芝居の終了を告げる。

「打ち出し」●「下ろし」

④打ち出しの止め柝

「下ろし」が終わると、また柝を1つ打つ。これを合図に「上げ」という演奏になる。

「下ろし」●「上げ」

通常は「鳴物変わりの柝」を含めて「打ち出しの止め柝」と呼んでいる。この2つの柝は「明日も芝居がある」という意味なので、千秋楽には「打ち出しの柝」を刻みながら楽屋まで行って「打ち出しの止め柝」は打たない。

柝を打つ狂言作者（竹柴蟹助）

8 歌舞伎の下座音楽と演奏用語の解説

歌舞伎の背景音楽、効果音楽を下座音楽または黒御簾音楽という。舞台下手の下座または黒御簾という場所で演奏することから、このように呼ばれる。下座音楽は、長唄の歌と三味線、太鼓・大鼓・小鼓・笛・大太鼓・銅鑼・その他の様々な打楽器など「鳴物（なりもの）」で構成されていて、場所、位置、季節、時刻、現象、心情などを表現する。

舞踊のときは、歌と三味線は舞台上に出て演奏するので、下座では鳴り物だけを演奏する。また、太鼓・大鼓・小鼓・笛も舞台に出て演奏することもある。この場合を出囃子（でばやし）といい、御簾内で演奏することを陰囃子（かげばやし）という。

ここでは、下座音楽の基本的な曲と演奏用語について解説する。このような知識があると、日本舞踊（歌舞伎舞踊）の仕事をするときにも役立つ。

■演奏用語

用　語	意　味
起す（おやす）	調子を高めて音量を高める。「おやかす」ともいう。
幽める（かすめる）	薄く、弱く演奏する。音量を小さくする。
消す（けす）	フェードアウトするように、次第に弱くして止める。
ニュウ消し	スニークアウトするように、段々と弱くして、いつのまにかなくなるように演奏する。
乾す（ほす）	演奏を中断して、きっかけで再び演奏を始める。途中を演奏なし（素）にしておくこと。
あげる	打ち上げるということで、演奏を終らせること。
掛かる（かかる）	演奏を開始すること。「○○で合方に掛かる」という。
緊る（しめる）	静めて、ゆっくりと演奏する。
粘る（ねばる）	三味線の演奏用語で、俳優の動作をゆっくりと追いかけるように演奏する。
拾い（ひろい）	三味線の演奏用語で、役者の足の動きなどに合わせて一音ずつ区切るように、徐々に早めて演奏すること。
気をする（きをする）	自分で演技しているような気持ちで、気分を出して演奏する。

■一般的な下座音楽

一番太鼓（いちばんだいこ）《大太鼓の演奏》 一番太鼓は、歌舞伎で最初に演奏される音楽。公演があることを知らせるものである。大太鼓の演奏で、最初に太鼓の縁をカラカラと打ち劇場の扉を開ける音を表現し、続けて「ドロン、ドロン」と打ち始め、途中から縁起を担いで「どんとこい、どんとこい」と聞こえるように打つ。現在の歌舞伎公演では演奏していないが、新しい劇場のオープニング式典（こけら落とし）で演奏することがある。

着到（ちゃくとう）《能管、太鼓、大太鼓の演奏》 昔は最初の演目の出演者が揃うと演奏していたが、現在は開演の30分前に演奏することが多い。日本舞踊の発表会などでも、開演の15分前に演奏することがある。地唄舞など、歌舞伎舞踊以外の公演では、原則的に着到を演奏しない。

砂切り（しゃぎり）《能管、太鼓、大太鼓の演奏》

一幕が終るごとに演奏される鳴り物。一幕ごとの区切りを付ける役目をしている。

片砂切（かたしゃぎり）《能管、太鼓の演奏》 儀式音楽として使用され、口上（こうじょう）の幕明き、松羽目物（まつばめもの）の幕明きに演奏される。太鼓を片手で打つので、この名称が付いた。【参照】松羽目物、口上

打ち出し《大太鼓の演奏》 最終の演目が終わって幕が閉まると、大切り止めという柝がチョーン・・・チョーンと入り、続いて「打ち出し」という大太鼓を演奏する。「出てけ、出てけ」と聞こえる。最後に太鼓の縁を「カラ、カラ、カラ」と叩く。千秋楽には、カラ、カラは演奏しない。

山颪（やまおろし）《大太鼓の演奏》 山間の風が激しく樹木を鳴らしている様子を表現したもの。太くて短い太撥（ふとばち）を用いて「ドロン、ドンドンドンドンドンドンドンドンドンドンドン・・」と打つ。深山だけでなく、山の場面の幕明き、幕切れ、人物の出入りや動作に合わせて演奏する。

波音（なみおと）《大太鼓の演奏》 細くて長い長撥（ながばち）を用いて、最初に大きく「ズドン、ズドン」と波頭を２つ打ち、次に左手の撥を太鼓の皮に当てて、右手の撥で波が寄せてくるように小さい音からだんだん大きくドンドンドン・・・と打ち、これを繰り返す。

さざ波《大太鼓の演奏》 左手に持った竹製の細い撥（竹撥）を大太鼓の皮に軽く当て、右手に持った綿をまるめて布で包んだタンポを付けた貝撥（ばいばち）で細かく打つ。ザザザと寄せて、小さな波がくだける様子を表現する。

水音（みずおと）《大太鼓の演奏》 水の流れる様子を象徴した音。川、池、湖の水辺の場面で用いる。長撥で太鼓の縁から中心を軽く「トントントントントントントントントントントン」と連打する。

雨音（あまおと）《大太鼓の演奏》 長撥の先で「ポロポロン、ポロポロン、ポロポロン、ポロポロン」と降る音を打ち、次に「トントントントントントン・・」と雨垂れの音を打ち、これを繰り返す。強弱を付けて、小雨や夕立を使い分ける。

雷鳴（らいめい）《大太鼓の演奏》 太撥で「ゴロゴロ、ゴロゴロゴロ」と打ち、撥の強弱で遠近をつける。さらに銅鑼の裏側を細撥で叩いて稲妻を表現する。通常は雨音も同時に打つので、一人が太鼓の表で雨音を打ち、もう一人が太鼓の裏で雷鳴を打ち、加えて銅鑼の裏を長撥で強打して落雷を表現する。

風音（かざおと）《大太鼓の演奏》 風が戸を揺らす音を表現する。出入り、忍び込み、探り合い、立廻りなどで用いられ、動きに合わせて強弱を付ける。左手の長撥で皮を押さえて、右手で「ド

ドドド」「ドドドド」と打ち、続けて早めに「ドド、ドド、ドド、ドド」と合計８つ打つのが１フレーズ。動きに合わせて、強弱、間を加減する。

雪音（ゆきおと）《大太鼓の演奏》 貝撥（ばいばち）で「ドン、ドン、ドン、・・・」と早めに打ち、シンシンと降り積もる雪を表現する。強弱をつけて、雪の激しさ、屋根に積もった雪が落ちる音、雪崩を表現する。「雪おろし」ともいう。関西の雪音は「ズン・・ズン・・」と間を空けて打つ。

冴（こだま）《小鼓の演奏》 舞台の上手と下手に演奏者がいて、一方が「ポン」と打つと、片方が少し遠くで時差を付けて「ポン」と同一音を演奏することで 山彦を表現する。通常は三味線の演奏に合わせる。深山の場面で用いる。

名乗笛（なのりぶえ）《能管の演奏》 能の演奏を模倣した曲。松羽目物などで、登場して最初に自分の名と立場を告げる「名乗り」の前奏曲（登場音楽）。

調べ（しらべ）《能管、小鼓、大鼓、太鼓の演奏》 能では開演の直前に、楽器のチューニングのために演奏する曲。歌舞伎では、威厳のある御殿や屋敷の場面の雰囲気を作るための音楽として用いる。

通神楽（とおりかぐら）《篠笛、桶胴、大太鼓の演奏》 大太鼓または桶胴を主体として篠笛が加わる曲。太神楽（だいかぐら＝曲芸）の町を歩く様子を表現したもので、大太鼓を長撥で「ドンドン、ドンドン、ドンドン」笛が入り「ピヒーヒー」「ドド、ドドドド、ドンドン、ドンドン、ドンドン、ドンドン」と演奏する。郭の場面の幕明き、人物の出入りなどに演奏する。桶胴による通神楽は本来、正月の場面に使用される。

晒合方（さらしあいかた）《能管、太鼓、大鼓、三味線の演奏》 川で布を晒している様子を表現した曲。「娘道成寺」「越後獅子」「晒女」の幕切れなどで用いられ、三味線は「チ、チ、チン、チンチンチンチントチチンチン」と演奏する。

清搔合方（すががきあいかた）《三味線の演奏》 清搔は、遊郭の雰囲気を表現する三味線音楽で、江戸（東京）の吉原の場面に限って用いられる。「チャンチャン、チャンチャン・・」と単純に繰り返して弾く。人物の出入りと立廻りはテンポを早く、台詞の中は緩やかに弾く。

騒ぎ合方（さわぎあいかた）《太鼓、三味線の演奏》 酒宴の騒がしい様子を表現する音楽。三味線と太鼓による演奏で、大鼓と小鼓が加わることもある。

上方騒ぎ（かみがたさわぎ）《太鼓、楽太鼓の演奏》 京阪（関西）の郭の様子を表現する音楽。江戸の吉原の騒ぎに比べて、大まかで、しっとりとした感じで、楽太鼓で「ドン」、続けて太鼓で「テ

ケ」と打つので「どんてけ」とも呼ぶ。場面が京都の場合、「こんちき」を加えて、祇園囃子の雰囲気を入れて京都の場面で用いることもある。「こんちき」は、当り鉦よりも少し厚手で大きく、分く甲高い音がする。鉦の中心を打つと「コン」、縁を叩くと「チキ」と音がするので、「こんちき」と呼ぶ。

千鳥合方 (ちどりあいかた)《三味線の演奏》 千鳥が飛んでいる様子を三味線で演奏する。海岸、海中の場面に用いるが、主に海辺の立廻りに用いる。千鳥笛による効果音を加えることもある。大鼓、小鼓の演奏を加え、大太鼓の波音を重ねて、動きを強調する。

佃合方 (つくだあいかた)《三味線の演奏》 東京の佃島あたりで歌われた佃節を模倣した合方。隅田川近辺の場で、幕明きや幕切れに使われる。

社殿合方 (しゃでんあいかた)《三味線の演奏》 社殿の近辺や花見の場などで用いられ、群衆で賑わっている場面を表現する。三味線は「トッチン、トッチン、トッチンチン、・・トチチリレン、トチチレリン」と弾く。

宮神楽合方 (みやかぐらあいかた)《三味線、笛、太鼓、大太鼓、チャッパの演奏》 神社の場面に使用する合方。三味線は「トッテン、トロッテ、トチチレチン」と弾く。

田舎笛 (いなかぶえ)《篠笛の演奏》 草深い田舎で牧童が吹く草笛を模倣したもので、草笛ともいう。寂しさを表現する曲。

空笛 (そらぶえ)《篠笛の演奏》 嘆き悲しむ場名や死ぬ場面で用い、改心の意を表現する。

早笛 (はやふえ)《能管、太鼓の演奏》 能管による早いテンポの演奏。海荒れや地震、龍神や亡霊の登場など、凄み、驚きを表現する。

どろどろ《大太鼓の演奏》 長撥（ながばち）で「ドロドロドロ・・」と聞こえるように打つ。亡霊、妖術、妖怪の出現、消滅に用いる。不安な感じを起こさせ、観客の気を惑わせて、その中で怪異を登場させる効果がある。動きに合わせて強弱を付けて打つ。長撥の先で弱く演奏するのを「薄どろ（うすどろ）」、強くドロン・ドロンと演奏するのを「大どろ（おおどろ）」という。大どろは強調するときに演奏する。

寝鳥 (ねとり)《能管の演奏》 亡霊、人魂、化物の登場に演奏する笛で、戸の隙間に風が通る音のように「ヒュ〜」と吹く。ヒトダマが飛んでい

る場面でも演奏する。大太鼓のドロドロと合わせて演奏することが多く、この場合「ヒュードロ」という。通常、三味線の演奏も加わる。

忍び三重 (しのびさんじゅう)《三味線の演奏》 暗やみの中の演技を表現する「だんまり」や、寂しさを表現する曲で、凄みを出すときに用いる。蜩（ひぐらし）の声に似ているので蜩三重（ひぐらしさんじゅう）とも呼ばれる。通常、時の鐘を打ってから、演奏に掛る。「チ・・・・・・、チ、チン、チ・・・・・・」

早来序 (はやらいじょ)《能管、太鼓、大太鼓の演奏》 狐など動物が化けて登場場するときに演奏する音楽。宮神楽に早来序を付けると、「吉野山」の忠信の引込になる。

飛去り (とびさり)《能管、太鼓、大太鼓の演奏》 荒事（あらごと）の引っ込み、妖怪の消失など、退場音楽として用いる。「勧進帳」幕切れの弁慶の（花道の）引っ込み、「暫」の引っ込み、「矢の根」の幕切れに使用している。【参照】荒事

禅の勤め (ぜんのつとめ)《銅鑼、大太鼓の演奏》 寺院、寺院の近辺、淋しい土手の場、出家の出入りなどに用いる。合方を入れることもある。禅寺の勤行の音楽を取り入れた音楽。略して「ぜんつと」と呼ばれる。

早禅 (はやぜん)《銅鑼、大太鼓の演奏》 「禅の勤め」の早い演奏のこと。

双盤 (そうばん)《双盤、大太鼓の演奏》 大太鼓は太撥（ふとばち）で演奏し「ガンドン、ガンドン、ガンドンドン」と打つ。寺院、その付近を描写するときに用いる

早双盤 (はやそうばん)《双盤、大太鼓の演奏》 双盤は「ガンガン・・・」と早いテンポで打ち、大太鼓もそれに合わせて早い間で打つ曲。寺院やその近辺の場面で、早い立廻りに使用する。

時の太鼓 (ときのたいこ)《大太鼓の演奏》 太鼓によって時刻を知らせた時代の効果音。登城、下城の時刻を知らせる音で、城の場面などの幕明きや、人物の出入りに用いる。時太鼓ともいう。

遠寄せ (とおよせ)《銅鑼、楽太鼓の演奏》 戦場の陣太鼓と陣鉦を表現する曲である。軍勢が押し寄せる様子を表現する効果音で、楽太鼓をドンロン、銅鑼をジャンジャンと打つので、「ドンジャン」と呼ぶこともある。竹ボラ（竹で作った法螺貝の代用）を加えることがある。

9 ワイヤレスマイク（特定ラジオマイク）の標準規格

■ワイヤレスマイクの標準規格

周波数帯域	470MHz〜714MHz[*1]および1240MHz〜1260MHz[*2]	806 〜 810MHz

アナログ方式	A帯	B帯
同時使用チャンネル数	470MHz 〜 710MHz帯では地域により異なる	6ch
送信電力（空中線電力）	10mW以下（1240MHz〜1260MHz帯は50mW以下）	10mW以下
占有周波数帯幅	110kHz 〜 330kHz	110kHz
免許	要	不要

デジタル方式	A帯	B帯
同時使用チャンネル数	470MHz 〜 710MHz帯では地域により異なる	10ch（30ch）
送信電力（空中線電力）	50mW以下	10mW以下
DU比	20dB以上	20dB以上
占有周波数帯幅	288kHz	192kHz
免許	要	不要

（*1）470MHz 〜 710MHzの地上波テレビ放送のホワイトスペースおよび718MHz 〜 748MHzを使用している携帯電話と地上デジタル放送のガードバンド（710MHz 〜 718MHz）のうち、ラジオマイクが携帯電話との間で必要となるガードバンド（4MHz）を踏まえた710MHz 〜 714MHzを使用。ホワイトスペースとは、テレビ放送用に割り当てられている周波数帯のうち、他の目的にも利用可能な周波数のことである。したがって、テレビ放送の影響により、地域によって使用可能なワイヤレスマイクのチャンネル（周波数帯）が異なる。

（*2）1240MHz 〜 1260MHzのうち、特定小電力無線局が使用している1252MHz 〜 1253MHzを除いて使用。

●アナログ方式の概要

アナログ方式の場合は、コンパンダを搭載していて、B型で30チャンネルになっているが、同一場所で同時に使用すると相互干渉をして混信状態になる。

そのため、相互干渉を避けるチャンネルプランをすると、6チャンネルが標準的な同時使用チャンネル数になる。

別のチャンネルプランを使用すると、30メートル以上離せば干渉を避けられる。

また、同一周波数のものは、100メートル以上離れなければ使用できない。

●デジタル方式の概要

デジタル方式の場合は相互干渉が無く、すべてのチャンネルを同一場所で同時に使用できるので、B型で10チャンネル使用できる。特殊モードを使用することで30チャンネル使用することも可能である。

また、コンパンダの搭載も必要ないし、同一周波数のものでも数十メートル離れれば使用できる。

デジタル方式の欠点は、消費電力が大きいことと、AD変換とDA変換の過程で音が遅れることである。

■特定ラジオマイク運用調整機構

免許を要するA型ワイヤレスマイクの利用者相互の運用調整とFPU使用者との運用調整をしている団体。

10 ラウドネスメータ

テレビ番組などの音声レベル管理には、VUメータを応答速度が聴感に比較的近いなどの理由で長い間使用してきた。しかし、VUメータの指示する値は電気信号の大きさであり、電気的な音量レベルを監視しているにすぎない。

デジタルテレビ放送の開始により、番組間や放送局間の音量差が顕在化したため、番組の音の大きさ「ラウドネス」を管理するために、あらたに導入されたのがラウドネスメータである。

なお、音響学では音の強さをラウドネスというが、ラウドネスメータで測定するラウドネスは番組の音の大きさ「デジタル音声信号のレベル」であり、同一のものではない。

1, ラウドネス運用基準

2011年に電波産業会（ARIB：Association of Radio Industries and Businesses）により、国内のデジタルテレビ放送の平均ラウドネス値とトゥルーピーク値の運用基準についてまとめたものが、ARIB TR-B32「デジタルテレビ放送番組におけるラウドネス運用規定」である。これは、国際電気通信連合・無線通信部門（ITU-R:International Telecommunication Union Radiocommunication Sector）ITU-R BS.1770に準拠したラウドネス測定アルゴリズムが採用され、国際的な技術基準とほぼ共通となっている。この運用基準では、家庭における聴取レベルが適正に保たれるように、平均ラウドネス値で番組全体の音の大きさを規定し、番組が異なってもその値が一定となるように運用すると定められている。

日本民間放送連盟（民放連）では、2011年5月にARIB TR-B32に基づいて民放連技術規準T032「テレビ放送における音声レベル運用規準」を策定し、2012年10月1日より適用が開始された。日本放送協会（NHK）では、2012年6月にARIB TR-B32に基づいて「デジタルテレビ放送における音声レベル管理基準」が発行され、2013年4月1日より番組制作、送出時の運用ルール「テレビ番組制作におけるラウドネス運用規定」の運用が開始された。

これらの規定では、番組制作時に目標とする平均ラウドネス値を「－24.0 LKFS」。運用上の許容範囲は「±1 LKFS」としている。デジタルテレビ放送において、制作、搬入、交換、送出する一般番組、CMなどの生放送を含むすべての完成番組の音声信号に、これが適用される。

2, ラウドネス測定アルゴリズム

ラウドネスメータでの測定で用いられるラウドネス測定アルゴリズムのブロックダイアグラムは図のようになっている。

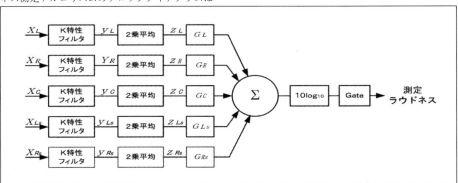

(1) K特性フィルタ

ITU-R BS.1770で規定されている周波数補正特性で、人間の頭部による影響をシミュレートしたものと、騒音計のB特性を修正したRLB（Revised Low frequency B weighting）フィルタを組み合わせたもの。

(2) チャンネルのレベル重み付け

耳殻や頭部、肩などの影響により人間の耳に聞こえる音は、到来方法により音量が変化するが、サラウンドでは後方チャンネルのラウドネスがわずかに大きく感じられるため、Ls、Rsチャンネルを重み付け係数で補正している。

(3) ゲーティング関数を適用したラウドネス値の算出

次の四つの要素のゲーティング関数を用いて、ラウドネス値を算出している。
① ゲーティングブロック：入力信号を「ゲーティングブロック」と呼ばれる400ms毎の測定区間に分割する。
② オーバーラップ法：ゲーティングブロックを100msずつ重複させながら測定する。
③ 絶対ゲーティング：無音と見なせる－70LKFS以下のゲーティングブロックを除去する。
④ 相対ゲーティング：絶対ゲーティング後のラウドネス値より、10dB低いゲーティングブロックを除去する。

3, ラウドネスメータの主な機能

① 番組の平均ラウドネス値の測定
② ショートタームラウドネス、モーメンタリラウドネスの表示
③ トゥルーピークレベルの測定

ゲーティング【(英) Gating】 人が感じる音の大きさに近いラウドネス値を得るために、無音部分や小さな音を計算から除外すること。

サンプルピーク【(英) Sample-peak】 一般に使用されているピークレベルメータでのピーク値のことを指す。サンプリング周波数で標本化されたサンプル毎のピーク値である。単位：dBFS【参照】トゥルーピーク

ショートタームラウドネス【(英) Short-Term loudness】 測定区間3秒毎の平均ラウドネス値。

ターゲットラウドネス【(英) Target loudness】 番組制作時に目標とする平均ラウドネス値。番組の開始から終了までを測定する。国内基準のARIB TR-B32では－24LKFS±1LKFSとなっている。

トゥルーピーク【(英) True-peak】 アナログ音声信号の最大値のこと。

トゥルーピークメータ【(英) True-peak meter】 一般的なピークメータ（サンプルピークメータ）では、必ずしも真のピーク「トゥルーピーク」を検出していない。とくに高い周波数を含む信号の場合には、サンプル値間にピークが発生している恐れがあり、サンプルピーク値が0dBFS以下であっても歪みが発生することもある。これを防止するため、4倍オーバーサンプリング処理することで、アナログ信号のピーク値との誤差を少なくしているものがトゥルーピークメータである。ARIB TR-B32では、最大許容値を－1dBTPとしている。単位：dBTP（dB True Peak）【参照】サンプルピーク

平均ラウドネス値 【(英) Integrated Loudness】 ラウドネスメータで測定した番組放送開始点から放送終了点までの平均ラウドネス値。

モーメンタリラウドネス【(英) Momentarily loudness】 測定区間400msの平均ラウドネス値。

ラウドネスメータ【(英) Loudness meter】 番組音声の大きさのレベルを測定するメータで、VUメータやピークメータが電圧を測定しているのに対し、人間が音を聞いたときに感じる音の大きさに、より近い表示をする。

ARIB TR-B32 日本国内のデジタルテレビ放送番組を対象とした音の大きさのレベルについての運用基準。

LKFS【(英) Loudness K-weighting Full Scale】 ラウドネス測定アルゴリズムによって測定された放送番組の音の大きさを表すラウドネス値の絶対値の単位記号。

LU【(英) Loudness unit】 ラウドネスメータの相対値の単位で、日本、米国では0LU＝24.0LKFSとなる。

LUFS【(英) Loudness unit Full Scale】 EBUなどで用いられており、LKFSと同一。【参照】LKFS

ラウドネスメータ

11 劇場用語・音響用語（5ヵ国語）

日本語	英／米語	フランス語	イタリア語	ドイツ語
劇場 (Theater)				
劇場	theatre ／ theater	théâtre	teatro	Theater
劇団	company	troupe ／ compagnie	compagnia teatrale	Kompanie
脚本	play	pièce (de theatre)	sceneggiatula	Theaterstück
歌劇／オペラ	opera	opéra	opera	Oper
幕	act	acte	atto	Akt (Aufzug)
場／場面	scene	scène	scena	Szene
幕間／休憩	interval	entracte	intervallo	Pause
公演／上演	performance	représentation	recita	Vorstellung
稽古／リハーサル	rehearsal	répétition	prova	Probe
舞台稽古（衣装付き）	dress rehersal	répétition principale	prove principale	Hauptprobe
舞台稽古（総稽古）	dress rehearsal(final)	répétition générale	prova generale	Generalprobe
スタッフ (Staff)				
舞台監督	stage manager	régisseur de scéne	direttore di scena	Inspizient／Bühnenregisseur
演出家	director	metteur en scène	regista	Regisseur ／ Spielleiter
技術者 (Technicians)				
技術監督	technical director	directeur technique	direttore di allestiment	Technischer Direktor
大工	carpenter	machiniste	capomacchinista	Bühnenmeister
舞台要員	stage hand	machiniste	macchinista	Bühnenhandwerker
音響主任	chief soundman	chéf d'ingénieur du son	capo-di suono	Tonmeister
音響技術者	sound operator	opérateur du son	tecnico del suono	Toningenieur
画工／絵師	painter	peintre	pittore	Maler
舞台 (Stage)				
客席	auditorium	salle	sala	Zuschauerraum
オーケストラピット	orchestra pit	fosse d'orchestre	fossa dell'orchestra	Orchestergraben
舞台	stage	scène	palcoscenico	Bühne
舞台袖	side stage／wing stage	scène latérale	palcoscenico laterale	Seitenbühne
舞台床	stage floor	plateau de scène	tavolato	Bühnenboden
回転舞台	revolving stage	scène tournante	scena girevole	Drehscheibe
キャスター（車輪）	castor	roulette	rullo	Laufrolle
二重舞台／山台	rostrum	practicable	podio	Podium
重し／しず	counterweight	contrepoids	contrappeso／peso	Gegengewicht
ロープ／コード	rope ／ cord	corde ／ fil	corda	Seil
ケーブル	cable	câble	cavo	Kabel
パイプ	pipe	pipe	tubo	Pfeife
吊りバトン	flybar	porteuse	stangonc	Oberlatte／Zugstange
カーテン／幕	curtain	rideau	sipario	Vorhang
プロセニアム	proscenium arch	arch de proscenium	arco scenico	Proszenium
舞台装置	scenery	décor	scenografia	Bühnenausstattung
音響関連				
音響／音	sound	son	suono	Ton ／ Laut
効果音／SE	sound effect	bruitage／effet sonore	effetti sonori	Geräuscheffekt
生音	acoustic	acoustique	acustico	Akustik
アンテナ	antenna	antenne	antenna	Antenne
交流	alternating current	courant alternatif	corrente alternata	Wechselstrom
直流	direct current	courant continu	corrente continua	Gleichstrom

日本語	英／米語	フランス語	イタリア語	ドイツ語
アンペア	ampere	ampère	ampere	Ampere
増幅	amplification	amplification	amplificazione	Verstärkung
増幅器	amplifier	amplificateur	amplificatore	Verstärker
減衰器	attenuator	atténuateur	attenuatore	Abschwächer
電池	battery	pile	batteria	Batterie
ケーブル	cable	câble	cavo	Kabel
調整室	control station	salle de contrôle	sala di controllo	Tonregie
レコード盤	disc	disque	disco	Schallplatte
歪み	distortion	distorsion	distorsione	Verzerrung
エコー	echo	écho	eco	Echo／Wiederhall
残響	reverberation	réverbération	riverberazione	Nachhall
周波数	frequency	fréquence	frequenza	Frequenz
ヒューズ	fuse	fusible	fusibile	Sicherung
利得（音量）	gain (volume)	augmentation (volume)	guadagno	Zunahme
ヘッドセット	headset (ear phone)	écouteur	cuffia	Kopfhörer
ハム音	hum	bourdonnement	fruscio	Brummton
インピーダンス	impedance	impédance	impedenza	Impedanz
インターカム	intercom	interphone	citofono	Sprechanlage
スピーカ	loudspeaker／speaker	haut-parleur	altoparlante	Lautsprecher
マイクロホン	microphone／mic	microphone／micro	microfono	Mikrophon
モノラル	mono	monaural	monoaurale	monaural
ステレオ	stereo	stéréophonie	stereo	Stereo
オーム（Ω）	ohm	ohm	ohm	Ohm
プラグ（接栓）	plug	fiche	spina	Stecker
録音	recording	enregistrement	registrazione	Aufnahme
信号	signal	signal	segnale	Signal
ソケット	sockets	prises	presa di corrente	Steckdose
つなぐ／つなぎ	connect	brancher	collegare	anschlieBen
スイッチ	switch	interrupteur	interruttore	Schalter
磁気テープ	magnetic tape	bande magnétique	nastro magnettico	Magnetband
高音	treble／high frequency	soprano／aigu	soprano	sopran
低音	bass／low frequency	basse／grave	basso	bass
電圧	voltage	voltage	voltàggio	Spannung
電力	power	courant electrique	potenza	Leistung
一般（General）				
長い	long	long	lungo	lang
短い	short	court	corto／breve	kurz
広い	wide	large	largo	weit
狭い（幅）	narrow	étroit	stretto	schmal
広い（幅）	broad	large	largo	breit
大きい	large／big	grand	grande	groß
小さい	small	petit	piccolo	klein
上に	on	sur	su／in alto	auf
上げる	up	en haut	alzare	hinauf／oben
下げる	down	en bas	abbassare	hinunter
下	under	sous	sotto	unter
右	right	à droite	destra	rechts
左	left	à gauche	sinistra	links

日本語	英／米語	フランス語	イタリア語	ドイツ語
下方	downwards	en bas	in giu	abwärts
遅い	slow	lent	lento	langsam
速い	fast／quickly	vite／rapide	rapido	schnell
低い	low	bas	basso	niedrig
より低い	lower	plus bas	più basso	niedriger
高い	high	haut	alto	hoch
より高い	higher	plus haut／supérieur	più alto／superiore	höher
多すぎる	too much	trop	troppo	zu viel
少なすぎる	too little	trop peu	troppo poco	zu wenig
もっと	more	plus	più	mehr
少なく	less	moins	meno	wenig
1/2（半分）	half	demi	a meta	halb
1/3	one third	un tiers	un terzo	ein Drittel
1/4	one quarter	un quart	un quarto	ein Viertil
良い	good	bon	bene／buono	gut
悪い	bad	mauvais	male／cattivo	schlecht
正しい	right	juste	corretto／guisto	richtig
間違い	wrong	faux	falso	falsch
繰り返せ！	repeat!	répétez!	si ripeti!	wiederholen!
一度	once	une fois	una volta	einmal
何回も	several times	plusieurs fois	parecchi volte	mehrere Male
最終回	the last time	la dernière fois	l'ultima volta	das letzte Mal
オーケー	alright／OK	ça va／O.K.	va bene／O.K.	in Ordnung／O.K.
きっかけ／キュー	cue	signal	segnale	Zeichen／Stichwort
始め	begin／go	commencez!／Allez-y	si inizia	Los／anfangen
止まれ！	stop!	halte!／Arrêtez!	alt!	Halt!
気をつけろ！	take care!	attention!	attento!	Achtung!
フェードアウト	fade out	fermetune en fondu	(graduare disso／vondo)	ausblenden
フェードイン	fade in	ouvertune en foudu	(aumentare)	einblenden
音楽	music	musique	musica	Musik
静かに	quiet	tranquille	quiete	ruhig
大きく	loud	fort	forte	laut
聴く	hear／risten	entendre	sentire	hören
聞き取る	listen／follow	écouter	ascoltare	zuhören
吊り下げ	hang／clamp	suspendre	appendere	aufhängen
取りつける	mount／attach	équiper	provvedere／installare	ausstatten
据えつける	set up	poser	collocare	aufstellen
接地／アース	earth／ground	mise à la terre	messa a terra	Erdung
明るい	bright	clair	chiaro	hell
暗い	dark	sombre	scuro	dunkel

12 音楽著作物の使用方法

1, 著作物とは

　著作権法で保護の対象となる著作物は、以下の事項をすべて満たしたものである。
①思想・感情を表現したもの（データやアイデア等は除外）
②思想・感情を創作的に表現したもの（他人の作品の模倣は除外）
③文芸・学術・美術・音楽の範囲に属するもの（工業製品等）は除外
　具体的には、音楽・美術・映画・小説・コンピュータプログラム等で、新聞・雑誌・百科事典等のように素材の選択や配列によって創作性があるものは編集著作物として保護される。

2, 著作者とは

　著作者とは著作物を創作した人のことで、作文を書いたり絵を描いたりすれば、その人が著作者になる。

3, 法人の著作

　以下の要件をすべて満たした場合に限り、創作した個人ではなく、その人が所属している会社等が著作者となる。
①その著作物を作る企画者が法人等の使用者である。
②法人等の業務にたずさわる者の創作である。（部外者に委嘱した場合などは、会社との間に支配・従属の関係にない場合は除外）
③職務上、命じられて作成されたもの（講義案など職務に関連して作成された場合は除外）
④公表するときに法人等の名義で公表されるもの（コンピュータプログラム等の場合は、この要件を満たす必要はない）
⑤契約や就業規則によって、社員を著作者とする決まりがないこと。

4, 権利の発生と保護期間

　著作権・著作者人格権・著作隣接権は、著作物を創作した時点で発生し、権利を得るための手続は不要。著作権の保護期間は、原則として著作者の死後70年間までとなっている。

5, 権利の内容

①未公表の著作物を公表するかどうか等を決定する権利
②著作物に著作者名を表記の可否、表記する場合の名義を決定する権利
③著作物の内容や題号を著作者の意に反して改変されない権利
④著作物を印刷・写真・複写・録音・録画、またはその他の方法により有形的に再製する権利
⑤著作物を公に上演し、演奏する権利
⑥著作物を公に上映する権利
⑦著作物を公衆に送信し、送信された著作物を公に伝達する権利
⑧著作物を口頭で公に伝える権利
⑨美術の著作物または未発行の写真の著作物を原作品により公に展示する権利
⑩著作物を、その原作品または複製物の貸与または譲渡により公衆に提供する権利
⑪著作物を翻訳・編曲・変形・脚色・映画化・翻案する権利
⑫翻訳・翻案したものを二次的な著作物に利用する権利

6, 著作物が自由に使える場合

　著作権者等の利益を不当に害さないよう、または著作物等の通常の利用が妨げられることのないように、その条件が定められている。
　また、著作権が制限される場合でも、著作者人格権は制限されない。
　なお、複製されたものを目的外に使うことは禁止されていて、利用するときは原則として出所の明示をする。
①家庭内で仕事以外の目的で使用するために、著作物を複製することは可能で、同様の目的であれば翻訳・編曲・変形・翻案も可能。なお、デジタル方式の録音録画機器等を用いて著作物を複製する場合には、著作権者等に対し補償金の支払いが必要となる。また、映画館等で有料上映中の映画や無料試写会で上映中の映画の録画や録音は違法
②引用の目的上、正当な範囲内で行われることを条件として、自分の著作物に他人の著作物を引用して利用することが可能。
③教育を担当する者やその授業を受ける者は、授業の過程で使用するために著作物を複製することが可能。
④放送事業者・有線放送事業者は、放送のための技術的手段として、著作物を一時的に録音・録

画することが可能。なお、録音・録画したものは政令で定める公的な場所で保存を行う場合を除き、6ヵ月を超えて保存できない。

7, 著作隣接権

①著作物の公衆への伝達に重要な役割を果たしている実演家・レコード製作者・放送事業者・有線放送事業者に与えられる権利
②実演・録音・録画・放送・有線放送を行った時点で発生
③保護期間は、実演・レコード発行・放送・有線放送が行われたときから50年間

実演家等の権利
①自分の実演に実演家の名をクレジットすることと、その場合の名義の決定権
②自分の実演について実演家の名誉や声望を害する改変をされない権利
③自分の実演を録音・録画する権利
④自分の実演を放送する権利
⑤自分の実演をネット端末からのアクセスに応じ自動的に公衆に送信できる状態にする権利
⑥自分の実演の録音物・録画物を公衆に譲渡する権利
⑦市販のレコードを貸与する権利（最初の販売後1年のみ）
⑧商業用レコードが放送等で使用された場合の使用料を放送事業者等から受ける権利
⑨貸レコード業者から報酬を受ける権利（貸与権消滅後49年間）

レコード製作者の権利
①レコードを複製する権利
②レコードをネットの端末からのアクセスに応じ自動的に公衆に送信できる状態にする権利
③レコードの複製物を公衆に譲渡する権利
④貸レコード業者から報酬を受ける権利（貸与権消滅後49年間）
●レンタル店から借りたCDをパソコンにコピーすることは違法でない。
●応募作品に市販CDの音楽を使用することは違法。
●自分で購入したCDの複製をダビングサービス店に依頼することは違法。（自分自身でコピーする場合は違法でない）
●市販CDやダウンロードした音源をイベント等に使用する場合は、著作権管理団体に手続きする前にレコード会社や実演家などの許諾が必要。

放送事業者の権利
①放送を録音・録画・写真的方法により複製する権利
②放送を受信して再放送・有線放送する権利
③テレビジョン放送を受信して画面拡大する特別装置を用いて公に伝達する権利

有線放送事業者の権利
①有線放送を録音・録画・写真的方法で複製する権利
②有線放送を受信して放送したり、再放送したりする権利
③有線テレビジョン放送を受信して、画面を拡大する特別装置で公に伝達する権利

8, 著作物を利用する場合の手順

他人の著作物は、著作権が制限を受けている場合のほか、原則として、著作権者に無断で利用することはできない。何らかの形で、法的に利用の権限を取得することが必要。他人の著作物を利用する方法としては、次の方法がある。

①著作権者から著作物の利用について許諾を受ける。
●後に問題が生じないように利用方法・許諾の範囲・使用料・支払い方法などを文書で確認しておくとよい。
②出版権の設定を受ける。
著作物を出版するにあたり、他の出版者から別途出版されては困るという事情がある場合、著作権者から独占的な出版の許諾を得ることが必要。しかし、著作権者が約束に違反して他の出版者に別途出版の許諾を与えた場合には、その別途出版者に対して停止させたり、損害賠償を要求したりすることは不可能。
③著作権の譲渡を受ける。
譲り受けた権利の範囲内で自由に著作物を利用することや、他人に著作物を利用させることも可能。なお、著作権の全ての譲渡の他、複製権のみの譲渡、期間や地域を限定した譲渡などの方法もある。

9, 著作権保護期間が消滅している作品

著作権の保護期間は、原則として著作者の死後70年間（太平洋戦争以前、戦争中に取得した著作権の場合は約10年加算）である。
原曲の著作権が消滅していても、編曲や訳詞された作品を利用される場合、編曲者や訳詞者の著作権の保護期間内の場合は手続きが必要になる

ことがあるので、著作権管理団体にて確認が必要である。

10, 音楽の自由利用が認められる場合

以下の要件をすべて満たすときに自由に利用できる。
(1)営利を目的としない
(2)聴衆・観衆から料金を取らない
(3)実演家に報酬が支払われない
ただし、次の場合は許諾の手続き、使用料の支払いが必要である。
(1)次の者が主催または共催などの形で催物を行っている
●営利法人
●営利を目的とする団体または個人
●非営利法人であっても収益事業の中で利用する場合
(2)(1)に掲げた法人などが後援・協賛などの形で催物に関与している場合であっても、実態はそれらの法人などが主体的に催物を行っている
(3)入場料があるとき、あるいは、会員の家族、友人などへの配布を目的とした整理券を会員間などに有料で配布し、その整理券がなければ入場できない
(4)特定の商品や、プログラムなどを購入した者でなければ入場できない
(5)年会費などの会費を徴収し、それらの会費を納めた者でなければ入場できない
(6)出演者に報酬が支払われるとき、あるいは、出演者に交通費・宿泊費の実費を超える金銭または常識的範囲を超える弁当代、または物品等が渡される
(7)(6)のような直接的な報酬が無い場合でも、実演家のレコードなどの買取りや即売などで実演家の収益につながる

11, 音楽著作権管理団体

●一般社団法人日本音楽著作権協会JASRAC
●株式会社NexTone

【この項は、JASRACと文化庁のホームページを参考にしています】

音楽の基礎

1 音程

音　程	振動数の比	譜例（ハ長調）
完全1度	1：1	
完全8度	1：2	
完全5度	2：3	

音　程	振動数の比	譜例（ハ長調）
完全4度	3：4	
長3度	4：5	
長6度	3：5	

■幹音どうしの音程

■全音階的音程

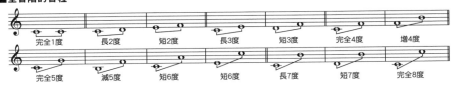

■半音階的音程

209

2 音域表

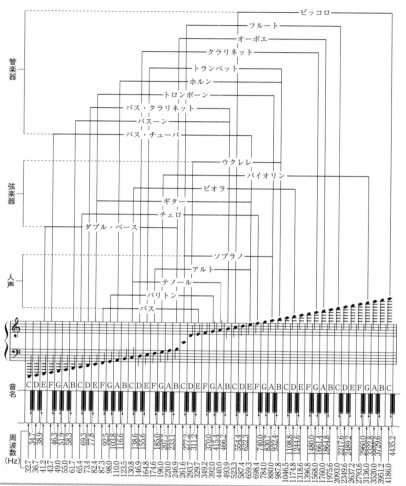

3 音部記号

（注）全音符はいずれもハ音（中央ハ）の位置を示す。

4 大譜表と鍵盤

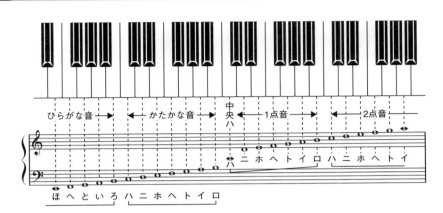

5 音名

日 本	ハ	ニ	ホ	ヘ	ト	イ	ロ
ドイツ	ツェー C	デー D	エー E	エフ F	ゲー G	アー A	ハー H
英 米	シー C	デー D	イー E	エフ F	ジー G	エー A	ビー B
フランス	ユト／ド ut / do	レ ré	ミ mi	ファ fa	ソル sol	ラ la	シ si
イタリア	ド do	レ re	ミ mi	ファ fa	ソル sol	ラ la	シ si

6 変化記号

	♯	𝄪	♭	♭♭	♮
日 本	嬰	重 嬰	変	重 変	本位記号
英 米	シャープ	ダブルシャープ	フラット	ダブルフラット	ナチュラル
ドイツ	Cis（チ ス） Dis（ディス） Eis（エイス） Fis（フィス） Gis（ギ ス） Ais（アイス） His（ヒ ス）	Cisis（チシス） Disis（ディシス） Eisis（エイシス） Fisis（フィシス） Gisis（ギシス） Aisis（アイシス） Hisis（ヒシス）	Ces（ツェス） Des（デ ス） Es （エ ス） Fes（フェス） Ges（ゲ ス） As （ア ス） B　（ベ ー）	Ceses（ツェセス） Deses（デセス） Eses （エセス） Feses（フェセス） Geses（ゲセス） Ases （アセス） Bes　（ベ ス）	

7 調号

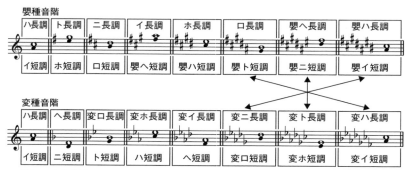

(注) 1. 白色音符は長調の主音、黒色音符は短調の主音を示す。
2. 矢印は異名であるが実際には同じ調であることを示す。
3. 各国の調のよみ方は次の通りである。

日 本	英 米	フランス	イタリア	ドイツ
長 調	メージャー major	マジュール majeur	マジョーレ maggiore	ドゥア dur
短 調	マイナー minor	ミヌール mineur	ミノーレ minore	モール moll

8 音符・休符・連符

(音符と休符)

音符		音符・休符の示す長さ		休符	
形態	名称	全音(休)符を[1]としての相対的比率	4分音(休)符を[1]としての相対的比率	形態	名称
o	全音符	1	4	𝄻	全休符
♩	2分音符	$\frac{1}{2}$	2	𝄼	2分休符
♩	4分音符	$\frac{1}{4}$	1	𝄽	4分休符
♪	8分音符	$\frac{1}{8}$	$\frac{1}{2}$	𝄾	8分休符
♬	16分音符	$\frac{1}{16}$	$\frac{1}{4}$	𝄿	16分休符
♬	32分音符	$\frac{1}{32}$	$\frac{1}{8}$	𝅀	32分休符
♬	64分音符	$\frac{1}{64}$	$\frac{1}{16}$	𝅁	64分休符

III 音楽の基礎

付　点　音　符			付　点　休　符		
形態	名　　称	長　　さ	形態	名　　称	長　　さ
𝅝·	付 点 全 音 符	𝅝 + ♩	𝄻·	付 点 全 休 符	𝄻 + 𝄼
♩·	付 点 2 分 音 符	♩ + ♪	𝄼·	付 点 2 分 休 符	𝄼 + 𝄽
♩·	付 点 4 分 音 符	♩ + ♪	𝄽·	付 点 4 分 休 符	𝄽 + 𝄾
♪·	付 点 8 分 音 符	♪ + ♬	𝄾·	付 点 8 分 休 符	𝄾 + 𝄿
♬·	付 点 16 分 音 符	♬ + ♬	𝄿·	付 点 16 分 休 符	𝄿 + 𝅀
♬·	付 点 32 分 音 符	♬ + ♬	𝅀·	付 点 32 分 休 符	𝅀 + 𝅁
♬·	付 点 64 分 音 符	♬ + ♬	𝅁·	付 点 64 分 休 符	𝅁 + 𝅂

複　付　点　音　符			複　付　点　休　符		
形態	名　　称	長　　さ	形態	名　　称	長　　さ
𝅝··	複付点 全 音 符	𝅝 + ♩ + ♪	𝄻··	複付点 全 休 符	𝄻 + 𝄼 + 𝄽
♩··	複付点 2 分 音 符	♩ + ♪ + ♬	𝄼··	複付点 2 分 休 符	𝄼 + 𝄽 + 𝄾
♩··	複付点 4 分 音 符	♩ + ♪ + ♬	𝄽··	複付点 4 分 休 符	𝄽 + 𝄾 + 𝄿
♪··	複付点 8 分 音 符	♪ + ♬ + ♬	𝄾··	複付点 8 分 休 符	𝄾 + 𝄿 + 𝅀
♬··	複付点16 分 音 符	♬ + ♬ + ♬	𝄿··	複付点16 分 休 符	𝄿 + 𝅀 + 𝅁
♬··	複付点32 分 音 符	♬ + ♬ + ♬	𝅀··	複付点32 分 休 符	𝅀 + 𝅁 + 𝅂
♬··	複付点64 分 音 符	♬ + ♬ + ♬	𝅁··	複付点64 分 休 符	𝅁 + 𝅂 + 𝅂

(休符)　これを右のように記譜してもよい

何小節も続く休止の場合（数字は休止する小節数）　等

■単純音符

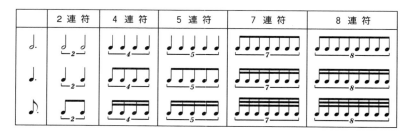

■付点音符

9 反復記号

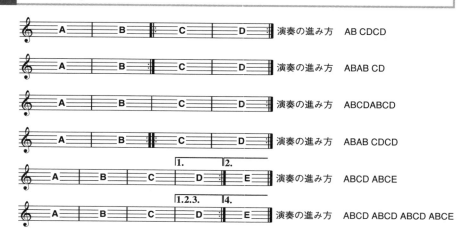

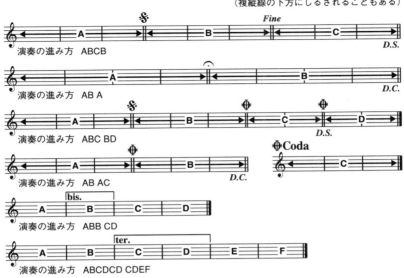

10 拍子の種類

単 純 拍 子				複 合 拍 子			
拍子名	記譜の種類	1拍の音符	拍子の基本形態	拍子名	記譜の種類	1拍の音符 ( )内は小単位	拍子の基本形態 ( )内は小単位によるもの
2拍子系	2拍子	$\frac{2}{2}$(¢)			6拍子	$\frac{6}{4}$	
		$\frac{2}{4}$				$\frac{6}{8}$	
		$\frac{2}{8}$					
3拍子系	3拍子	$\frac{3}{2}$			9拍子	$\frac{9}{8}$	
		$\frac{3}{4}$				$\frac{9}{16}$	
		$\frac{3}{8}$					
4拍子系	4拍子	$\frac{4}{4}$(C)			12拍子	$\frac{12}{8}$	
		$\frac{4}{8}$				$\frac{12}{16}$	
混合拍子系				比較的簡単なもの	5拍子	$\frac{5}{4}$	または
						$\frac{5}{8}$	または
					7拍子	$\frac{7}{4}$	または
						$\frac{7}{8}$	または
				複雑なもの	7拍子	$\frac{7}{8}$	
					8拍子	$\frac{8}{8}$	
				その他			
その他	1拍子、単純拍子的な5拍子など特殊なもの						

216

11 強弱記号・標語

■相対的な強さを表すもの

記号	*pp*	*p*	*mp*	*mf*	*f*	*ff*
読み方	ピアニッシモ	ピアノ	メゾピアノ	メゾフォルテ	フォルテ	フォルティッシモ
強さ	非常に弱く	弱く	やや弱く	やや強く	強く	非常に強く

■次第に強くしたり弱くしたりするもの

記号		読み方	意味
cresc.	<	クレッシェンド	次第に強く
dim.	>	ディミヌエンド	次第に弱く
decresc.	>	デクレッシェンド	次第に弱く

■その音だけ強くするもの

記号	読み方	意味
sf	スフォルツァンド	特に強く
sfz	スフォルツァート	特に強く
fz	フォルツァンド	特に強く
>∧	アクセント	特に強く

■次第に強くしたり弱くしたりするもの

記号・標語	読み方	意味
fp	フォルテ・ピアノ	強く、すぐ弱く
molto (*cresc.*)	モルト（クレッシェンド）	非常に（強くしていく）
poco (*cresc.*)	ポコ（クレッシェンド）	わずかに（強くしていく）
poco a poco (*dim.*)	ポコ・ア・ポコ（ディミヌエンド）	少しずつ（弱くしていく）
piu (*f*)	ピウ（フォルテ）	今までより（強く）

12 速度記号

	標語	読み方	意味
遅いもの	*Adagio*	アダージョ	ゆるやかに
	Larghetto	ラルゲット	ラルゴよりやや速く
	Largo	ラルゴ	ゆったりと遅く
	Lento	レント	おそく、ゆるやかに
やや遅いもの	*Andante*	アンダンテ	歩くような速さで
	Andantino	アンダンティーノ	アンダンテよりやや速く

	標語	読み方	意味
中くらいのもの	*Moderato*	モデラート	中くらいの速さで
やや速いもの	*Allegretto*	アレグレット	やや快速に
	Allegro-Moderato	アレグロ・モデラート	ほどよく快速に
速いもの	*Allegro*	アレグロ	快速に
	Presto	プレスト	きわめて速く

217

13 略語表

略語	読み方	意味
Accel.	*Accelerando*（アッチェレランド）	次第に速く
Accomp.	*Accompaniment*（アカンパニメント）	伴奏
Ad lib.	*Ad libitum*（アド・リビトゥム）	任意の速さで
All ova.	*All'ottava*（アロッターバ）	オクターブ高く
Al seg.	*Al segno*（アル・セーニョ）	記号まで
Arc.	*Coll'arco*（コルラルコ）	弓を用いて
Att.	*Attack*（アタック）	演奏を始めよ
Aug.	*Augmentation*（オーグメンテーション）	主題に各音の長さをのばして新しい旋律つくる
C.D.	*Colla destra*（コルラ・デストラ）	右手で
C.F.	*Cantus firmus*（カントゥス・フィルムス）	定旋律
Cresc.	*Crescendo*（クレッシェンド）	次第に強く
C.S.	*Colla sinistra*（コルラ・シニストラ）	左手で
D.S. Dal.S.	*Dal segno*（ダル・セーニョ）	記号から
D.C.	*Da capo*（ダ・カーポ）	初めから
Decres. Decresc.	*Decrescendo*（デクレッシェンド）	次第に弱く
dim.	*Diminuendo*（ディミヌエンド）	次第に弱く
f	*Forte*（フォルテ）	強く
$f\!f$	*Fortissimo*（フォルティッシモ）	非常に強く
$f\!p$	*Forte piano*（フォルテ・ピアノ）	強く、すぐ弱く
$f\!z$	*Forzato*（フォルツァート）*Forzando*（フォルツァンド）	特に強く
rf	*Rinfprzando*（リンフォルツァンド）	特に強く
G.	*Gauche*（ゴーシュ）	左（手）
G.P.	*Generelpause*（ゲネラルパウゼ）	総休止
Intro.	*Introduction*（イントロダクション）	序奏部
Leg.	*Legato*（レガート）	滑らかに
Legg.	*Leggero*（レジェーロ）	軽快に
L.H.	*Left hand*（レフト・ハンド）	左手で

略語	読み方	意味
Lo.	*Loco*（ロコ）	その位置で
M.	*Main*（仏）（マン）	手
	Mano（伊）（マノ）	手
Maj.	*Major*（メージャー）	長調
Marc.	*Marcato*（マルカート）	1音1音はっきりと
M.D.	*Mano destra*（マノ・デストラ）	右手
	Main droit（マン・ドロワ）	右手
mf	*Mezzoforte*（メゾフォルテ）	やや強く
M.G.	*Main gauche*（マン・ゴーシュ）	左手
mp	*Mezzopiano*（メゾピアノ）	やや弱く
M.S.	*Mano sinistra*（マノ・シニストラ）	左手
M.V.	*Mezza voce*（メッザ・ボーチェ）	抑えた声で
Obb. / Obbl.	*Obbligato*（オブリガート）	助奏
Op.	*Opus*（オーブス）	作品
Ott. / Ova. / 8va.	*Ottava*（オッターバ）	オクターブ
p	*Piano*（ピアノ）	弱く
Ped.	*Pedal*（ペダル）	ペダルを使う
Pf.	*Piu forte*（ピウ・フォルテ）	いっそう強く
picc. / Pizz.	*Piccicato* / *Pizzicato*（ピチカート）	弦を指ではじく
pp	*Pianissimo*（ピアニッシモ）	非常に弱く
Prim. / Ima. / Imo.	*Prima*（プリマ） / *Primo*（プリモ）	第1
Qtte.	*Quartet*（クワルテット）	4重奏（唱）
Rall.	*Rallentando*（ラレンタンド）	次第に遅く

略語	読み方	意味
Recit. Rec. }	*Recitativo*（レチタティーボ）	叙唱
fz. rfz. rinf. riz }	*Rinforzando*（リンフォルツァンド）	特に強く
R.H.	*Right hand*（ライト・ハンド）	右手
rit.	*Ritardando*（リタルダンド）	次第に遅く
Seg.	*Segue*（セグエ）	続く
Riten.	*Ritenuto*（リテヌート）	抑えて（遅く）
2da,2do	*Seconda,Secondo*（セカンダ、セコンド）	第2回
sfz（sf）.	*Sforzando*（スフォルツァンド）	特に強く
Sim.	*Simile*（シミレ）	同様に
Smorz.	*Smorzando*（スモルツァンド）	消えるように
Sord.	*Con sordino*（コン・ソルディーノ）	弱音器をつけて
Sost. Sost en. }	*Sostenuto*（ソステヌート）	音を保持して
S.S. S.sord. }	*Senza sordino*（センツァ・ソルディーノ）	弱音器なしに
S.P.	*Senza pedale*（センツァ・ペダーレ）	ペダルなしに
S.T.	*Senza tempo*（センツァ・テンポ）	速度にかまわず
Stacc.	*Staccato*（スタッカート）	断音
S.V.	*Sotto voce*（ソット・ボーチェ）	抑制した声で
T.C.	*Tre corde*（トレ・コルデ）	3弦の意。左のペダルをはなす
Tem. Temp. }	*Tempo*（テンポ）	速さ
Temp. I Temp.prim }	*Tempo primo*（テンポ・プリモ）	最初の速度で
Ten.	*Tenuto*（テヌート）	音を保持して
U.C.	*Una corda*（ウナ・コルダ）	1弦の意。左ペダルを踏む

14 邦楽の分類

　邦楽の種目は、流派の別をも入れて約20種が残っている。これらは声楽と器楽に大別できるが、声楽のほうが圧倒的に多い。さらに声楽は「歌いもの」と「語りもの」に分けることができるが、両方の性質を持ったものもある。

　西洋音楽は、それ以前の様式と入れ替わって新しい様式が生まれたが、邦楽は新しい様式が生まれても、古い様式と交代するのではなく、古い流派の中のひとつの支流として派生してきたので、後になるほど、様々な要素を含む流派が現れ、横に枝分かれしながら発展してきたのである。

　「歌いもの」とは楽器演奏が主で、歌詞は楽器演奏にひきずられるもの。逆に「語りもの」は楽器演奏が言葉にひきずられ、朗読に近づいたものである。だが、実際には「語りもの」の中にも「歌いもの」的要素の強いものがあり、またその逆も多く、両方の巧みな配合からできている曲もある。最も「語りもの」的要素の強い浄瑠璃は義太夫節であり、「歌いもの」的要素の強い浄瑠璃は清元節であるが、浄瑠璃は「語りもの」の中の一種類にすぎない。

■邦楽の分類表①

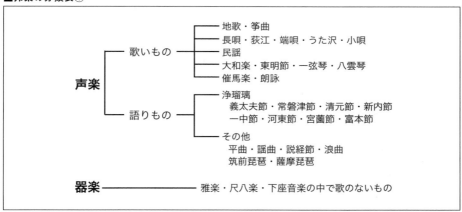

■邦楽の分類表②

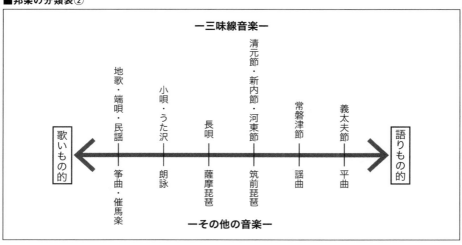

IV 楽器

1 洋楽器（西洋音楽のための楽器等）

弦楽器

ヴァイオリン【(英) Violin】

ヴァイオリン族の中で高音域をカバーする弦楽器。独奏楽器としてだけではなく、アンサンブルのなかでも主役のように活躍する。管弦楽では、第1ヴァイオリンと第2ヴァイオリンに分かれて演奏する。4本の弦は、高い方からE、A、D、Gにそれぞれ調弦される。

ヴァイオリン

ヴィオラ【(英・伊) Viola】

ヴァイオリン族の中で中音域をカバーする弦楽器。ヴァイオリンとほぼ同じ形であるが、やや大きい。弦楽合奏では、ヴァイオリンとチェロの間を受け持つ重要な楽器である。4本の弦は高い方からA、D、G、Cに調弦される。ドイツ語でブラッチェ（Bratsche）、フランス語でアルト（alto）という。

チェロ【(伊) Cello】

ヴァイオリン族の中で低音域をカバーする弦楽器。正確な名称はヴァイオリンチェロ（violin cello）。長さ約1.2mと大きいので、演奏者は椅子に座って楽器を床に立てて演奏する。独奏楽器としても活躍し、オーケストラの中では低音域を支える重要な楽器である。4本の弦は、ヴィオラより1オクターブ低いA、D、G、Cに調弦する。

チェロ

コントラバス【(独) Kontrabass (英) Contrabass (伊) Contrabbasso】

オーケストラの弦楽器群の中で最も低い音域をカバーする弦楽器。長さが約2mでチェロよりも更に大型。オーケストラではチェロよりも1オ

コントラバス

クターブ低い音を一緒に弾くことが多く、チェロと共に低音域を支える。演奏者は立ったままか、高い椅子にかけて演奏する。4本弦のものが普通で、シンフォニーオーケストラでは5弦のものも使われる。調弦は4度に調律され、上からG、D、A、E。5弦の場合は更に下にC線が加えられる。英語ではダブルベース（double bass）とも呼ばれ、ポピュラー音楽の世界ではウッドベース（wood bass）と呼ばれる。なお、コントラバスは、肩の形状と調律（四度調律）の点から、ヴァイオリン族には含まれない。

ハープ【（英）Harp】

最も大型の撥弦楽器で、三角形の金属の枠に弦が47本張ってある。演奏者はこれを右肩にもたせて両手で弦を弾いて演奏する。変ハ長調に調律されているが、足による7つのペダルによって、半音または1音高めることも容易にできる。各種の分散和音を自由に演奏できることがこの楽器の特徴でもある。ドイツ語ではハルフェ（Harfe）、フランス語ではアルプ（harpe）、イタリア語ではアルパ（arpa）と呼ぶ。

ハープ

ギター【（英）Guitar】

6弦の撥弦楽器で、主に独奏や歌の伴奏に、ジャズではリズム楽器としても使われる。調弦は、下からE、A、D、G、H（B）、Eで、実音より1オクターブ高く記譜される。エレクトリックギターと区別してクラシックギターまたはアコースティックギターとも呼ぶ。また、ナイロン製（昔は羊などの腸で作ったガット製）の弦のものをガットギター、スチール弦のものをフォークギターと呼ぶ。ガットギターはクラシック以外にフラメンコでも用いられる。フォークギターはボディーが大きくフォーク、ロック、カントリー、ブルース、ジャズなどで使用されている。

ギター（アコースティック・ギター）

ヴィオール【（伊）Viole】

ヴァイオリン族に先行する弦楽器群、6弦でギター同様のフレットを持っている。様々なサイズを持つコンソート楽器である。ヴィオラ・ダ・ガンバはチェロにほぼ相当する音域を持ち、通常は膝に挟んで演奏される。ガンバは膝の意味。ヴァイオリン族の登場によって次第に駆逐されるが、中型で多数の共鳴弦を持つヴィオラ・ダ・モーレと並んでバッハの一部の楽曲で不可欠の楽器として現在でも命脈を保っている。

エレクトリック・ギター【（英）Electric Guitar】

6弦の撥弦楽器で、スチール製の弦の振動を電気信号に変換し、アンプで増幅してスピーカから発音するギターのこと。ロックやジャズなど、ジャンルに応じて各種ある。略してエレキギター、電気ギターとも呼ぶ。

エレクトリック・ギター

エレクトリック・ベース【(英) Electric Bass】

4弦または5弦、6弦の撥弦楽器。エレクトリック・ギターと同じ原理で、ポピュラー音楽の最低音部を担当する楽器。エレキベースまたは電気ベースと呼ばれることが多い。

エレクトリック・ベース

木管楽器

フルート【(英) Flute】

エアリードで発音する木管楽器。木管楽器群の高音域をカバーする横笛。本来は木が材料として使われていたが、現在は金、銀、プラチナなどのものが多い。リードを持たないエアリード楽器である。音色は清澄で、表現力に富んでいる。同族の楽器としては、音域の高いピッコロ、音域の低いアルトフルートなどがあり、時にバスフルートも用いられる。

フルート

ピッコロ【(英) Piccolo、(伊) Flauto piccolo、(独) Kleine Flöte】

エアリードで発音する木管楽器。フルートより全長が短く、フルートよりも1オクターブ高い音を出す。構造と奏法は、ほぼフルートと同じで、木または金属製。華やかで鋭い音色を持つ。

ブロックフレーテ(リコーダ)【(独) Blockflote、(英) recorder】

エアリードで発音する木管楽器。フルート族の縦笛。鳥のくちばし状のマウスピースと8個の指穴がある。西ヨーロッパに中世から存在し、ルネサンス音楽時代に盛んに用いられていた。

ピッコロ

ブロックフレーテ

オーボエ【(伊) Oboe】

ダブルリードで発音する木管楽器。円錐形のパイプにキー(指穴部分の演奏装置)をつけた楽器である。ピッチの微調整がしにくいので、オーケストラなどでは、このオーボエが基準音「A」の音を出し、他の楽器がその音にピッチを合わせる。牧歌的な美しい音色を出し、古くから合奏、独奏に用いられている。同族の楽器としてイングリッシュホルンがある。

オーボエ

イングリッシュホルン【(英) English horn】

ダブルリードで発音する木管楽器。オーボエよりも5度低い音を出し、パイプはオーボエよりもやや長めで、先端が球状にふくらんでいる。鼻に掛かったような甘い音と豊かな低音が特徴。

ファゴット【(伊) Fagotto】

ダブルリードで発音する木管楽器。管の長さを得るために管を2つに折り曲げた構造。管弦楽で中低音部を担当する楽器。音域は約3オクターブ半。英語ではバスーン(bassoon)という。

イングリッシュホルン

ファゴット

クラリネット

コントラファゴット【(伊) Contra fagotto】
　ダブルリードで発音する木管楽器。ファゴットよりも1オクターブ低い音を出す木管楽器。金属製のものもある。大きくて重いので、一端を床に置いて演奏する。英語ではダブルバスーン（double bassoon）という。

コントラファゴット

クラリネット【(英) clarinet】
　シングルリードで発音する縦笛の木管楽器。パイプはキーを付けた円筒管である。音域が広く表現能力が豊かなので、18世紀末頃からオーケストラをはじめブラスバンド、ジンタ、チンドンヤにいたるまで広く活躍している。移調楽器でB管とA管がよく使われ、長さの短いEs管もときどき使われる。同族の楽器としてはバスクラリネット、サクソフォンなどがある。

サクソフォン【(英) Saxophone】
　シングルリードで円錐管の金属管楽器で、クラリネットから発達した。サックスと略して呼ばれることが多い。1841年に、ベルギーのA.サックスによって発明された。シングルリードの振動源で、パイプは円錐形の金属製である。音域によって高音からソプラニーノ、ソプラノ、アルト、テナー、バリトン、バス、コントラバスの7種がある。音色は木管と金管楽器の中間で、たいへん滑らかである。サキソホン、サキソフォンともいう。

サクソフォン

金管楽器

ホルン【(独) Horn、(英) Horn】
　正確には英語でフレンチホルン（French horn）、イタリア語ではコルノ（corno）という。朝顔管を演奏者の右側後方に向けて演奏する金管楽器。円形に巻かれた細長い管と広い朝顔になっているのが特徴で、朝顔の中に右手を差し込んで微妙な音程のコントロールをすることもある。朝顔が後ろに向いているので、直接音よりも反射音

225

が本来の音色である。低域を主たる領分とするF管と高音が出しやすいB管とがあるが、現代ではF管とB管を切り替えて使えるダブルホルンが主体となっている。管弦楽では不可欠の金管楽器。

ホルン

トランペット【(英) Trumpet】
　金管類の代表的な楽器。鋭く輝かしい音色を持ち高音域をカバーする。移調楽器で、変ロ調、ハ調のものがよく使われる。19世紀にピストンが付けられてから性能が飛躍的に良くなり、オーケストラの中でも重要な地位を占めるようになった。現在は3個のピストンを持ったものが一般的である。振動源は奏者の唇。先端の朝顔状のところへミュートを入れて演奏すると、音は小さくなるが独特な音色が得られる。

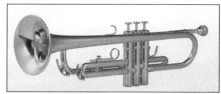
トランペット

コルネット【(英) Cornet】
　金管楽器。トランペットと音域や性能は同じであるが、管が少し太く、音色が明るく歯切れが良い。振動源は奏者の唇。移調楽器で変ロ調とイ調のものがある。

コルネット

トロンボーン【(英) Trombone】
　低音域用の金管楽器で2重管をスライドさせて音程を変えるのが特徴。左手で楽器を支え、右手でスライドを調節して音程を変える。振動源は奏者の唇。ミュートを付けることもある。現代のオーケストラでは通常は2本のテノールとバスの3本セットで用いられる。

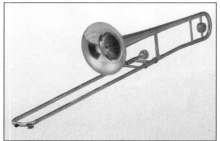
トロンボーン

テューバ【(英) Tuba】
　低音域用の金管楽器で、太くて長いマウスピースをもち、朝顔は上を向いている。音色は、荘厳で強力。大型のB管と小型のF管が多く使われるが、C管、Es管もアンサンブルやソロなどで活躍する。

ユーフォニアム／ユーフォニウム【(英) Euphonium】
　テューバを小型にしたような金管楽器。一般的にB管で、幾重に巻かれた円錐管と4つのバルブを持っている。音色はホルンとほぼ同じで、くぐもった音のホルンに対し、明るく歯切れのよい音がする。吹奏楽ではホルンとともに金管の中低域を支える重要な楽器である。

テューバ

ユーフォニアム

スーザフォン【(英) Sousaphone】

　金管楽器。マーチングバンドのシンボルともいえる楽器。行進曲の作曲家スーザから名称がついた。音程はテューバとほぼ同じだが、座って演奏するよりも立って歩きながら演奏しやすいように、また見た目の勇壮さも考慮してこの形状になっている。演奏者は頭からこれをかぶるようにし、肩で背負って演奏する。

スーザフォン

鍵盤楽器

ピアノ【(伊) Piano】

　正確な名称はイタリア語でピアノフォルテ（pianoforte）。チェンバロやクラヴィコードから改良されたもので、弱音（piano）から強音（forte）まで自由に出せることからこの名称が生まれた。打弦による鍵盤楽器で、その音域は8オクターブ以上にも及び、鍵盤の数は88鍵が標準。大きく分けて、弦が水平に張られているグランドピアノと垂直に張られているアップライトピアノの2種がある。アップライトピアノの大きさは何れもほぼ同じだが、グランドピアノは大きいものから小さいものまでいくつかの種類がある。最も大きいのがフルコンサートタイプで、音も大きいし低音域の音も自然である。弦は、いわゆるピアノ線が、1音に対して高音域は3本、低音域には2本、最低音域には1本張ってある。打弦機構はテコの原理を応用したハンマーが弦を打つ仕掛けになっている。ペダルが2つまたは3つあり、右を踏むと弦がダンパーから離れて音が持続する。左は弱音ペダルで、グランドの場合は打つ弦の数を減らし、アップライトの場合はハンマーを弦に近づけて音を弱めている。現代音楽では、弦と弦の間に物をはさんだりして音を変化させ、いわゆるプリペアードピアノとして使うこともある。

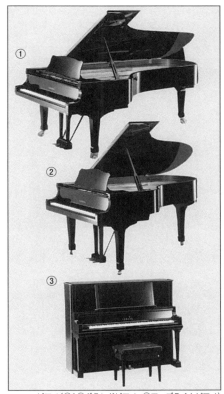

ピアノ（①&②グランドピアノ、③アップライトピアノ）

オルガン【(英) Pipe organ】

　日本でオルガンというとリードオルガン、電子オルガン、パイプオルガンの3つをいうが、欧米ではパイプオルガンのことを指す。パイプオルガンはパイプをたくさん並べ、これに空気を送って鳴らす管楽器である。音源がパイプであること、送風機（鞴=ふいご）を持つこと、鍵盤を持つことの3つを満たしたものだけがパイプオルガンである。中世以来、キリスト教会で最も重要な楽器として用いられ、ひとつの楽器でありながらオーケストラにも劣らない壮大な音量と多様な表現力を持っているので「楽器の王様」ともいわれている。構造は大変複雑で、多種のパイプに空気が送り込まれると音管内の空気柱が振動して発音する。鍵盤は、手で弾くマニュアルと足で弾くペダルがあり、マニュアルは2段から5段にもおよぶ。パイプの数は楽器の大小によって異なるが、多いものは30,000本以上にもなる。長さは6mmから10mのものまである。発音装置はエア方式のパイプとリード式のパイプがあり、キーを押すと圧縮空気が

パイプの中に吹き込まれて発音する。教会堂のものとコンサートホールのものがあるが、建物の音響特性が音の善し悪しを左右する。現在は、電子回路やコンピュータが応用されている。

パイプオルガン

ポジティブオルガン【(英) Positive organ】
移動可能な据え置き型の小型パイプオルガンのこと。フランス語ではポジティーフオルガン (positif organ) という

ポルタティフ・オルガン【(英) Portative organ】
14〜15世紀に、行進などに用いられた、携帯用の小型パイプオルガン。

電子オルガン【(英) Electronic organ】
電子楽器。鍵盤を操作し、電子回路から発生する信号で演奏する。パイプオルガンやシアターオルガンを由来とし、多段鍵盤とペダル鍵盤を有する。コンボタイプ、チャーチモデル、ホームオルガンなどのタイプがある。

シアターオルガン【(英) Theatre organ】
1920年代に米国で誕生し、映画館に設置されて無声映画の伴奏に利用されていた。現在は、ポピュラーミュージックだけでなくクラシックの演奏にも使用されている。一人で様々な音楽を奏でるために、効果音が出せるなど、バラエティーに富んだ音色が特徴。米国や英国などでは、多方面で使用されている。

チェンバロ【(伊) Cembalo】
撥弦鍵盤楽器。ピアノが出現するまでは独奏、合奏に用いられた。鍵盤の先に垂直に取り付けられたジャックと呼ばれる棒の先につけられた爪で弦を撥いて発音する。演奏家のタッチによって音量を変化させることは不可能で、2段の鍵盤を持った楽器では上下の鍵盤を連結させて音量を大きくすることで、音量を2段階に変化させる。ペダルの操作で弦をミュートさせて、音色と音量を変化させる。中世の終わりに生まれ、バロック期の不可欠の楽器となる。英語ではハープシコード (harpsichord)、フランス語ではクラヴィサン (clavecin) という。

チェンバロ

ヴァージナル【(英) Virginal】
長方形のチェンバロで、弦の中央付近をはじくため、非常に特徴ある音色を出す。イギリス・チューダー王朝最後の女王エリザベス一世(ヴァージニア)固有の楽器。

スピネット【(英) spinet、(仏) epinette、(伊) spinetta、(西) espinetta】
鍵盤楽器。16〜18世紀の西欧を中心に流行した家庭用の小型チェンバロで、当時の自宅練習用楽器でもある。

スピネット

クラヴィコード【(独) Clavicord】
打鍵楽器。タンジェントと呼ばれる金属片の先端で弦を突き上げて発音する。主としてドイツ語圏の国々などで、オルガンやチェンバロ、ピアノ

などと並行して、16世紀から18世紀にかけて広く使用された。

クラヴィコード

シンセサイザ【(英) synthesizer】
電子的に発生させた音を合成させて楽音を出す楽器「ミュージック・シンセサイザ」のこと。シンセと略称する。

シンセサイザ

チェレスタ【(伊) Celesta】
鍵盤付きの打楽器。小型のアップライトピアノのような形の楽器で、フェルトを巻いたハンマーで、共鳴箱付きの金属音板を叩いて音を発生させる。柔らかい高音が出る。フランス語ではセレスタ（Célesta）という。

チェレスタ

プリペアードピアノ【(英) prepared piano】
作曲家ジョン・ケージが1940年に考案したもので、一般のグランドピアノの弦の間に木、竹、金属、ガラス、ゴムなどの物体を差し込んで演奏する。特殊な音が得られ、不安定な音の効果を出すことができる。現代音楽でよく使われる。

プリペアードピアノの一例

アコーディオン【(英) Accordion】
蛇腹式の「ふいご」を備えた楽器。蛇腹を左右に広げたり縮めたりして演奏するオルガン族の鍵盤楽器。両手で抱えるようにして持つ。右手側は主旋律を奏でるピアノと同様の鍵盤またはボタンが、左手側にはベース音や和音を奏でるボタンが配置されている。右手側が8～50鍵、左手側が最大で120個ものボタンがある。

アコーディオン

キーボード【(英) keyboard instrument】
正確にはキーボードインスツルメントで、鍵盤楽器の意。ピアノ、オルガン、エレクトリック・ピアノ、シンセサイザなど鍵盤を持った楽器の総称。通常はシンセサイザなど電子鍵盤楽器のことを指す。

打楽器

ティンパニ【(伊) Timpani】
銅または真鍮の釜形の共鳴胴の上部に子牛の皮を張り、これをバチで叩いて演奏する打楽器。必ず2個以上のセットで使われるので、複数形でティンパニと称している。管弦楽では古くから使用され、2個のティンパニを主音と属音にチューニングして演奏することが多い。3個またはそれ以上を並べて使うこともある。一般的に、ペダルを踏むことによって振動膜の張度をコントロールして、ピッチを自由に変えられるペダルティンパニーが使われている。ドイツ語ではパウケ

229

ン（Pauken）といい、英語でケトルドラム（kettle drum）という。

ティンパニ

大太鼓（バスドラム）【英】Bass drum、（仏）Grand Cassias】

大型の太鼓で、小さいものは直径18インチ（約45cm）、大きいものは32インチ（約80cm）以上のものもある。胴の両側に皮が張ってあり、締めネジで調整し音質を変える。また叩くバチの種類によっても音質が変わる。皮を片面にだけ張ったものもあり、ジャズなどのドラムセットでは、片面張りでやや小型のコンボドラムを用いることもある。

マーチング用バスドラム　　　　　　バスドラム

小太鼓／スネアドラム【英】Side drum／Snare drum】

円筒形の胴の両面に皮を張り、裏側に響き線（スネア）をつけたもの。音の高さは不定。演奏は主に、両手にバチ（スティック）を持って片面を打つ。速いトレモロを演奏することができ、軍楽隊をはじめ、クラシック、ポピュラー音楽ともに欠くことのできない楽器になっている。

マーチング用スネアドラム　　　　スネアドラム

グロッケンシュピール（鉄琴）【独】Glockenspiel】

ピアノの鍵盤状に並べられ、調律された金属片をバチ（マレット）で打って鳴らす鍵盤打楽器。美しく澄んだ音色を持つ。箱に収められ水平に設置して演奏するものと、ブラスバンドで見られるように歩行しながら演奏できるようなものがある。イタリア語ではカンパネリ（campanelli）という。

グロッケンシュピール

ヴィブラフォン／ヴァイブラフォン【英】Vibraphone】

調律された金属片をバチ（マレット）で打って音を出し、ペダルによるダンパー操作で余韻をコントロールする鍵盤打楽器。それぞれの振動板の下には円筒の共鳴管がついている。この管の一方に小型の円盤があり、これがモータによって回転し、共鳴ピッチを連続的に1オクターブ変化させ、余韻が揺れた音を作り出すのがこの楽器の特徴。マレットで打たず、コントラバスの弓で弾く奏法もある。

ヴィブラフォン

シロフォン／ザイロフォン【英】Xylophone】

鍵盤打楽器。調律された木片（音板）がピアノの鍵盤状に並べてあり、これを両手に持ったバチ（マレット）で打って発音させる。大小各種あるが、大型サイズのものは4オクターブもの音域を持っている。音量と音質を豊かにするために、音板の下に円筒の共鳴管がつけられている。同類のマリンバよりも、高く硬い音がする。

マリンバ【英】Marimba】

シロフォンと構造が同じの鍵盤打楽器。アフリカ生まれの木琴で、中南米で普及して現在の形と

シロフォン

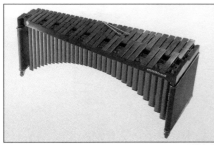

マリンバ

シンバル(コンサート／マーチング)　　シンバル(スタンド立て)

なる。シロフォンとの違いは、音板の形がわずかに異なっていて、マリンバの音色が柔らかく余韻が長いのに対して、シロフォンは硬く歯切れが良い。
シンバル【(英) Cynbals】
　真ちゅう製で円盤状の打楽器で、主にトルコ系のものと中国系のものがある。通常、2枚を両手で打ち合わせてリズムを刻むが、1枚だけをバチ(スティック)で打つこともある。単独で1音しか発しないが、音量が大きい。ドイツ語ではベッケン(Becken)、イタリア語ではピアッティ(piatti)という。
ウッドブロック【(英) Wood block】
　打楽器。木製の筒型で、主に丸形と角形の2種類があり、木魚(もくぎょ)のような音を出す。

カスタネット【(英) Castanets】
　内側がくぼんだ2枚の小さな木片を打ち鳴らすスペインの民族楽器から発展した打楽器。2枚の木片を紐で結び合わせ、その紐に指を通して、手のひらで包むようにして、軽快なリズムを打ち鳴らす。フラメンコなどの他、教育用楽器としても用いられる。
トライアングル【(英) Triangle】
　鉄製の棒を三角形に折り曲げたもので、それを鉄の棒で叩いて音を出す。音程は不安定だが、高く澄んだ音が出る。
タンブリン【(独) Tamburin】
　スペインやイタリアの民族楽器から発展した打楽器。環状の木製枠に、いくつもの金属製の鈴をつけたもので、片面だけに皮を張った小型の太鼓。皮面を指で打ったり、湿った親指の腹で擦ったり、全体を振って鈴だけを鳴らす奏法がある。皮を張っていないものもある。英語でタンバリン(tambourine)という。

タンブリン

ウッドブロック

カスタネット

トライアングル

231

銅鑼(ゴング)【(英) Gong】

金属製の鉢状で、中央に凸部があって、音程を持っている銅鑼。発祥地は東南アジアといわれている。クノンとも呼ばれる。

銅鑼(タムタム)【Tam-tam】

金属で作られた打楽器。中国が起源で、皿形の形をしており、縁が直角に短く裏へ折り曲げられていて、低い音が出る。余韻が非常に長い。直径は30cm〜110cm程度。固有のピッチを持たない。

ゴング

タムタム

カリヨン【(仏) carillon】

打楽器。ラテン語の「四個で一組」が語源。フランドル地方(ベルギー、オランダ)の伝統楽器で、14世紀ごろ、時刻を表わす教会の鐘が鳴ることを事前に知らせるために鳴らす小さな鐘が由来。手動演奏のための手鍵盤と足鍵盤があり、鍵盤と鐘はワイヤで繋がっている。鍵盤は、演奏に大きな力が必要なため、バトンと呼ばれる棒でできた鍵盤を奏者が拳で叩きながら演奏する。そのため、片手では1音しか出せないので、足鍵盤も備えてある。一部の楽曲で教会の鐘そのものを使うこともある。この場合もカリヨンと称する。

チューブラーベル/チャイム【(英) Tubular bells /Chime】

体鳴楽器に分類され、教会の鐘に似た音が出る管をピアノの鍵盤順に並べて吊るした楽器。音程と音色はパイプの長さや口径、壁の厚さなどで決まる。単にチャイム、コンサートチャイム、シンフォニックチャイムなどとも呼ばれる。NHKの「のど自慢」の鐘で馴染みがある。

カホン【(西) cajon】

スペイン語で「小さな箱」を意味する木製の箱型の楽器で、中は空洞になっている。主流は打面のちょうど裏側の面に穴が空いており、箱の内側に響き線が装着されているペルータイプだが、他に筒型のヤンブーカホンなどさまざまなタイプがある。ペルータイプは基本的に箱の上に座った状態で叩く。フラメンコで用いられる他、近年ではロックやポップスで使用されることも多い。

カホン

ドラムセット/ドラムキット【(英) drum set /drum kit】

ポピュラー系の音楽に使われる中心的な存在の打楽器セットで、音程が低い方からバスドラム、バスタム、フロアタム、タムタム、スネアドラムなどの太鼓類と、トップシンバル、サイドシンバル、ハイハットなどの金属打楽器類で構成されている。バスドラムとハイハットはフットペダルで鳴らし、他は両手に持ったスティックで叩いて演奏する(ハイハットはスティックでも鳴らす)。組み込まれる打楽器類の種類や数は、奏者の好み、音楽的方向性などにより多種多様。

チューブラーベル

ドラムセット

2 ラテンリズム楽器

ボンゴ【(西) bongo】
　コンガを小さくしたような太鼓。音程はコンガよりも約1オクターブ高くチューニングする。奏者は腰掛けて両膝ではさみ込んで固定し、指先で叩く。スティックなどを使って演奏することもある。

ボンゴ

コンガ【(西) conga】
　樽のような形をした胴の長い太鼓。2本を組み合わせて使用することが多いが、1本または3本のときもある。吊り紐を使って1本を肩から斜めにかけて打つ場合もある。

コンガ

ティンバレス【(西) timbales】
　キューバ発祥の楽器。スネアドラムくらいの大きさの太鼓で、2個を1組にして1本のスタンドで支えられている。皮は表にだけ張ってあって、これをスティックで叩く。外枠の金属部分を叩く奏法(パイラ)はこの楽器の特徴。

ティンバレス

スルド【(葡) surdo】
　サンバで使われる筒状の大太鼓で、ストラップを使って肩から吊るした状態で演奏する。一人で演奏する場合は片方の手でマレットを使い、他方の手でミュート、もしくはリズムをとるように奏でる。

ザブンバ【(葡) zabumba】
　スネアドラム(小太鼓)に似たサイズの打楽器。カリブ諸国には同種の打楽器がいくつか見られるが、ブラジルのザブンバは利き手でマレットを使い表面を叩き、他方の手でスティックを用いて裏面を叩くことが多い。

ヘピニキ【(葡) repinique】
　プラスチック製のヘッドを張った両面太鼓で、高めにチューニングして演奏する。太く短いスティックと素手で奏でる場合と、両手で細く長いスティックを使って演奏する場合がある。サンバには欠かせない楽器の1つ。

カイシャ【(葡) caixa】
　主にサンバで使われる両面太鼓。スティックで

スルド　　　　　ザブンバ　　　　　ヘピニキ　　　　　カイシャ

233

表面を叩いて演奏する。スネアドラム（小太鼓）のように片面のみ響き線がつけられているため、独特なバズ音が得られる。一般的にはスネアドラムより響き線が太いため、厚みのある音が出る。

クイーカ【（葡）cuica】
胴の内側に取り付けられた棒を濡れた布でこすって振動させる片面太鼓。人間や動物の鳴き声のような音色を出し、リズムの他に効果音として用いられることも多い。

タンボリン　　　　　　　　パンデイロ

クイーカ

タンボリン【（葡）tamborim】
大人の手のひらくらいの大きさの片面太鼓で、片手でタンボリンを持ち、もう一方の手に持った先が3〜4本に割れた柔らかいスティックで叩く。サンバやボサノヴァなどで使われる。

パンデイロ【（葡）pandeiro】
タンボリンに似た形状の楽器で、サンバやボサノヴァ、ショーロなどで用いられる。皮は本皮製、プラスチック製の2種類あり、演奏する音楽や環境により使い分けられている。また胴にはプラチネイラと呼ばれるジングルが取り付けられているが、タンボリンのように大きく響かせない。

マラカス【（西）maracas】
一般的に、高低2個を両手に持ち、交互に振ってリズムを刻む。本来はヒョウタンの果実を乾燥させて中味を取り出し、中に残った種を振って音を出したものだが、最近では木製で中に砂や小石、木の実を入れてある。大きさも様々なものがある。

カシシ【（葡）caxixi】
藤を編んだかごの中に木の実等を入れた後、ひょうたんで蓋をして作られた楽器で、シェイカーのようなサウンドを奏でることができる。大小様々なサイズがあり、小さいものはビリンバウと一緒に、大きいものは単体で演奏することが多い。

カバサ【（葡）cabasa】
乾燥したひょうたんに溝を彫り、そのまわりに数珠状のネットを巻きつけて、ひょうたんと数珠の摩擦音で演奏する。現在はひょうたんの代わりに木製やプラスチック製のものもある。他にアフォシェとも呼ばれる。

クラベス【（西）claves】
日本の拍子木を小型にしたようなもので、澄ん

マラカス

カシシ

カバサ

クラベス

ギロ

アゴゴ

234

だ音がする。片方が空洞になったアフリカンタイプのクラベスもあり、これは穴のふさぎ方によって音が変化する。

ギロ【(英) guiro】
　キューバ発祥の楽器。本来は瓜(うり)の中味をくり抜いて乾燥させたものだが、現在は木製や金属製などがある。表面にギザギザの溝があり、特製のスティックで擦って音を出す。

アゴゴ【(葡) agogo】
　三角錐のカウベルを2つ、もしくは3つつないだ楽器で、これらをスティックなどで叩く。大小異なるカウベルの音程差を使い分けて奏でることで独特の音色が得られる。他にアゴゴベルとも呼ばれる。

ビリンバウ【(葡) berimbau】
　カポイエラというブラジルの格闘技の伴奏に使用される楽器で、木製の弓に張られた弦をスティックで叩いてリズムを奏でる。このとき、本体側のひょうたんをお腹につけたり離したりして音を共鳴させる。

ビリンバウ

3 民族楽器

ツィンバロム/ツィンバロン【(洪) Cimbalom】
　ハンガリーを中心とする中欧・東欧地域の打弦楽器。スティックで弦を直接叩いて演奏する。クラヴィコードやピアノの前身ともいわれている。

ツィンバロム

ハーディ・ガーディ【(英) Hurdy gurdy】
　西ヨーロッパにおいて、11世紀以前に作られた弦楽器。機械仕掛けのヴァイオリンのようなもので、弦の下で回転する木製のホイール(車輪)が弦を擦って発音する。ホイールはヴァイオリンの弓と同じような機能を果たしているが、ハンドルで操作される。胴はギターやリュートのような形をしていて、鍵盤で演奏する。

チター/ツィター【(独) Zither、(仏) Cithare、(伊) Centra da Travola】
　弦楽器。名称はギリシャ語のキターラ(Kithara)に由来。形状は日本の箏(琴)に似ているが、長さは短い。約30本の伴奏用弦と5、6本の旋律用のフレット付き弦がある。親指につけたプレクトラムと呼ばれる爪で弾く。ヨハン・シュトラウス2世のワルツ「ウィーンの森の物語」の冒頭と末尾のソロ演奏が有名。

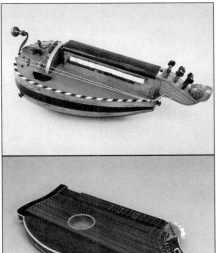
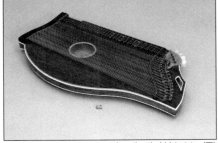

ハーディ・ガーディ(上)とチター(下)

フィドル【(英) fiddle、(独) Fiedel】
　ヴァイオリンを指す名称であるが、主にフォークミュージック、民族音楽で使われるヴァイオリンのこと。2挺による演奏は、北アメリカ、スカンジナビア地方、アイルランド(アイリッシュスタイル)に多くある。

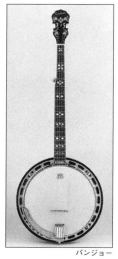
バンジョー

マンドリン

バラライカ

ウード

二胡

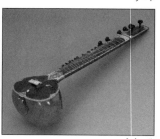
ウクレレ

シタール

バンジョー【(英) Banjo】
　アメリカ発祥の弦楽器。羊の皮を張った円形の胴体にギターよりも長い柄がついており、指または義甲を使って演奏する。5弦のものが普通だが、4弦のテナーバンジョーなど、6弦から9弦までいろいろある。ジャズ音楽ではメロディよりも和音を奏し、リズムを刻むことが多い。

マンドリン【(伊) Mandolino (mandolin)、(英) Mandolin、(独・仏) Mandoline】
　イタリア発祥の撥弦楽器。イチジクを半分に割ったような胴をした撥弦楽器で、トレモロ奏法による持続音が特徴である。弦は8本あるが、2本でひと組の対になっているので、4弦の働きをする。演奏者はいすに腰掛け、右足を左足の上に組んで、その上に楽器を乗せる。右手の親指と人差し指でべっこうのピックを持ち、弦をはじいて演奏する。

バラライカ【(露) балалайка、(英) Balalaika】
　ロシアの民族楽器で撥弦楽器。ギターの一種。胴が三角形なのが特徴で、3本の弦は4度音程に調弦されている。合奏用に大小6種類あり、おも

ハルモニウム

にロシア民謡などの伴奏に用いられる。

ウクレレ【(英) ukulele】
フレットのある4弦楽器で、ギターを小さくしたような形状。主にハワイアンで使われる。

ウード【(英) oud (土) Ud】
アラブ、中央アジアなどにおいて使われている弦楽器で、半卵状の共鳴胴を持ちヘッドが大きく反っている。フレットレスで、弦は復弦4コースであったが、近年は5コース、6コースが併用されている。バチは水牛の角の他、プラスチック製が用いられている。

シタール【(英) sitar】
北インド発祥の撥弦楽器で、伝統的なタイプの場合、弦は計19本、フレット数は約20。共鳴胴はひょうたん、またはゆうがおの実で、胴の他にも棹の裏側に小サイズの共鳴胴が装着されているものもある。

二胡 (にこ)
中国の伝統的な擦弦楽器の一種で、中国語でアルフーと呼ぶ。胴はニシキヘビの皮で覆ってあり、2本の弦の間に弓を挟んで演奏する。

ハルモニウム【(英) harmonium】
インドのオルガン。片手で空気を送り、もう一方の手で演奏する鍵盤楽器。

バンドネオン【(英) bandoneon、(西) bandoneón】
中南部ヨーロッパに発祥し、各地に広まってアコーディオンやオルガンに発展したが、バンドネオンそのものは後に南米への移民によってアルゼンチンで普及し、19世紀末から20世紀初めのアルゼンチンの隆盛に合わせてアルゼンチン・タンゴに欠かせない伴奏楽器となった。

フラウト・トラヴェルソ【(独) Flute traverso】
フランスのオットテール一族を中心に改良が行われた木管楽器。フルートの前身となった楽器で、略してトラヴェルソと呼ばれる。

フラウト・トラヴェルソ

オカリナ【(伊) Ocarina】
ヨーロッパのフルート族の楽器で、鳩笛の一種である。金属または陶土製の卵形の管楽器で、形は大小さまざまで、中央に凸型のマウスピースがある。指孔は8～12個ついているが、音域はあまり広くない。

ケーナ【(西) Quena】
南米、アンデス地方に伝わるアシの茎を用いた縦笛。長さは40cmほどで、日本の尺八と同じ原理で発音する楽器である

パンパイプ【(英) panpipe】
葦の茎などを用いた笛を、音階状に束ねた管楽器。アンデスのフォルクローレ、ルーマニアのムジカポプラーラで使用されている。パンフルート (pan flute) やシュリンクス (syrinx) とも呼ばれ、フォルクローレではサンポーニャ (Zampoña) と呼ぶ。

サンバホイッスル【(英) Samba whistle】
サンバの演奏に使われる、十字型の笛。サンバの発祥地ブラジルでは、ブラジルポルトガル語でアピートと呼んでいる。十字の上の部分を口にくわえて息を吹き込み、音を出す。横の管の先にある小さな穴を指で開閉して音を変化させる。

ハーモニカ【(英) harmonica、(独) Mundharmonika】
気鳴楽器。マウス・オルガン (mouth organ)、マウス・ハープ (mouth harp) ともいう。基本的な形は、フリーリードを一列に並べ、個々に呼気と吸気を通す穴を設けて箱形のケースに収めたもので、呼気で振動するリードと吸気で振動するリードを交互に並べ、隣接の2音が同時に鳴らないようにしている。口腔 (こうこう) の形や舌の位置を変えて音色を変化させたり音高を変化させたりできる。複音型と単音型に大別することができる。複音型は一つの音に対して2枚のリードが用

オカリナ　　ケーナ

サンバホイッスル

237

いられ、単音型は一つの音に対してリード1枚で、欧米で普及。穴が10個でシンプルなのをブルース・ハープと呼び、ブルース、ロック、フォークで用いられており、テンホールズハーモニカ、ダイアトニックハーモニカ、ミシシッピーサキソホンとも呼ばれる。

バグパイプ【(英) bagpipe】

皮などで作った空気袋に数本のリード管を取りつけた民族楽器。袋を脇に抱えて、口またはフイゴで袋に空気を送り、それを押しながらリード管を鳴らす。1～2本のチャンター管（オーボエ族）はメロディを、1～6本のドローン管（クラリネット族）は持続低音を奏する。スコットランドのバグパイプは有名であるが、アイルランド、スペイン、ポーランド、トルコ、バルカン半島といった広い範囲にも独自のバグパイプが存在している。

ディジュリドゥ【(英) didgeridoo】

オーストラリア大陸の先住民族、アボリジニ伝承の管楽器。シロアリによって中が空洞になったユーカリの木から作られており、管の一端に口を当てて、唇の振動によって音をコントロールする。近年はユーカリ以外に他の木材を用いたものや、プラスチック製もある。

ジャンベ【(英) djembe】

ギニア、セネガル、マリ、コートジボワール、ブルキナファソなど、西アフリカ一帯で伝統的に演奏されている深胴の片面太鼓。木をくりぬいて、山羊などの皮を張っている。胴の中央がくびれている。ジンベ、ジェンベとも呼ぶ。

タブラ（タブラ・バヤ）【(英) tabla】

北インド発祥の打楽器で、金属胴の大きな方は低音を担うバヤ、高音を担う木製の小さな方

ジャンベ

タブラ（右：タブラ、左：バヤ）

をタブラといい、この2つをセットで使うのが一般的でタブラ・バヤと呼ぶこともある。演奏時は奏者の右手側に高音のタブラ、左手側にバヤを置き、ヘッドを指や手のひらを使って叩いたり擦ったりすることで音を奏でる。

スティールパン【(英) steelpan】

トリニダード・トバコで考案された打楽器で、ドラム缶の注ぎ口がない方をハンマーで叩いていくつかの面に仕切り、面の大小によって音程／音階を変える。

ガムラン【(尼) gamelan】

インドネシアで行なわれる銅鑼や鍵盤打楽器による合奏の総称で、アンサンブルの中心には、

スティールパン

バグパイプ　　ディジュリドゥ

238

ガムラン

カリンバ

サロン、グンデル、ボナン、クノン、スレンテム、クンプールなどの旋律打楽器が用いられることから、ここで使われる打楽器すべてをガムランと呼ぶことも多い。通常のガムランの演奏では、これらの旋律打楽器に加え、ゴング、クンダンなどの打楽器やレバーブ、チェレンプン、シテールなどの弦楽器、男女コーラスが加わる。

カリンバ【(英) kalimba】
アフリカのバンツー族の民族楽器。木の板や箱の上に並べた鉄や竹の棒を親指の爪ではじいて演奏する。地域によっては、ムビラ、リケンベ、サンザ、などと呼ばれる。

4 日本の楽器と擬音道具

■雅楽の楽器
現在の雅楽は、宮内庁の楽部が伝承するものが基準となっている。

雅楽には管絃(かんげん)、舞楽(ぶがく)、歌謡(かよう)の3つの演奏形態があり、狭義には管絃と舞楽を指す。

雅楽は朝鮮や中国から伝来した音楽を日本化したもので、その伝来の系統により「左方(さほう)」と「右方(うほう)」に区別されている。左方は中国・中央アジア・インドなどを起源とする唐楽(とうがく)、右方は朝鮮・中国東北部などを起源とする高麗楽(こまがく)のことである。

管絃は唐楽を演奏していて、ほとんど高麗楽は演奏しない。

舞楽は唐楽で舞うものを左舞(さのまい)、高麗楽で舞うものを右舞(うのまい)という。また歌に伴って舞うものを国風舞(くにぶりのまい)という。

琵琶(びわ)
琵琶の中では最も大きく、薩摩琵琶・筑前琵琶・平家琵琶と区別するために楽琵琶(がくびわ)と呼ぶ。4弦で4つの柱(じ)があり、膝の上で水平に構えて演奏する。管絃にだけ使用する。

箏(そう)
生田流や山田流などの箏と区別するために楽箏(がくそう)と呼ぶ。本体は桐材で、絃は絹製で13本あり少し太めである。指にはめる爪(フィンガーピック)は竹の節を小さく削ったものを使用。柱(じ)は紫檀などで作られている。管絃にだけ使用する。

楽太鼓(がくたいこ)
管絃で使用する平べったい太鼓で、両手に持ったバチで打つ。管絃に使用する。

鉦鼓(しょうこ)
青銅の丸い形をしたカネで、吊るして両手に持ったバチで打つ。管絃に使用する。

羯鼓(かっこ)
中央がわずかに膨らんだ円筒形の筒の両面に

楽琵琶

楽箏

楽太鼓　　　　　　　　　　　鉦鼓

羯鼓

三ノ鼓

①大鉦鼓と②大太鼓　　　左舞用大太鼓　　右舞用大太鼓

皮を張った太鼓。台の上に、横にして乗せ、両手に持った桴（ばち）で両面から叩く。管絃と左舞に使われ、曲が始まる合図を出す指揮者の役目。

三ノ鼓（さんのつづみ）
舞楽の右舞に用いられ、指揮者の役目をする。床に置いて、バチで片面を打つ。

大鉦鼓（だいしょうこ）
鉦鼓の大きいもので、舞台後方の左右に設置されていて、舞楽で演奏する。右舞では右側のものを、左舞では左側のものを使用。

大太鼓（だだいこ）
楽太鼓の大きいもので、舞台後方の左右に設置されていて、舞楽で演奏する。火焔太鼓（かえんだいこ）ともいう。右舞では右側のものを、左舞では左側のものを使用。火焔の中央から突き出た約240センチの柄の先に、左には金色の太陽、右には銀色の月を模った円板がついている。

笙（しょう）
壺の上に長さの異なる17本の竹製の管を環状に付けた笛で、15本には指孔があり、2本は音を

笙　　　　篳篥　　　　　　　　　　　龍笛（上）と高麗笛（下）

240

出さない。管の下端にリードが付いていて、ハーモニカのように吹いたり吸ったりして演奏する。歌の伴奏のときは1本吹きといって1本ずつ吹奏し、器楽合奏では合竹（あいたけ）といって五音または六音を同時に吹奏する。管絃と左舞に使用する。

篳篥（ひちりき）
　縦笛。長さ6寸（約18cm）の竹の管に、樺（かば）の皮を巻いている。前面に七つ、後面に二つの指孔がある。管絃と左舞に使用する。

龍笛（りゅうてき）
　唐楽に用いる横笛。音が龍の鳴き声に似ているといわれている。管絃と左舞に使用する。

高麗笛（こまぶえ）
　舞楽の右舞（うのまい）で用いる横笛。

能楽の楽器

　能楽では、小鼓、大鼓、太鼓、笛の4種類の楽器を用い、この編成のことを「四拍子（しびょうし）」という。太鼓が加わらない曲もあり、そのことを「大小物」、太鼓が加わる曲を「太鼓物」という。

太鼓（たいこ）
　打楽器。筒状の胴の両側または片側に革を張った楽器で、二本の桴（ばち）で打つ。能楽の太鼓は、胴の両側に皮を張ったもので、両側の皮に通した紐を締めつけてチューニングし、床に置いた台にのせて演奏する。歌舞伎等でも用いる。

大鼓（おおつづみ／おおかわ）
　打楽器。小鼓と対で大小（だいしょう）と略して呼ぶ。胴、皮、調緒（しらべお）から成る。主として強拍部を打つ打楽器。大鼓の皮は、十分に乾かさないと、本来の音が出ないので、「焙じる（ほうじる）」といって、強い炭火にかざして乾燥させてから演奏する。能の長い曲を演奏する場合は、途中で皮が湿ってしまうので、「革締」と呼ばれる担当者が替え鼓を用意して、舞台に持参して取り替えることがある。左の膝の上に置いて、二枚の皮に通した調緒という紐の締め具合を左手で調節しながら、右の手で打つ。皮の寿命は短く、2～3度の演奏で破ける。歌舞伎等でも用いる。

大鼓

小鼓

小鼓（こつづみ）
　打楽器。通常は単に鼓、または大鼓と対で大小（だいしょう）と呼ぶ。胴、皮、調緒（しらべお）からなっている。大鼓とは逆で、乾くと本来の音が出ないので、演奏途中に息を吹きかけたり、裏側の皮に湿らした紙を貼ったりして演奏する。右の肩の上に置いて、二枚の皮に通した調緒という紐の締め具合を左手で調節しながら、右の手で打つ。歌舞伎等でも用いる。

笛（ふえ）
　「管（かん）」とも呼ぶ。4本ないしは6本の短い管をつないで作られ、外側を樺または藤で巻いて漆（うるし）を塗ったもので、7つの指穴がある。半即興的な小旋律を付けながら、基本旋律を演奏することが多い。歌舞伎等でも使用し、その場合は篠笛と区別して能管（のうかん）と呼ぶ。

笛

歌舞伎と日本舞踊の楽器

　歌舞伎と日本舞踊の音楽は、三味線と能楽の四拍子（太鼓、大鼓、小鼓、能管）、それに大太鼓と篠笛が加わって組み立てられている。

三味線（しゃみせん）
　日本の代表的な弦楽器で、弦は3本。由来についてはさまざまな説があるが、日本で改良されて現在の三味線になった。種目や流派の違いで個性ある音色を出すため、胴の大きさや重さ、棹の太さ、コマの型、皮の張り方などが異なる。大別し

太鼓

241

て、太棹（ふとざお）、中棹（ちゅうざお）、細棹（ほそざお）の三種があり、太棹は義太夫節に、中棹は常磐津節、清元節、新内節などに、細棹は長唄に使用される。この他に津軽三味線（太棹）、小唄三味線（中棹）、琴と一緒に発展してきた地唄三味線（中棹で三絃ともいう）、民謡三味線（中棹）などがある。演奏は銀杏の葉の形をした撥（ばち）ではじくのが基本で、撥で下から上に弾く「スクイ」、左手の指で弾く「ハジキ」、打つ「ウチ」、糸を擦る「スリ」「コキ」などがある。小唄三味線は撥を使用せずに爪で弾き、これを爪弾き（つまびき）という。三味線を数える単位は「挺／丁（ちょう）」。胴を右膝の上に載せて演奏する。乾燥に弱い楽器である。

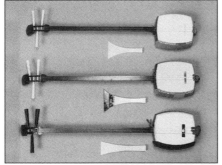

三味線（上から細棹、中棹、太棹）

大太鼓

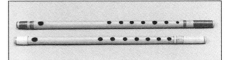

篠笛

大太鼓（おおだいこ）

歌舞伎や日本舞踊を上演する劇場に常備されている大きな太鼓である。大きさは直径で示し、皮面の直径は2尺5寸（約45cm）〜3尺5寸（約105cm）が一般的で、劇場の大きさに比例して決められる。胴は、楠、檜、樫などの堅い材料で作られ、皮は羊の皮を最良とし、馬や牛の皮も用いられる。表皮は裏皮より厚いものを用いる。四本足の台に据えられ、滑車がついていて移動もできる。基本的に撥は長撥（ながばち）という樫製の細長いものや、太撥（ふとばち）という短くて太いものを用いる。雨、風、雪などの天候の音、川や波などの自然音、幽霊が出現するときの怪異の模倣音などを主に演奏する。

篠笛（しのぶえ）

篠竹をそのまま使った横笛。管の内面を漆や合成樹脂で塗って、さらに、割れを防ぐために両端を藤の皮で巻いて漆で塗り固めてある。祭囃子、神楽、獅子舞など、各地の祭礼に用いられてきた囃子用は、同一径の指孔がほぼ等間隔で並んでいて演奏しやすいが、音階に調律されていないため、三味線などの音階がはっきりした楽器とは合わせにくい。そのため、三味線を用いる長唄や民謡などに用いる唄用と呼ばれるものは、指孔の位置と大きさを変えて、第3孔を大きくしている。指孔の数は6または7で、唄用は7孔である。

歌舞伎などで用いる助奏楽器

歌舞伎音楽は大太鼓と太鼓、小鼓、大鼓、笛を基本の楽器にしているが、その他にも多くの助奏楽器を使用している。

双盤

IV 楽器

大拍子

楽太鼓

桶胴

団扇太鼓

柄太鼓

本釣鐘

銅鑼

双盤（そうばん）
　仏教の楽器で、木枠に吊るして打たれ、「ガン・ガン・ガン」と甲高くけたたましい音がする。神社や立廻りの場面に用いられる。

大拍子（だいびょうし）
　神楽の囃子を模したもので、神社の場面などで竹製の細長い撥を使って演奏する。

桶胴（おけどう）
　獅子舞（ししまい）に用いる太鼓で、締太鼓や篠笛とともに演奏される。胴が長く、細バチで打ち、鈍い音がする。主に、正月のイメージとして演奏される。

楽太鼓（がくだいこ）
　雅楽の太鼓を模した楽器で、大太鼓に比べて余韻が短く雅（みやび）な音がする。篠笛、能管、太鼓、当鉦とともに雅楽を模した音楽を演奏して、宮殿、御殿、寺院の情景を表現する。【参照】楽太鼓（雅楽の楽器）。

団扇太鼓（うちわだいこ）
　団扇の形をした太鼓で、一枚の皮を張っただけのもので、片手に持って打つ。

柄太鼓（えだいこ）
　仏教の小さな太鼓で、片手に持って打つ。

本釣鐘（ほんつりがね）
　鐘楼（しょうろう）の鐘を小さくしたもので、澄んだきれいな音がする。略して「ほんつり」という。

銅鑼（どら）
　銅または真鍮（しんちゅう）でつくられており、紐で片手に下げ、先端を布で巻いたバチで打ってから揺すって余韻を変化させ、梵鐘（ぼんしょう）の音を出す。

243

磬

コンチキ

鈴

松虫(左)、当り鉦(右上)、一つ鉦(右下)

チャッパ

駅路

オルゴール

磬（きん）
読経（どっきょう）のなかで打つ仏教楽器で、寺院など淋しい場面をイメージするのに使用する。
コンチキ
当り鉦を一回り大きくしたもので、分厚く甲高い音がする。祇園囃子で使用する。先端に鹿の角が付いたバチで打つ。
松虫（まつむし）
音階の異なる小さな鉦（かね）を二つ伏せて並べ、わずかにずらして打つと、チャリンという松虫のように澄んだ音が出る。虫が鳴いているような場面を表現し、寺院の場などに用いる。
当り鉦（あたりがね）
本来は摺鉦（すりがね）という。紐で吊り下げて先端に鹿の角のついたバチで打つ。祭囃子のときは、片手でつかんで内側を擦るように打つ。
一つ鉦（ひとつがね）
真鍮（しんちゅう）でつくられた仏教楽器で、念仏に用いられる。これを伏せて、T時形の撞木（しゅもく）と呼ぶバチで打つ。墓地や殺人の場など、淋しい場面に使用する。
鈴（れい）
行者の持つ振鈴。歌舞伎では大太鼓や能管（のうかん）とともに演奏して、宮殿、御殿、寺院などの場面で用いる。
チャッパ
小さいシンバルのようなもので、両手に持って打ち合わせる。神楽（かぐら）用の楽器で、中国風の音楽にも用いる。
駅路（えきろ）
数個の輪状の鈴の中央に針金などを通したもので、強く振って「ジャラン……ジャラン」と音を出して街道を表現する。
オルゴール
音階の異なる小さな椀（わん）の形をした鉦を5個、木の板に並べて取り付けたもので、先端に樫製の丸い玉を付けたバチで次々に叩くと、長い余韻の音が重なって幻想的な音がする。きらびやかな場面に使用する。
時計
木製の歯車を回転させて音を出す音響効果道具で、付いている棒を持って振り回すと「ガリガリガリ……」とゼンマイ仕掛けの音がする。江戸時代の時計を表現する。
張り扇（はりおうぎ）
能の稽古で拍子をとるためのもので、革で覆った扇。これで拍子盤（ひょうしばん）または張盤

時計

砧

木鉦

張り扇と拍子盤

木魚　　板木

(はりばん)と呼ぶ、四角い箱を叩いて、ピシッという音を立てて大鼓や小鼓の代用として用いる。緊張した場面の効果音として用いる。

砧(きぬた)
樫でつくった二本の太い棒を打ち合わせ、「コーン……コーン」という音を立てる。田園や河原をイメージさせる。

木鉦(もくしょう)
樫の木でつくった打楽器で、「カチカチ」という音を出して寺院の仏事を表現する。長屋など寂しい場面にも使用する。音程の異なるものを打ち鳴らすと、滑稽な場面を表現できる。

木魚(もくぎょ)
経を唱えるときの仏教楽器で、荒れ寺や墓地の場面で使用する。

板木(ばんぎ)
寺院の時刻を報ずる魚板(ぎょばん)に相当するもので、仏事の開始の合図、山中で木を伐る音、緊急事態を知らせる音として使用する。手に持ってぶら下げて打つ。盤木とも書く。

その他の楽器

琵琶(びわ)
弦楽器。胴は梨の形で幅が広く、頸(くび)は短く、上方部分が直角に曲がっている。弦は4本で、雅楽用の楽琵琶(がくびわ)、勇猛豪壮な演奏に向いた構造の薩摩琵琶(さつまびわ)、薩摩琵琶に比べ楽器と撥が小柄で音色が軟らかい筑前琵琶(ちくぜんびわ)などがある。薩摩琵琶には5弦を使用する流派もある。筑前琵琶は4弦と5弦があるが、現在は5弦が主流。楽琵琶は膝の上で水平に構えて弾くが、薩摩琵琶は左斜めに構えて、筑前琵琶は膝の上に垂直に構えて弾く。

琴／箏(こと／そう)
弦楽器。元は琴と箏は異なるものであったが、現在は双方の文字を用いてコトと呼んでいる。桐材で作られて中空の胴に13本の弦を張ったもので、柱(じ)と呼ばれる可動式の支柱を動かしたり、左手で弦を押さえたりして音程を調整し、右手の指に付けた義爪(ぎそう=ピック)または指(あるいは手の爪)で弦を弾いて演奏する。音楽の種類や流派によって、糸の太さや演奏用の爪の形などが異なる。琴の曲を箏曲(そうきょく)、床に座って演奏することを座箏(ざそう)、椅子に座って演奏することを立箏(りっそう)と呼ぶ。琴を数える単位は面(めん)。歌舞伎や日本舞踊、文楽などにも用いる。

胡弓(こきゅう)
弦楽器。東洋の弓奏リュートを、日本では一般的に胡弓という。日本の胡弓は三味線の小型のも

胡弓

ので、長さ約60cm、胴の横幅13cm、縦幅14cm。弓は馬の尾を使用し、1m前後の長さ。三弦と四弦の2種類がある。歌舞伎や日本舞踊、文楽などにも用いる。

三線（さんしん）
沖縄の撥弦楽器で弦は3本。三味線のもとになった楽器で、黒檀や紫檀などで作られた棹（さお）を、蛇の皮を張った胴（どう）に付けたもの。楽器を抱えて、右手の人差し指に水牛の角で作られた義甲（ぎこう＝ピック）をはめて弾く。中国の三弦が伝来したもの。

十七絃（じゅうしちげん）
箏曲家の宮城道雄が考案した、17本の絃の箏。低音域を担当する楽器として開発されたもので、絃は通常の箏より太い。演奏用の爪も、構造は通常の箏爪と同様であるが、厚めのものを用いる。全体的な構造は通常の箏と同じであるが、全長約210cm、幅約35cm、重量約8kgと大きい。

大正琴（たいしょうごと）
1912年（大正元年）、タイプライタをヒントに発明された楽器で、木製の胴に金属弦を張り、簡単な鍵盤を備え、鍵盤を左手で押さえて右手の義甲（ピック）で弾いて演奏する。キーの配列はピアノの鍵盤と同様。弦の数は時代と共に変化し、現在は5～6本が一般的。

尺八（しゃくはち）
縦笛。竹製で、一端を斜めに切って（歌口）、そこに直接唇を当てて吹く。指孔は5つで標準の長さが1尺8寸（約54cm）であるのが名称の由来。箏曲や民謡、現代音楽、ジャズなどで用いられる。

伝統的な擬音道具
ここに紹介する道具は歌舞伎などのために考案されたものであるが、現在はさまざまな材料（素材）があるので、それらを用いれば新しい擬音道具を作れる。

雷車（らいしゃ）
ソロバンを大きくしたような形状で、樫材で作られていて十数キロもある。舞台の床に全速力で転がして雷の音を出す。重低音を出すために鉄の重りを載せて走ることもある。落雷の音は、雷車を高く持ち上げて床に叩きつけてから疾走する。

雷車

雨団扇（あまうちわ）
柿の渋を塗った団扇（しぶうちわ）に小粒のビーズをたくさん吊るして揺すり、雨の音を出す。

雨団扇

流し雨（ながしあめ）
大きな箱に大豆や小豆、米などを溜めておいて、油紙を貼った樋（とい）に流して雨の音を出す。音量の調整は、流し口のシャッターで流す量をコントロールする。

蛙（かえる）
蛙の鳴き声は、赤貝の殻をよく乾かし、背中合わせにして両手のひらで包んで擦って音を出す。小刻みに「ケロケロ……ケロケロ……ケロケロ」と動かし、手のひらの隙間を開けたり閉じたりして音の高低に変化をつけると数匹の蛙を表現できる。

法螺貝（ほらがい）
フジツガイ科の螺旋状に巻かれた大きな貝で、この貝殻を加工して吹奏楽器にしたもの。山伏の合図をする場面で用いる。吹き口に金属のマウ

三線

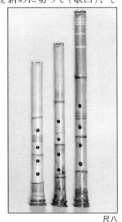

尺八

大正琴

IV 楽器

流し雨

法螺貝

竹法螺

蛙

きしみ

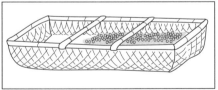
波笊

ピースが付いており、トランペットと同じように唇を振動させて音を出す。

竹法螺（たけぼら）
　太い竹の片側の節を残して切ったもので、節のあるほうに小さな吹口が設けられている。法螺貝の代用として使われているが、法螺貝に比べて素朴な音がするので合戦や一揆の場面に用いられる。

きしみ　舟の櫓を漕ぐ音や、戸のきしみの音として用いる。板の先に軋みやすい木材の棒を取り付け、その棒をもう一枚の板にあけた穴に差し込み、こすり合わせて音を出す。

波笊（なみざる）
　竹製の笊に油紙を張って、その中に小豆や大豆などを入れて笊の底の縁をゆっくり流すようにすると「ザザ…………」という波が寄る音になる。波が砕ける音は、片隅に寄った豆を急激に揺すって出す。

鞭（むち）
　2枚の板が蝶番で取り付けられていて、勢い良く打ち鳴らす。頰を平手打ちする音としても用いる。

鶯笛（うぐいすぶえ）
　手前を親指で、反対側を中指で塞いで「ホー、ホ」とやって、続けて中指を開けて「ケ」、そして閉めて「キョー」と奏でる。ホトトギスは「テッペンカケタカ」と聞こえるように、中指を開けて「ケ」、閉じて「キョ」、開けて「ケケケ」、そして閉じて「キョ」とやる。親指で塞ぐスペースを調整すれば、音に高低をつけることができる。

247

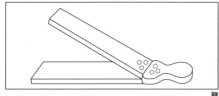

鞭　　　　　　　鶯笛　　　　　　　梟笛

雀笛　　烏笛(上)と鶏笛　　百舌鳥笛　　　鳶笛　　　虫笛

赤子笛　　　　　蜩笛(左はハーモニカ)　　　千鳥笛　　　河鹿笛

梟笛（ふくろうぶえ）

鶯笛を大きくしたもので、両端を手のひらで塞いで「ホー・・・ホー」と吹く。手のひらで塞ぐスペースを調整すれば音の高低が変化するし、舌を振るわせながら吹くと「ポロポロポロ」となって山鳩の声になる。

雀笛（すずめぶえ）

湯呑み茶碗に入れた水に笛を差し込んで強く短く吹くと、「チュン・チュン」と聞こえる。単調にしないで、不規則に吹くと写実的になる。

烏笛（からすぶえ）

鶏笛のリードを大きくしたもので、同じ持ち方で、手を開放しながら「カアー……カアー」と吹く。

鶏笛（にわとりぶえ）

杉や桧などの板を紙のように削った経木（きょうぎ）というものをリードにした笛で、このリードは乾燥すると割れてしまうので、濡らした布で包んで保管する。笛を両手で覆い、吹く息の強さを調整して「コケコッコー」と聞こえるように吹き、最後の「コー」は覆っている手を開放する。

百舌鳥笛（もずぶえ）

鶏笛のリードを少し大きめにしたもので、同じように持って「ギー……ギー・・ギー・ギギギギ……」と一声ごとに手を開放して音を出す。

鳶笛（とんびぶえ）

鶯笛と同じ形の細い笛を二本並べたもので、それぞれの音程を違えてある。鶯笛と同じように持ち、中指を開放して「ピー」と高音で長く吹き、続けて中指を閉じて、舌を振動させて「ヒョロヒョロヒョロ」と長く吹く。

虫笛（むしぶえ）

音程の異なる笛を二本並べて、共鳴させる。晩秋の虫の声は、一声ずつ間をあけて、「チー……チー……チー」と区切って吹く。初秋の群がって鳴く虫は、間隔をつめて「チーチーチーチー」と吹く。

赤子笛（あかごぶえ）

赤ん坊の泣き声を出す笛で、鶏笛と同じ構造。笛を両手で覆い、開けたり閉じたりしながら息に強弱をつけて「オギャー、オギャー」とやる。「オ」は笛を覆い「ギャー」で開放する。

蜩笛（ひぐらしぶえ）

音程の異なる三本の笛を並べたもので、「ヒヒヒヒヒ……」と、間隔を詰めて吹き始め、次第に間を空けて終わる。大きな劇場の場合は、ハーモニカの最高部の3穴または4穴だけを吹いて蜩の音を出す。

千鳥笛（ちどりぶえ）

竹製の千鳥笛もあるが、音が弱いために鶯笛の穴を開放して使用するか、警察官が使っているホイッスルを使用する。舌先を震わせながら「ピピッ」と間隔を詰めて吹く。

河鹿笛（かじかぶえ）

清流で「コロコロ」と美しい声で鳴いているカエルの声を出すもので、両端の穴を親指と中指で塞いで、中央の穴を口にくわえて舌の先で穴を塞いだり開けたりして「ピリピリピリピリピリピリピリ……ピーピー」と繰り返す。

IV 楽器

楽器のなりたち

　最古の楽器をさかのぼると人類の歴史となってしまうだろう。ものを叩く、石を打ち合わせる、空洞のある木を打つといったことから、やがて各種の打楽器が生まれる。また草の葉を吹いたり、細い筒に息を吹き込むと音が出ることがわかり、そうして笛ができたのだろう。それらは偶然に発見されたのかもしれないが、音が出ることがわかれば、様々な工夫を加えて生活の中で役割をはたすようになる。たとえば儀式、祭、合図などにである。それらの楽器は音楽という文化を生み、人類の進化とともに発展し、生活に潤いを与えてきた。

　楽器の発音原理は、叩く、吹く、擦る、はじく、振るといったことであり、打楽器、管楽器、弦楽器としてそれぞれ発展してきた。学術的には自鳴楽器、膜鳴楽器、気鳴楽器、弦鳴楽器、体鳴楽器に分けられ、さらにそれらを楽器の構造や演奏の仕方などで細かく分けて分類するが、音響家や演奏家の間では、管、弦、打の三種類の分け方が一般的である。管楽器というのは、一定の管の中を空気が通ることにより発音するもの。弦楽器は一定の張力を持った弦を打つ、はじく、擦るなどして振動を与えて発音するもの。打楽器は一定の強さに張られた膜または金属や木材などを、手やバチなどで打って発音するものである。

日本の楽器の特色

　日本の楽器といわれているものも、起源を辿ると実は輸入楽器であるものがほとんどである。しかし、多くの日本文化がそうであるように、楽器もまた、輸入したままの形では継承されていない。その多くは時代とともに改良されて、現在の形になった。

　日本の楽器は、低音楽器がなかったことと、弦楽器は三味線、琴などのように撥弦（弦をはじく）楽器であることが大きな特徴である。擦弦楽器には胡弓（こきゅう）があるが、まれにしか使用されない。

　管楽器は横吹きと縦吹きに分けられ、横吹きの能管や篠笛は比較的よく耳にすることができる。縦吹きの代表としては尺八があげられる。また、特殊なものとして、リード楽器である笙（しょう）がある。

　打楽器はもっとも種類が多く、演奏の中ではたす役割も大きい。打楽器は雅楽・能楽・歌舞伎に使用するものに分けられる。雅楽に使用するものには、膜の振動による太鼓、羯鼓（かっこ）などのほか、金属や木製の本体が共鳴する鉦鼓、大拍子がある。能楽では大鼓、小鼓、太鼓の３種だけが使用される。歌舞伎では、能楽で使用する３種のほかに、雅楽からきた楽太鼓や、仏教からきた木魚、題目太鼓、また生活の中からも砧、拍子木などが採り入れられている。

　日本の楽器の特徴の一つとして、流派や種目によって、楽器の大きさや弦の太さ、バチの重さなどが違うことも重要なことである。さらに同じ楽器でも、三味線では弦を叩く、はじく、すくう、また鼓では皮を締めるなどして、いろいろな音色を出す奏法の工夫も多く見られる。

5 楽器の略記号表

■弦楽器

日本語	通常使われる外国語	略記号
弦楽器	（英）Strings	str.
ヴァイオリン	（英）Violin	Vn. V.
第1ヴァイオリン		1st Vn.
第2ヴァイオリン		2nd Vn.
ヴィオラ	（英・伊）Viola	Va.
チェロ	（英）Cello/Violoncello	Vc.
コントラバス（ダブルベース）	（英）Contrabass　（英）Double bass	Cb. Db. （B.）
エレキベース	（英）Electric Bass	E.B.（EB）B.
ハープ	（英）Harp	Hp.
ギター	（英）Guitar	Gt. Gu. （G.）
アコースティック・ギター	（英）Acoustic Guitar	A.Gt.
エレキギター	（英）Electric Guitar	E.Gt.（EG）

■管楽器

日本語	通常使われる外国語	略記号
管楽器	（英）Wind Instrument	W.I.
◎木管楽器	（英）Wood-Wind Instrument	W.W.
フルート	（英）Flute	Fl.
アルト・フルート		A.Fl.
バス・フルート		B.Fl.
ピッコロ	（英）Piccolo	Picc.
ブロックフレーテ（リコーダ）	（独）Blockflöte　（英）Recorder	Bk.Fl.
オーボエ	（伊）Oboe	Ob.
イングリッシュホルン（コールアングレ）	（英）English horn　（仏）Cor anglais	E.Hr.　C.A.
ファゴット（バスーン）	（伊）Fagotto　（英）Basson	Fg.
コントラ・ファゴット	（伊）Contra Fagotto	C.Fg.
クラリネット	（英）Clarinet	Cl.
エス管・クラリネット		Es.Cl.
アルト・クラリネット		A.Cl.
バス・クラリネット		B.Cl.
サクソフォン	（英）Saxophone	Sax.　Sx.
ソプラノ・サクソフォン		S.Sax.
アルト・サクソフォン		A.Sax.
テナー・サクソフォン		T.Sax.
バリトン・サクソフォン		B.Sax.
◎金管楽器	（英）Brass-Wind Instrument	B.W.
ホルン	（英）Horn	Hr.　Hn.
トランペット	（英）Trumpet	Tp.　Trp.
コルネット	（英）Cornet	Cort.
フリューゲルホーン	（独）Flügelhorn	F.Hr.
トロンボーン	（英）Trombone	Tb.　Trb.
ソプラノ・トロンボーン		S.Tb.
アルト・トロンボーン		A.Tb.
テノール・トロンボーン		T.Tb.
バス・トロンボーン		B.Tb.
ユーフォニアム	（英）Euphonium	Euph.　Eu.
テューバ	（英）Tuba	Tub.　Tu.

IV 楽器

■打楽器

日本語	通常使われる外国語	略記号
打楽器	（英）Percussion	Perc. Per. Pe.
ティンパニ	（伊）Timpani	Timp. Tim.
大太鼓（バスドラム／グランカッサ）	（英）Bass drum （仏）Grand Cassias	B.D.
小太鼓（サイドドラム／スネアドラム）	（英）Side drum （英）Snare drum	S.D.
ドラムセット（ドラムキット）	（英）Drum set （英）Drum kit	Drs. Ds.（D.）
バスドラム（キック）	（英）Bass Drum （英）Kick	B.Dr. BD
フロアタム	（英）Floor Tam	F.Tom. FT
スネア	（英）Snare Drum	Sn. S.N. SD
タム（タムタム）	（英）Tom Tom	Tom. TT
スモールタム	（英）Small Tom	S.Tom.
ミッドタム	（英）Middle Tom	M.Tom
バスタム	（英）Bass Tom	B.Tom
ハイハット	（英）Hihat	H.H. HH
シンバル	（英）Cymbal	Cym.
銅鑼（どら）	（英）Tam-tam （英）Gong	T.T.
シロホン（木琴、ザイロフォン）	（英）Xylophone	Xyl.
グロッケンシュピール（鉄琴）	（独）Glockenspiel	Glo.
ヴァイブラ（ヴィブラ）フォン	（独）Vibraphon （英）Vibraphone	Vib. Vibraph.
マリンバ	（英）Marimba	Mar.
ウッドブロック	（英）Wood block	W.block.
カスタネット	（英）Castanets	Cast.
トライアングル	（英）Triangle	Trgl.
タンブリン	（英）Tambourine	Tamb.
カウベル	（英）Cowbell	C.Bell.
チューブラ・ベル	（英）Tubular bells	T.Bell.

■鍵盤楽器

日本語	通常使われる外国語	略記号
鍵盤楽器	（英）Keyboard Instrument	Keyb. Key. K.
ピアノ（ピアノフォルテ）	（英）Piano （伊）Pianoforte	Pf. P.
オルガン（パイプ・オルガン）	（英）Pipe organ	Og. Org.
チェンバロ（ハープシコード）	（伊）Cembalo （英）Harpsichord	Cemb.
シンセサイザー	（英）Synthesizer	Synth. Syn
電子オルガン	（英）Erectronic organ	E.Og.
チェレスタ	（伊）Celesta	Cele.

■その他楽器

日本語	通常使われる外国語	略記号
アコーディオン	（英）Accordion	Acc.
マンドリン	（英）Mandolin	Mand.
フラットマンドリン	（英）Flat Mandolin	F.Mand.
ツィター（チター）	（独）Zither	Zit.

■その他

日本語	通常使われる外国語	略記号
歌唱、声部（ヴォーカル）	（英）Vocal	Vo.
コーラス（合唱）	（英）Chorus	Cho.
指揮者	（英）Conductor	Cond.
コンサートマスタ	（英）Concert Master	Con.Mas.

V

一般

1 度量衡換算表

■長さの単位比較表

尺	間	里	メートル	インチ	フィート	ヤード	マイル
1	0.166666	0.000077	0.30303	11.9305	0.994211	0.331403	0.000188
6	1	0.000462	1.81818	71.5832	5.96527	1.98842	0.001129
12960.0	2160.00	1	3927.27	154619	12884.9	4294.99	2.44033
3.3	0.55	0.000254	1	39.3707	3.28089	1.09363	0.000621
0.083818	0.013969	0.000006	0.025399	1	0.08333	0.027777	0.000015
1.00582	0.167637	0.000077	0.304794	12	1	0.333333	0.000189
3.01746	0.50291	0.000232	0.914383	36	3	1	0.000568
5310.83	885.123	0.409779	1609.344	63360	5280	1760	1

■広さの単位比較表

坪	反	町	平方メートル	アール	平方キロメートル	エーカー	平方マイル
1	0.003333	0.000333	3.30578	0.033058	0.000003	0.000816	0.000001
300	1	0.1	991.736	9.91736	0.000991	0.245072	0.000382
3000	10	1	9917.36	99.1736	0.009917	2.45072	0.003829
0.3025	0.001008	0.0001	1	0.01	0.000001	0.000247	0.0000004
30.25	0.100833	0.010083	100	1	0.0001	0.024711	0.000038
302500	1008.33	100.833	1000000	10000	1	247.114	0.386116
1224.17	4.0806	0.40806	4046.86	40.4686	0.004047	1	0.001562
783443	2611.47	261.147	2589890	25898.9	2.58999	640	1

■重さの単位比較表

貫	斤	グラム	キログラム	オンス	ポンド	トン（英）	トン（米）
1	6.25	3750	3.75	132.277	8.26732	0.00369	0.004133
0.16	1	600	0.6	21.1641	1.32277	0.00059	0.000661
0.000266	0.001666	1	0.001	0.035274	0.002204	0.00000009	0.000001
0.266666	1.66666	1000	1	35.2740	2.20462	0.0009842	0.001102
0.007559	0.047249	28.3495	0.028349	1	0.0625	0.000027	0.000031
0.120958	0.755988	453.592	0.453592	16	1	0.000446	0.0005
270.946	1693.41	1016050	1016.05	35840	2240	1	1.12
241.916	1511.97	907185	907.185	32000	2000	0.8928547	1

●尺をメートルに→3倍して10で割る
●間をメートルに→10%引いて2倍にする
●メートルを尺に→10%加えて3倍にする
●メートルを間に→10%加えて2で割る
●江戸間（えどま）江戸および関東周辺で用いられた建築における基準寸法。柱心距離の1間を6尺とするもの。田舎間（いなかま）とも。

●中京間（ちゅうきょうま）名古屋を中心とする地域で使われ、畳の寸法を6尺×3尺とする基準寸法。中間（ちゅうま）とも。
●京間（きょうま）建築における基準寸法で，柱心距離の1間を6尺5寸とするもの。または、畳の寸法を6.3尺と3.15尺とするもの。近畿地方以西で用いられた。大間（おおま）とも。

252

■容積の単位比較表

合	立方センチメートル	リットル	立方インチ	立方フィート	ガロン(英)	ガロン(米)	ブッシェル(英)
1	180.39	0.18039	11	0.00637	0.0397	0.04765	0.00496
0.00554	1	0.001	0.06102	0.000035	0.00022	0.00026	0.000027
5.5435	1000	1	61.024	0.0353	0.21997	0.26417	0.02745
0.0908	16.387	0.01639	1	0.00058	0.0036	0.0043	0.00045
156.9	28317	28.317	1728	1	6.2288	7.48	0.775
25.2	4546	4.546	277.42	0.16054	1	1.20095	0.1249
20.98	3785	3.785	231	0.134	0.833	1	0.104
200.19	36368	36.368	2220	1.2836	8	9.6021	1

■メートル法と度量衡

1ミクロン	0毛033	1立方センチメートル	0勺0554
1ミリメートル	3厘3毛	1立方デシメートル	5合5435
1センチメートル	3分3厘	1立方メートル	5石5435
1デシメートル	3寸3分	1ミリリットル	0勺0554
1メートル	3尺3寸	1デシリットル	5勺5435
1キロメートル	9町10間	1リットル	5合5435
1平方ミリメートル	10平方厘89	1ヘクトリットル	5斗5435
1平方センチメートル	10平方分89	1キロリットル	5石5435
1平方デシメートル	10平方寸89	1ミリグラム	0毛2667
1平方メートル	10平方尺89	1グラム	2分6667
1平方キロメートル	100町8反3畝10歩	1キログラム	0貫2667
1アール	1畝0歩25	1トン	266貫667
1ヘクタール	1町25歩		

2 年代表

旧石器時代	～紀元前14000年頃	安土桃山時代	1573年 – 1603年
縄文時代	前14000頃 – 前10世紀	江戸時代	1603年 – 1868年
弥生時代	前10世紀 – 後3世紀中頃	鎖国	1639年 – 1854年
古墳時代	3世紀中頃 – 7世紀頃	幕末	1853年 – 1868年
飛鳥時代	0592年 – 0710年	明治時代	1868年 – 1912年
奈良時代	0710年 – 0794年	大正時代	1912年 – 1926年
平安時代	0794年 – 1185年	昭和時代	1926年 – 1989年
鎌倉時代	1185年 – 1333年	GHQ占領下	1945年 – 1952年
建武の新政	1333年 – 1336年	平成時代	1989年 – 2019年
室町時代	1336年 – 1573年	令和時代	2019年 -

3 江戸時代の時刻と十二支と方位

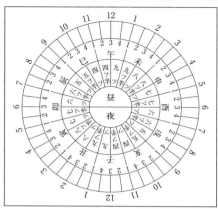

●十二支と時刻
　江戸時代は、時刻を表すのに「四ツ」「五ツ」と呼ぶ方法と、十二支を用いる方法とがあった。
【用例】
おやつ
　八ツ時（午後2時～4時）に食べる間食。
正午、午前、午後
　昼間の11時から14時までが午（ウマ）の刻であることから。
草木も眠る丑三ツ時
　深夜の2時から2時半のこと。

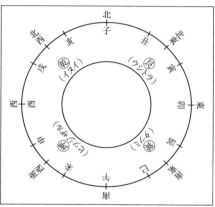

●十二支と方位
【用例】
乾（戌亥）門
　皇居の諸門のひとつ。都の北西にある門。
辰巳の里
　江戸の南東にある深川をいう。深川の芸者を辰巳芸者と呼んだ。

4 月の異称

1月	2月	3月	4月	5月	6月
睦月	如月	弥生	卯月	皐月	水無月
むつき	きさらぎ	やよい	うづき	こうげつ	みなづき

7月	8月	9月	10月	11月	12月
文月	葉月	長月	神無月	霜月	師走
ふ(み)づき	はづき	ながづき	かんなづき	しもつき	しわす

監修

八板賢二郎

コーディネータ

奈良 暁

五訂版著者

網野岳俊／市川 悟／糸日谷智孝／伊代野正喜／内田匡哉／奥山竜太／小野隆浩／下山幸一／武田 学／多良政司／
坪田栄蔵／戸張浩一／深尾康史／古屋博敏／見上陽一郎／三田一夫／山内 毅／湯澤 薫

著者

青地瑛久／網野岳俊／石井 真／石野和男／石丸耕一／今城正二／伊代野正喜／及川公生／大野正美／尾崎羊子／
小野隆浩／鎌田晶博／金子 学／栗原信義／暮田竹彦／山海僥太／鈴木伸一／竹柴蟹助／高崎利成／戸張浩一／
七原秀夫／丹羽 功／平野克明／深尾康史／増 旭／三谷潤一／三宅正孝／宮下雄二／宮田晴夫／三好直樹／持丸 聡／
森本雅記／八板賢二郎／安村正人／山本能久／檜田秀夫／若林駿介／渡辺一已

写真・図版提供

相澤慎平／青木信二／菅沼孝三／関川真佐夫／高橋三十四／滝 善光／丹羽 功／藤崎優菜／森田拾史郎／八板賢二郎
／山﨑 徹／ザ・ゴールドエンジン

資料提供

今井商事株式会社／オタリテック株式会社／音響特機株式会社会／カナレ電気株式会社／宮内庁／国立音楽大学楽
器学資料館／コマキ通商株式会社／株式会社コルグ／ザ・ゴールドエンジン／埼玉県芸術文化振興財団／株式会社ス
タジオイクイプメント／ゼンハイザージャパン株式会社／東芝ライテック株式会社／中新田バッハホール／一般社団法人
日本音楽著作権協会／独立行政法人日本芸術文化振興会／ノイトリック株式会社／パール楽器製造株式会社／浜松
市楽器博物館／ヒビノ株式会社／ヒビノインターサウンド株式会社／ボーズ合同会社／公益財団法人びわ湖ホール／松
田通商株式会社／株式会社宮本卯之助商店／株式会社モリダイラ楽器／ヤマハ株式会社／株式会社ヤマハミュージ
ックジャパン

参考資料

『楽典／理論と実習』石桁真礼生／末吉保雄／丸田昭三／飯田隆／金光威和雄／飯沼信義 著　音楽之友社
『日本の音楽』国立劇場編
『歌舞伎下座音楽』望月太意之助 著　演劇出版社
『電気と電子の理論』啓学出版
『オーディオに強くなる』中島平太郎 著　講談社
『オーディオ用語2200』音楽之友社
『テレビ制作のテクニック』放送技術編集部 編　兼六館出版
『STAGE SOUND』by David Collison（輸入書）
『MICROPHONES』by Martin Clifford（輸入書）
『SOUND SYSTEM ENGINEERING』by Don & Carolyn Davis（輸入書）
『放送ミクシング／スタジオ編』太田時雄／青柳一雄 監修　兼六館出版
『建築設計資料集成／環境』日本建築学会編　丸善
『演劇百科大辞典』早稲田大学演劇博物館編　平凡社
『音楽大百科』平凡社
『日本の伝統芸能』国立劇場編
『芝居おぼえ帳』川尻清潭 著　国立劇場編
『音響映像設備マニュアル』リットーミュージック
『舞台美術の基礎知識』滝 善光 著　レクラム社
『サウンドバイブル』八板賢二郎 著　兼六館出版
『マイクロホンバイブル』八板賢二郎 著　兼六館出版
『音で観る歌舞伎』八板賢二郎 著　新評論

プロ音響データブック　五訂版

2019年8月24日　第1版1刷発行
2025年1月19日　第1版4刷発行

ISBN978-4-8456-3412-5
定価3,080円(本体2,800円+税10%)

【発行所】
株式会社リットーミュージック
〒101-0051　東京都千代田区神田神保町一丁目105番地
ホームページ：https://www.rittor-music.co.jp/

発行人：松本大輔
編集人：橋本修一

【本書の内容に関するお問い合わせ先】
info@rittor-music.co.jp
本書の内容に関するご質問は、Eメールのみでお受けしております。
お送りいただくメールの件名に「プロ音響データブック 五訂版」と記載してお送りください。
ご質問の内容によりましては、回答までにしばらくお時間をいただくことがございます。
なお、電話やFAX、郵便でのご質問、本書記載内容の範囲を超えるご質問につきましては
お答えできかねますのであらかじめご了承ください。

【乱丁・落丁などのお問い合わせ】
service@rittor-music.co.jp

編集担当：熊谷和樹、永島聡一郎
デザイン／DTP：岩永美紀、熊谷和樹
印刷・製本：中央精版印刷株式会社

©2019 Sound Engineers & Artists Society of Japan
©2019 Rittor Music Inc.
本書の記事、図版、譜面等の無断転載、複製は固くお断りします。乱丁・落丁はお取り替えいたします。

Printed in JAPAN

本書の無断複写は著作権法上での例外を除き禁じられています。複写される場合は、そのつど事前に(社)出版者著作権管理機構(電話：03-5244-5088、FAX：03-5244-5089、e-mail：info@jcopy.or.jp)の許諾を得てください。

JCOPY　＜(社)出版者著作権管理機構 委託出版物＞